CAD/CAM 软件应用技术——UG

（第 2 版）

主　编　薛智勇
副主编　师艳侠
参　编　蔡舒旻
主　审　王　猛

北京理工大学出版社
BEIJING INSTITUTE OF TECHNOLOGY PRESS

图书在版编目（CIP）数据

CAD/CAM 软件应用技术：UG / 薛智勇主编. —2 版. —北京：北京理工大学出版社，2017.8

ISBN 978-7-5682-4530-2

Ⅰ. ①C… Ⅱ. ①薛… Ⅲ. ①计算机辅助设计-应用软件-教材②计算机辅助制造-应用软件-教材 Ⅳ. ①TP391.7

中国版本图书馆 CIP 数据核字（2017）第 190092 号

出版发行 / 北京理工大学出版社有限责任公司
社　　址 / 北京市海淀区中关村南大街 5 号
邮　　编 / 100081
电　　话 / （010）68914775（总编室）
　　　　　（010）82562903（教材售后服务热线）
　　　　　（010）68948351（其他图书服务热线）
网　　址 / http://www.bitpress.com.cn
经　　销 / 全国各地新华书店
印　　刷 / 三河市华骏印务包装有限公司
开　　本 / 787 毫米×1092 毫米　1/16
印　　张 / 14.25
字　　数 / 329 千字
版　　次 / 2017 年 8 月第 2 版　2017 年 8 月第 1 次印刷
定　　价 / 54.00 元

责任编辑 / 赵　岩
文案编辑 / 梁　潇
责任校对 / 周瑞红
责任印制 / 李志强

丛书编审委员会

前　言

本书是高等院校专业课程改革成果的系列教材之一。教材由来自教学一线的专业骨干教师根据企业调研、岗位技能需求分析和课题研究，在专业人才培养方案的指导下，积极组织企业技术人员，基于专业核心课程标准，并结合国家相关职业标准而编写的。

《CAD/CAM 软件技术应用——UG（第 2 版）》是高等院校学生一门实践性很强的课程，是机电一体化专业或其他相关机械类专业的专业核心课程。开设该课程是为了培养学生的专业软件综合应用能力，把握技术发展的脉搏，以适应机械设计与制造技术的职业岗位发展需求。

1. 教材的特色

（1）紧紧围绕新的课程标准，以工作过程为导向，以工作任务驱动项目教学。围绕工作任务学习的需要，以典型产品或服务为载体设计“学习项目”，组织教学。项目全部为原创，且来自企业一线。

（2）结合地区产业经济建设的实际情况，选取水表产品作为课程设计的载体，按照“以能力为本位、以职业实践为主线、以项目课程为主体的模块化专业课程体系”原则，突显“教做学”一体化教学模式的课程改革理念和思路。始终基于水表产品体系中典型零部件的生产和设计过程作为学习情境。案例选取由简单到复杂，技能由易到难，最终完成整个系统零部件的造型加工任务。在基于企业真实产品生产过程的技能训练中，突出学生对 CAD/CAM 技术知识能力的掌握，保证了学生毕业后能够尽快胜任企业相应的工作岗位。

（3）教材编写过程突显企业生产实践情境。课程内容组织根据认知规律从易到难，从产品造型、工艺分析、刀具选择、工艺路径设计、加工仿真到最终在机床上加工出零件，整个学习过程体现了以企业职业工作工程为主线，以就业为导向，以培养能力为目标的特色。根据学生个性特点和未来需求，既要考虑当前毕业后就业实际，还要体现未来发展需要，设计提炼出 10 个项目。每个项目都经过验证，才付诸于教材。

2. 学时分配建议

本教材参考学时数为 116，分配如下：

项目名称	任务名称	项目载体——零件	学时数
项目一　软件入门操作	任务　螺帽的造型		8
	换个建模思路		
	思考和练习		

续表

项目名称	任务名称	项目载体——零件	学时数
项目二　叶轮的造型	任务　建模造型		8
	基本概念和操作		
	思考和练习		
项目三　齿轮盘的造型	任务　建模造型	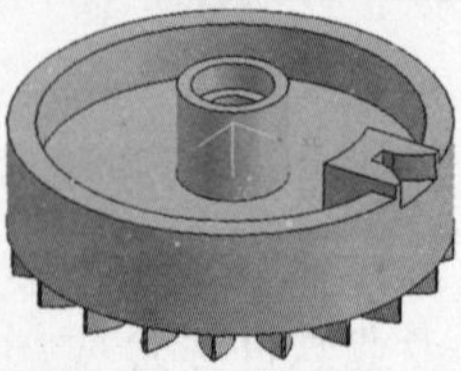	12
	项目小结		
	思考和练习		
项目四　挡圈的建模、分模与加工	任务一　挡圈的造型建模	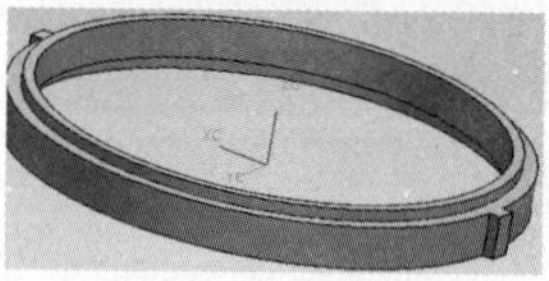	12
	任务二　零件造型		
	任务三　型芯零件加工		
	相关知识		
	思考和练习		
项目五　网罩的造型、分模与加工	任务一　网罩的造型	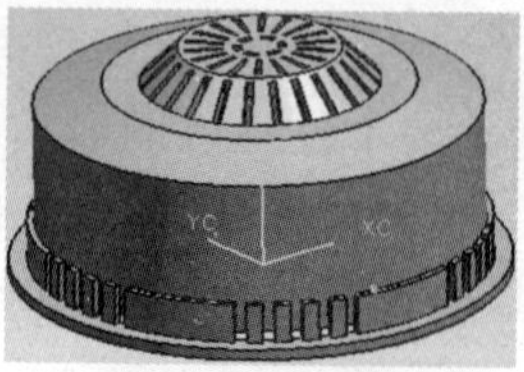	12
	任务二　零件分模		
	任务三　型芯零件加工		
	项目小结		
	思考和练习		
项目六　面板的造型与加工	任务一　面板的造型	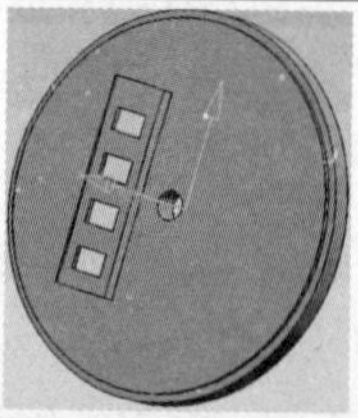	12
	任务二　零件分模		
	任务三　型腔零件加工		
	项目小结		
	思考和练习		
项目七　表盖的造型与加工	任务一　表盖的造型	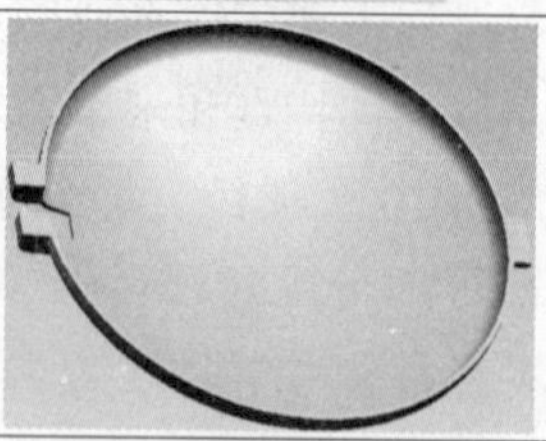	12
	任务二　表盖的分模		
	任务三　型腔零件加工		
	项目小结		
	思考和练习		
项目八　端盖的造型与加工	任务一　端盖的造型	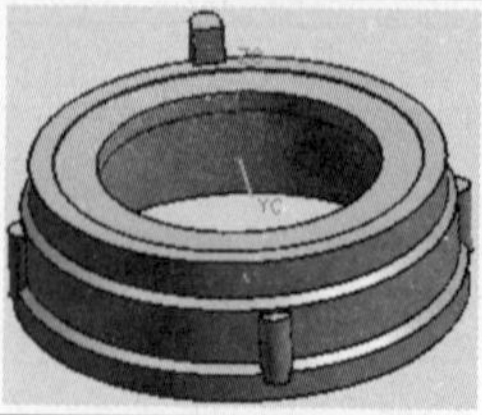	12
	任务二　端盖的分模		
	任务三　型腔的加工		
	项目小结		
	思考和练习		

续表

项目名称	任务名称	项目载体——零件	学时数
项目九　水表壳的造型与加工	任务一　水表壳的造型		16
	任务二　水表壳的分模		
	任务三　型腔零件的加工		
	项目小结		
	思考和练习		
项目十　考工零件的造型与加工	任务一　零件的造型		12
	任务二　零件的加工		
	项目小结		
	思考和练习		

本书共由10个项目组成，由薛智勇任主编，师燕侠任副主编，蔡舒旻任参编。本书由薛智勇编写项目一、二、三、四、五、六、七，师艳侠编写项目八、九，蔡舒旻编写项目十。由王猛主审全书。他们对本书提出了许多宝贵的修改意见和建议，更保证了本书的质量。在此一并表示衷心的感谢！

本书作为高等院校专业课程改革成果系列教材之一，在推广使用中，希望得到教学使用意见，以便进一步改进与完善。由于编者水平有限，书中难免存在错漏之处，敬请读者批评指正。

编　者

目 录

目 录

项目一　软件入门操作

任务　螺帽的造型

操作视频

一、任务目标

1. 熟悉 UG 的界面，掌握 UG 的一些基本操作。
2. 鼠标和快捷键的使用。
3. 会一些 UG 常用工具的使用方法，如点构造器、矢量构造器等。
4. 了解 UG 建模造型的思路以及使用方法。
5. 学会使用草图创建、拉伸、旋转、扫掠命令，修剪体、基准创建、布尔运算命令创建简单模型的技能。
6. 完成零件的造型，并思考其他的方法。

二、任务分析

项目需要完成图 1－1 所示的螺帽零件造型。通过本项目的操作和训练，应该能初步感受到软件的造型功能，体验造型的过程和完成后的成就感。

如图 1－1 所示，零件为一个普通螺帽，是水表壳两端与普通水管连接的对连接装置。主体是一个类似六角螺母的部分。特征包括圆柱、孔、倒角、旋转体、螺纹等结构，所以通过两种思路来建立模型：第一是建立草图曲线，并用拉伸、旋转的方法创建零件的主体结构，然后使用布尔运算求差得到孔，最后进行倒角等其他部分的修饰。第二是通过特征造型的方法，以创建圆柱、孔、螺纹特征命令来创建主体结构，然后进行倒角等其他部分的修饰造型。两种方法在本项目的操作过程中都有详细的过程和注意事项。

三、操作过程

1. 双击桌面上的 UG 图标，打开 UG 软件。创建草图曲线，具体操作过程如图 1－2 所示。
2. 拉伸草图，产生实体，如图 1－3 所示。

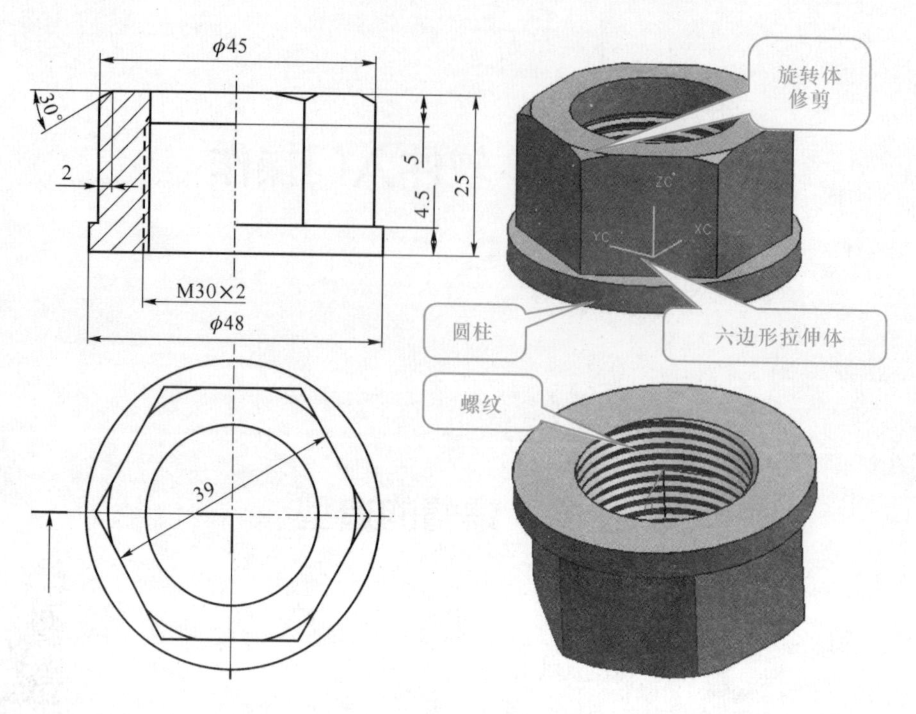

图1－1

相关知识点

（1）启动UG软件后，系统将显示图1－4所示的操作界面。选择“文件”→“新建”菜单或单击工具栏中的“新建”按钮，均可打开图1－5所示“新建”对话框。选择默认的新建文件类型（“模型”），单击“确定”按钮打开绘图界面。

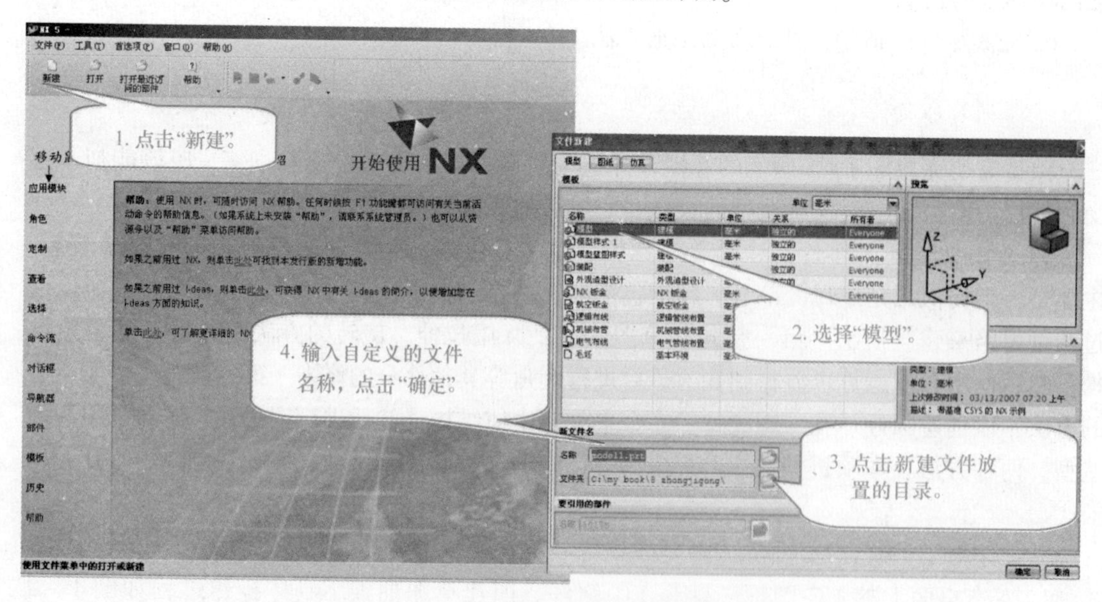

图1－2

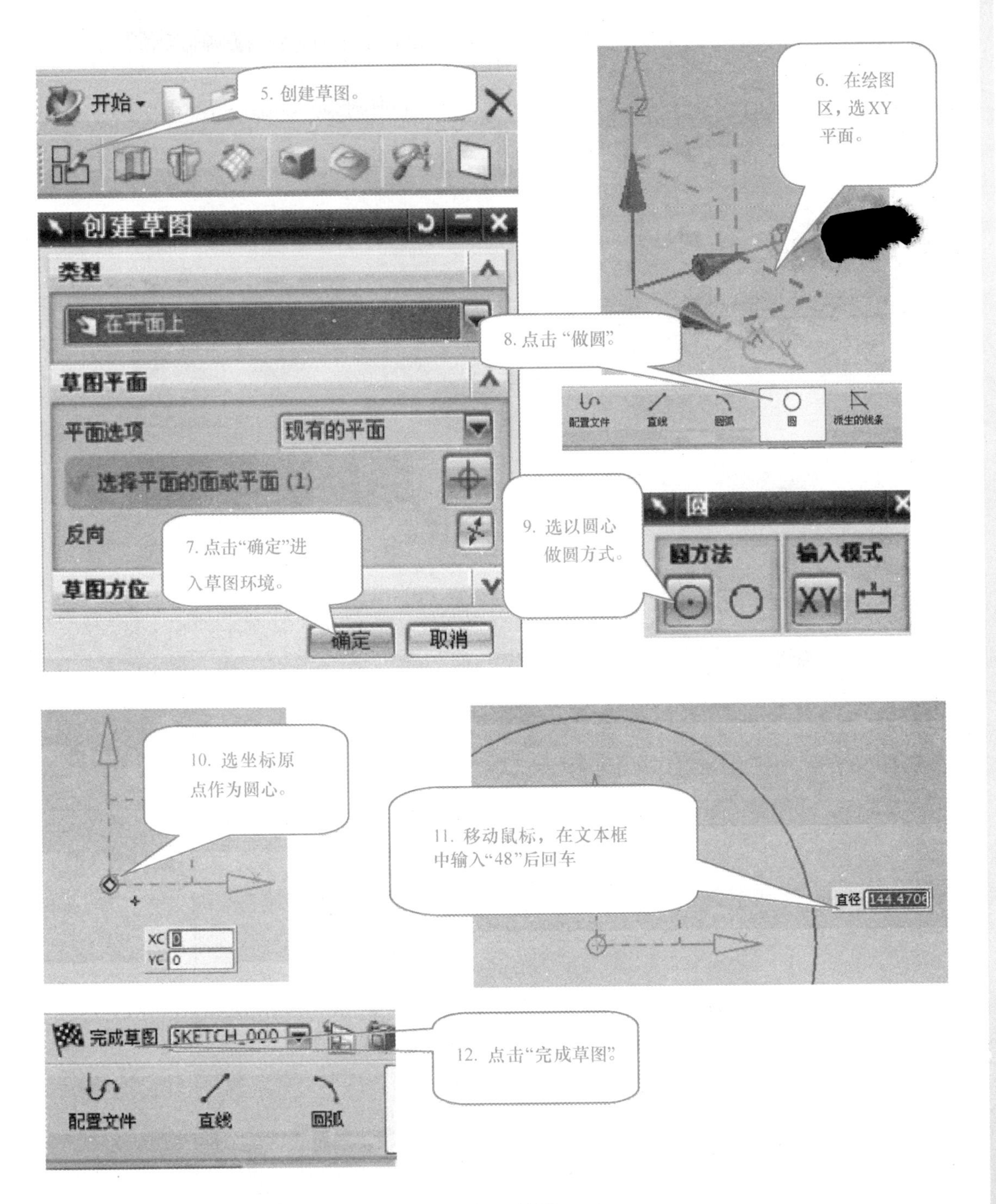

图 1－2（续图）

（2）文件类型介绍。

“模型”、“模型样式 1” 和 “模型蓝图样式” 用来建立模型文件，其中 “模型” 是带有基准坐标的建模文件；“模型样式 1” 是带有基准坐标和 X－Y 平面栅格的建模文件；“模型蓝图样式” 和 “模型样式 1” 相似，不过它里面模型的颜色为蓝色。如图 1－6 所示。

“装配” 用来建立装配文件。

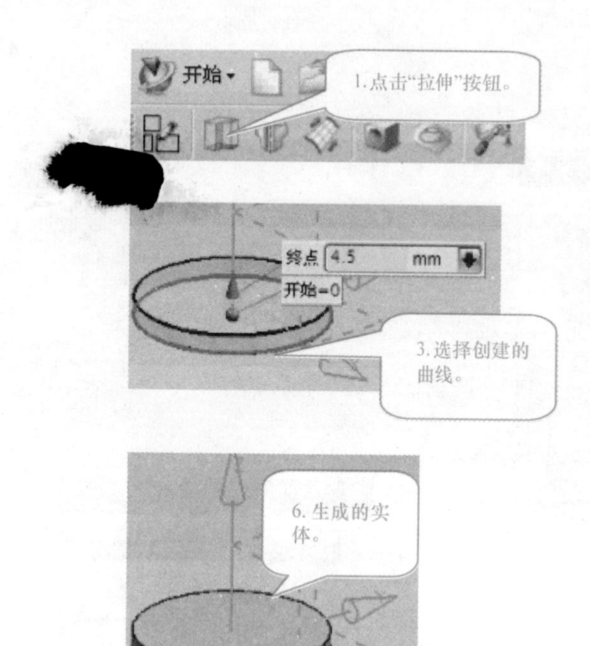
开始
1.点击“拉伸”按钮。
终点 4.5 mm
开始=0
3.选择创建的曲线。
6.生成的实体。

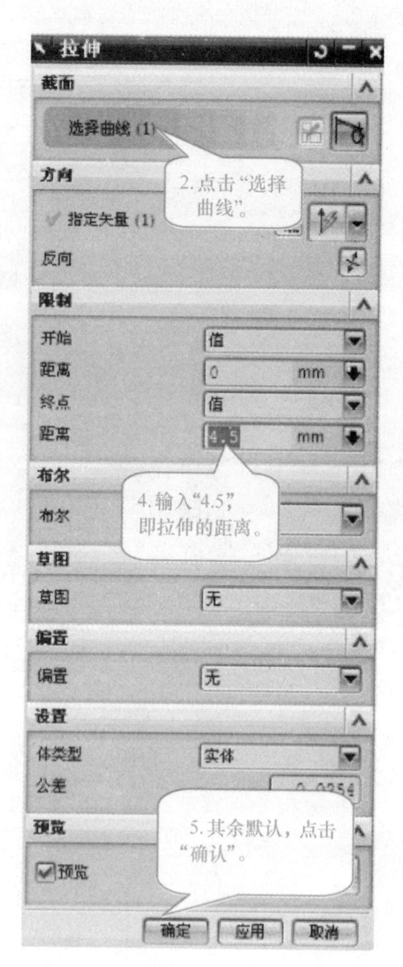
拉伸
截面
选择曲线（1）
2.点击“选择曲线”。
方向
指定矢量（1）
反向
限制
开始 值
距离 0 mm
终点 值
距离 4.5 mm
4.输入“4.5”，即拉伸的距离。
布尔
布尔
草图
草图 无
偏置
偏置 无
设置
体类型 实体
公差
预览
预览
5.其余默认，点击“确认”。
确定
应用
取消

图 1－3

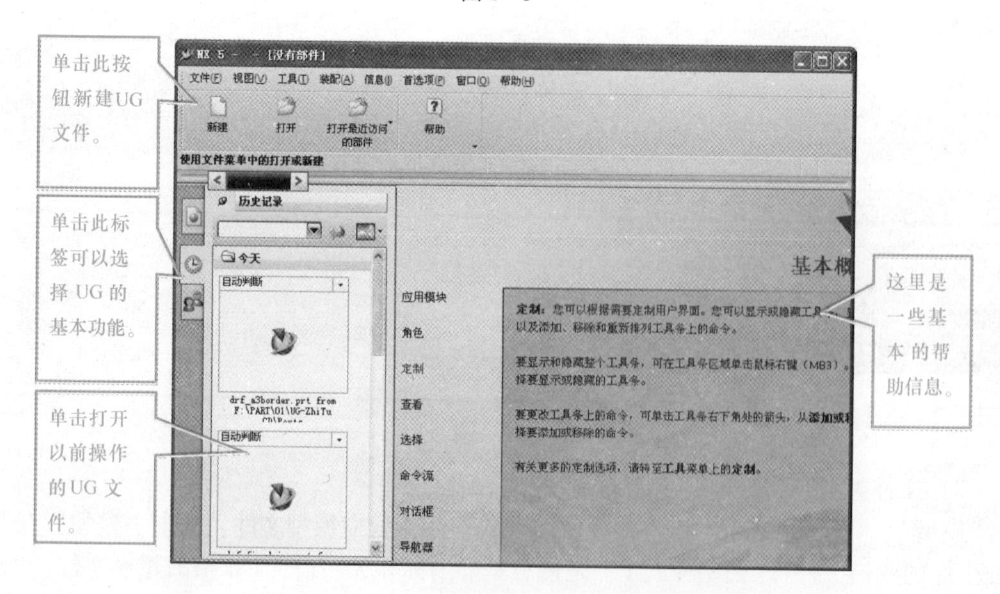
单击此按钮新建UG文件。
单击此标签可以选择UG的基本功能。
单击打开以前操作的UG文件。
这里是一些基本的帮助信息。
新建
打开
打开最近访问的部件
帮助
使用文件菜单中的打开或新建
历史记录
今天
应用模块
角色
定制
查看
选择
命令流
对话框
导航器

图 1－4

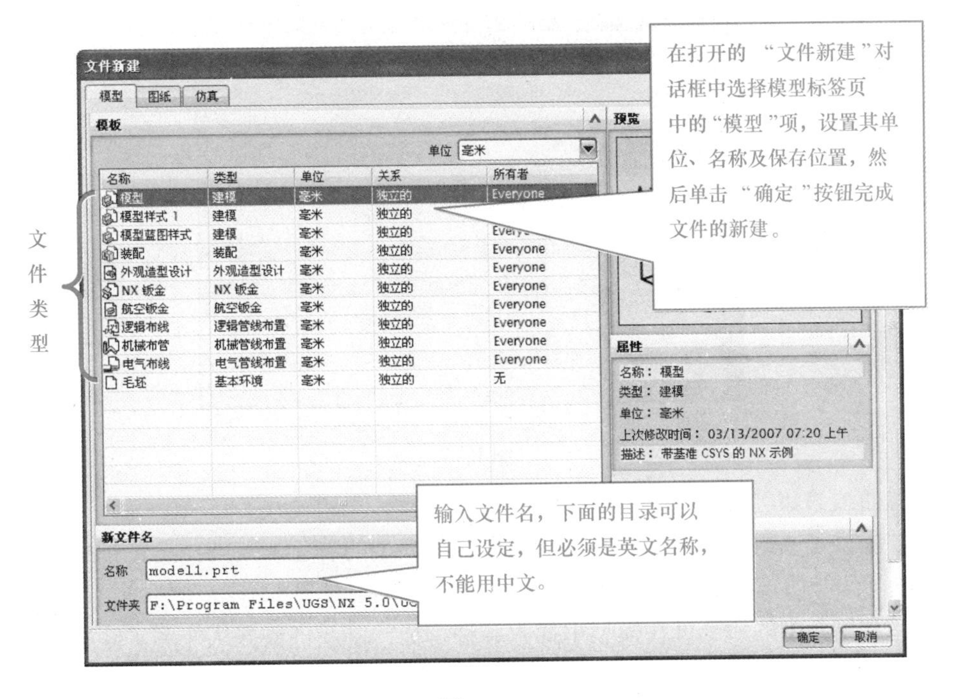

图 1 – 5

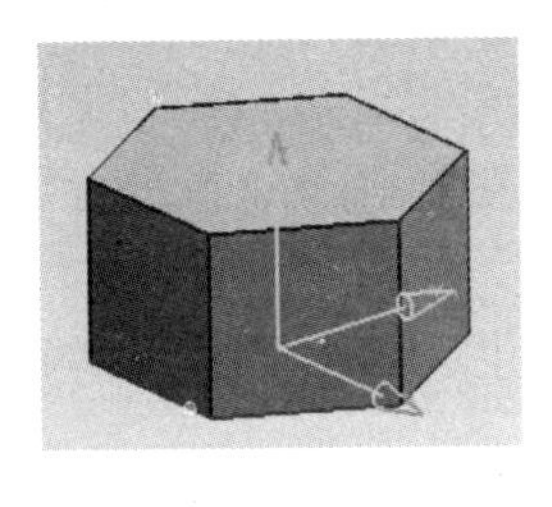
(a) 模型

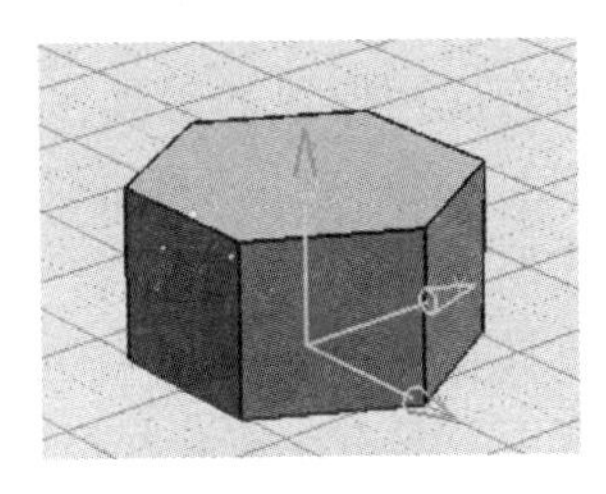
(b) 模型样式 1

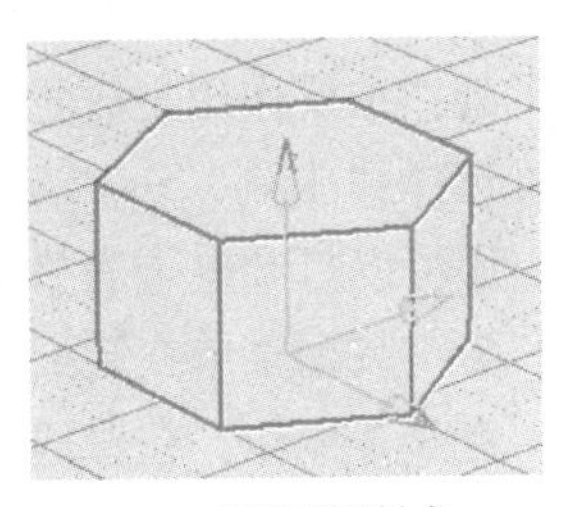
(c) 模型蓝图样式

图 1 – 6

“外观造型设计”用来创建精美的曲线、曲面造型，该模式下包含许多专业的设计工具，如艺术曲线、艺术曲面、艺术编辑、艺术实体等，同时还可以添加背景、阴影、光线等。

“NX 钣金”和“航空钣金”用来创建钣金文件，其中“航空钣金”主要用于航空方面的钣金设计。“逻辑布线”、“机械布管”和“电气布线”都用于在装配中绘制不同类型的管道线。“毛坯”是不带基准坐标的简化建模文件。

UG 软件中的菜单提供了一组分类安排的命令，其工具条提供了一组常用操作命令，如图 1 – 7 所示。

下面首先简要介绍一下各主菜单项的功能：

文件：该菜单项主要提供了一组与文件操作相关的命令，如新建、打开、保存和打印文件等。

编辑：提供了一组与对象和特征编辑相关的命令，如复制、粘贴、选择、移动、显示、

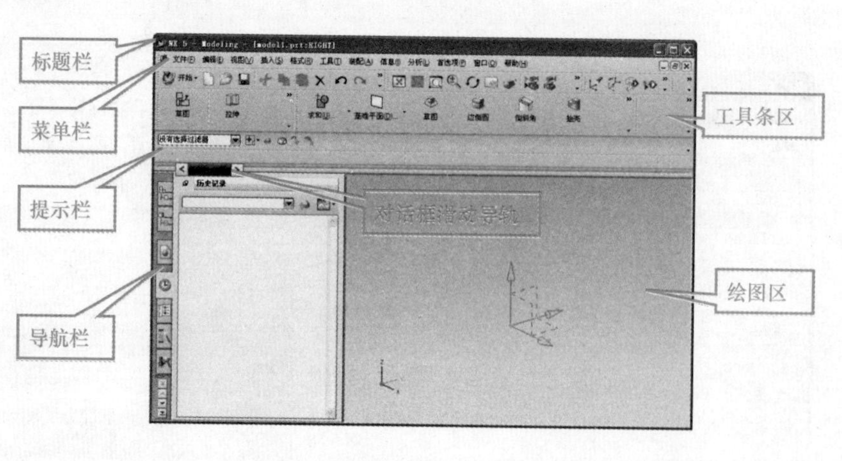

图 1－7

隐藏、设置曲线参数等。

视图：提供了一组与视图调整相关的命令，如模型的着色、渲染，设置布局、光源和摄像机等。

插入：利用其中的命令可在模型中插入各种特征，以及将数据从外部文件添加到当前模型中。

格式：用于控制图层、坐标系、引用集，将对象转移到需要的图层，将对象和特征进行编组操作等。

工具：主要作用是放置使用者所有应用模块的工具，通过此菜单可开启所需的工具条，比如可选择"工具"→"定制"菜单，在打开的对话框中就可以对各种工具条进行定制。另外，还可以打开电子表格、表达式编辑框等实用工具。

装配：装配菜单在装配模式下，具有较多的选项，比如可用于生成爆炸视图、编辑装配结构、克隆等操作，在普通建模模式下只具有生成装配报告等功能。

信息：其主要的功能是列出所指定的项目或零件的信息。

分析：提供了一组测量和分析命令，使用这些命令可显示模型的有关信息并修改分析模型的参数，例如，比较两个零件间特征或几何的差异，测量模型的长度、角度、区域等几何属性，以及分析装配间隙等。

首选项：提供了一些选项，可用于设置当前的操作环境。

窗口：用于新建工作窗口，并设置窗口间的排列方式，以及在打开的窗口间切换等操作。

帮助：用来访问软件帮助主页，获取即时帮助，以及了解软件版本信息和客户服务信息等。

（3）工具条的介绍。

工具条分为固定工具条和浮动工具条。图 1－8 所示为工具条窗口。

在绘图区域单击鼠标右键，则弹出如图 1－9（a）所示的快捷菜单，可以用来操作视图。或者利用如图 1－9（b）所示的"视图"工具栏进行视图操作。

3. 做六边形，并且进行拉伸。首先要做空间曲线六边形，操作过程如图 1－10 所示。

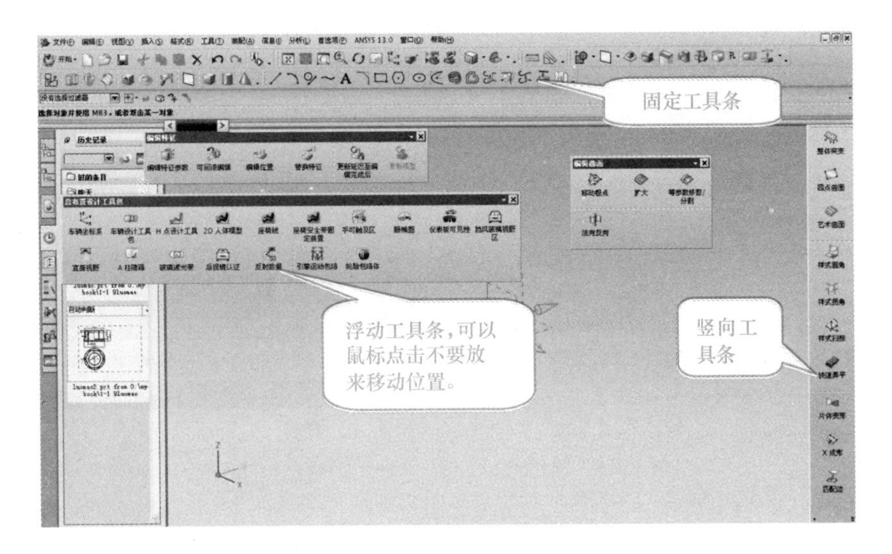

图 1－8

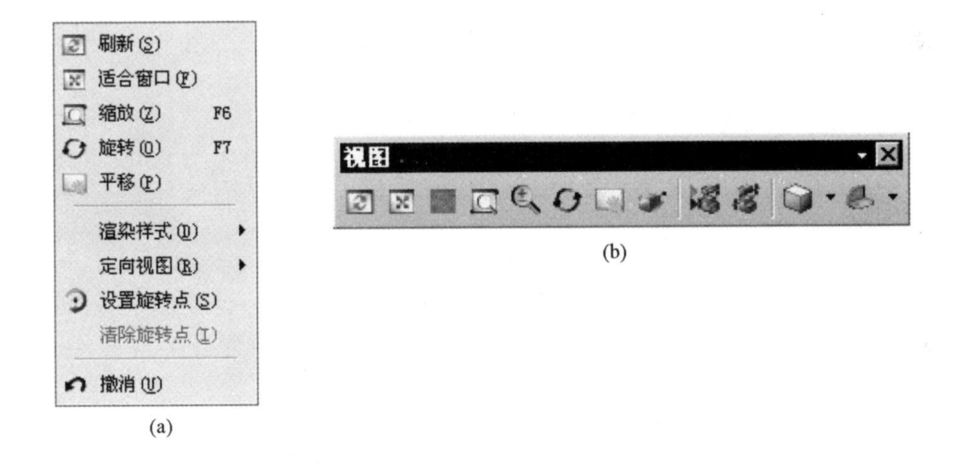

(a)

(b)

图 1－9

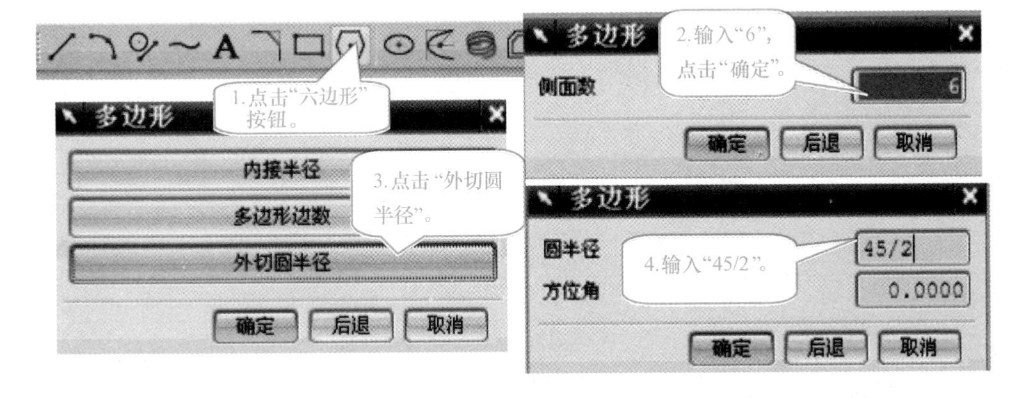

图 1－10

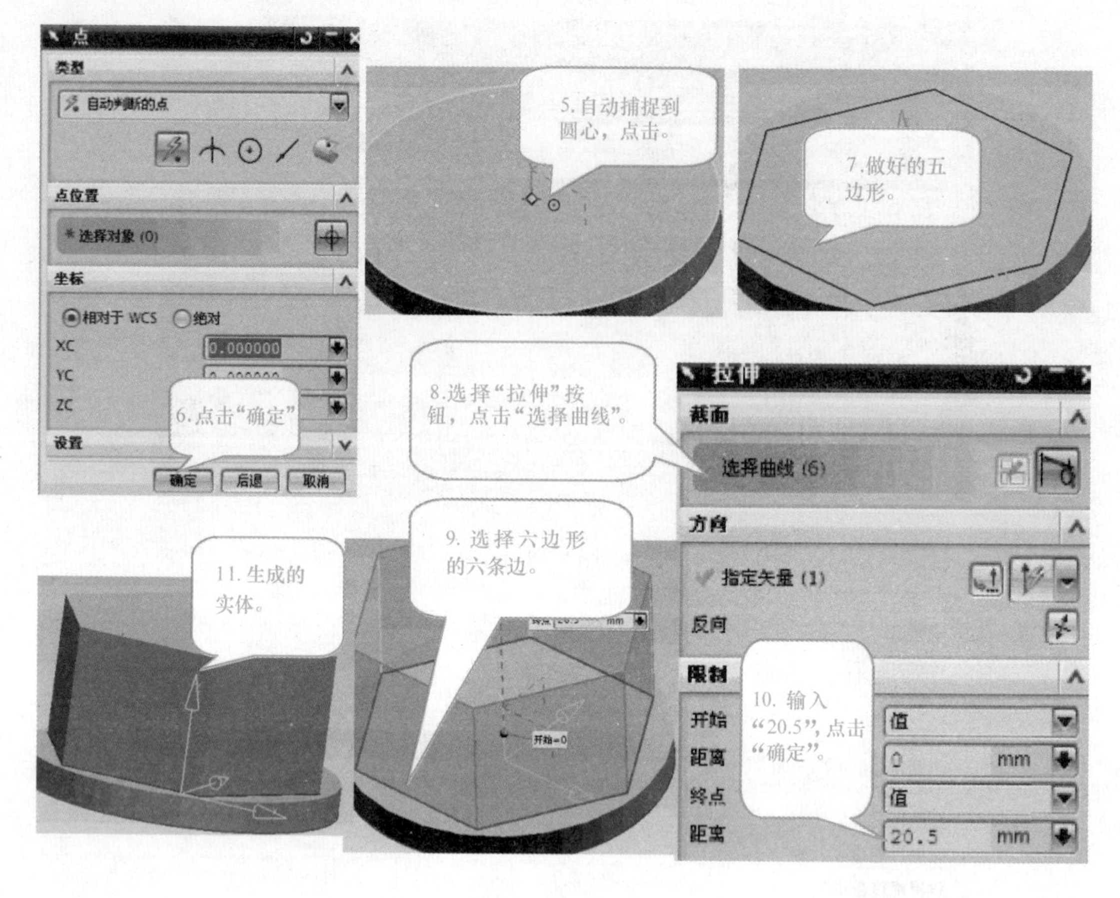

图 1－10（续）

相关知识点

（1）鼠标及快捷键的用法。

1）鼠标的用法。

在 UG 软件中，鼠标利用率是很高的，是人机交互的重要工具。使用鼠标可以实现平移、缩放、旋转等操作。在本书中所有涉及的“点击”表示单击鼠标左键，“右击”表示点击鼠标右键一次。一些操作可根据提示，通过鼠标的 3 个键与键盘配合完成。鼠标的功能用法如表 1－1 所示。

表 1－1　鼠标的功能用法

鼠标按键说明	使用区域说明	功能说明
鼠标左键	绘图区域	选取或拖曳对象
Shift + 鼠标左键	绘图区域	取消选取的对象（Deselect）
Shift + 鼠标左键	列表框	选取一个连续区域的选项
Ctrl + 鼠标左键	列表框	重复选择列表框中选项
Ctrl + Shift + 鼠标左键	绘图区域	取消目前选取的对象并选择下一个对象

续表

鼠标按键说明	使用区域说明	功能说明
鼠标中键	绘图区域	确定（OK）
	绘图区域	转动滚轮，放大或缩小模型。
	绘图区域	按下中键，保持不放，可旋转模型。
Shift + 鼠标中键	绘图区域	移动光标，模型也随之移动。
	绘图区域	返回/应用（Back/Apply）
Alt + 鼠标中键	绘图区域	取消（Cancel）
鼠标右键	绘图区域	弹出快捷菜单
鼠标右键	对话框区或图标区	弹出工具条定制菜单
Shift + 鼠标右键	基本曲线	弹出基本曲线菜单

2）键盘快捷键。

UG 软件中定义了键盘的快捷键，常用键盘快捷键及功能如下：

① F1：激活联机帮助，并显示与当前操作相对应的帮助内容。

② F3：隐藏/显示当前对话框。

③ F4：打开/关闭信息窗口。

④ F5：刷新显示。

⑤ F6：缩放模型。

⑥ F7：旋转模型。

⑦ Ctrl + N：创建新文件。

⑧ Ctrl + O：打开现有文件。

⑨ Ctrl + S：保存文件。

⑩ Ctrl + Shift + A：另存文件。

⑪ Ctrl + F：适合窗口，调整工作视图的中心和比例以显示所有对象。

⑫ W：显示 WCS 工作坐标系。

⑬ S：打开草图生成器任务环境。

⑭ Ctrl + Q：完成草图，退出草绘。

⑮ X：创建拉伸特征。

⑯ R：创建回转特征。

⑰ Home：正二侧视图。

⑱ End：正等侧视图。

⑲ Ctrl + Alt + F：前视图（主视图）。

⑳ Ctrl + Alt + T：俯视图。

㉑ Ctrl + Alt + L：左视图。

㉒ Ctrl + Alt + R：右视图。

㉓ Ctrl + D：删除对象。

㉔ Ctrl + Z：撤销上次操作。

㉕ Ctrl + Y：重新执行先前撤销的操作。

㉖ Ctrl + T：变换操作。

㉗ Ctrl + B：隐藏。

㉘ Ctrl + Shift + K：显示。

㉙ Ctrl + Shift + B：显示/隐藏。

4. 细节处理。点击草图按钮 。其他操作步骤如图 1 – 11 所示。

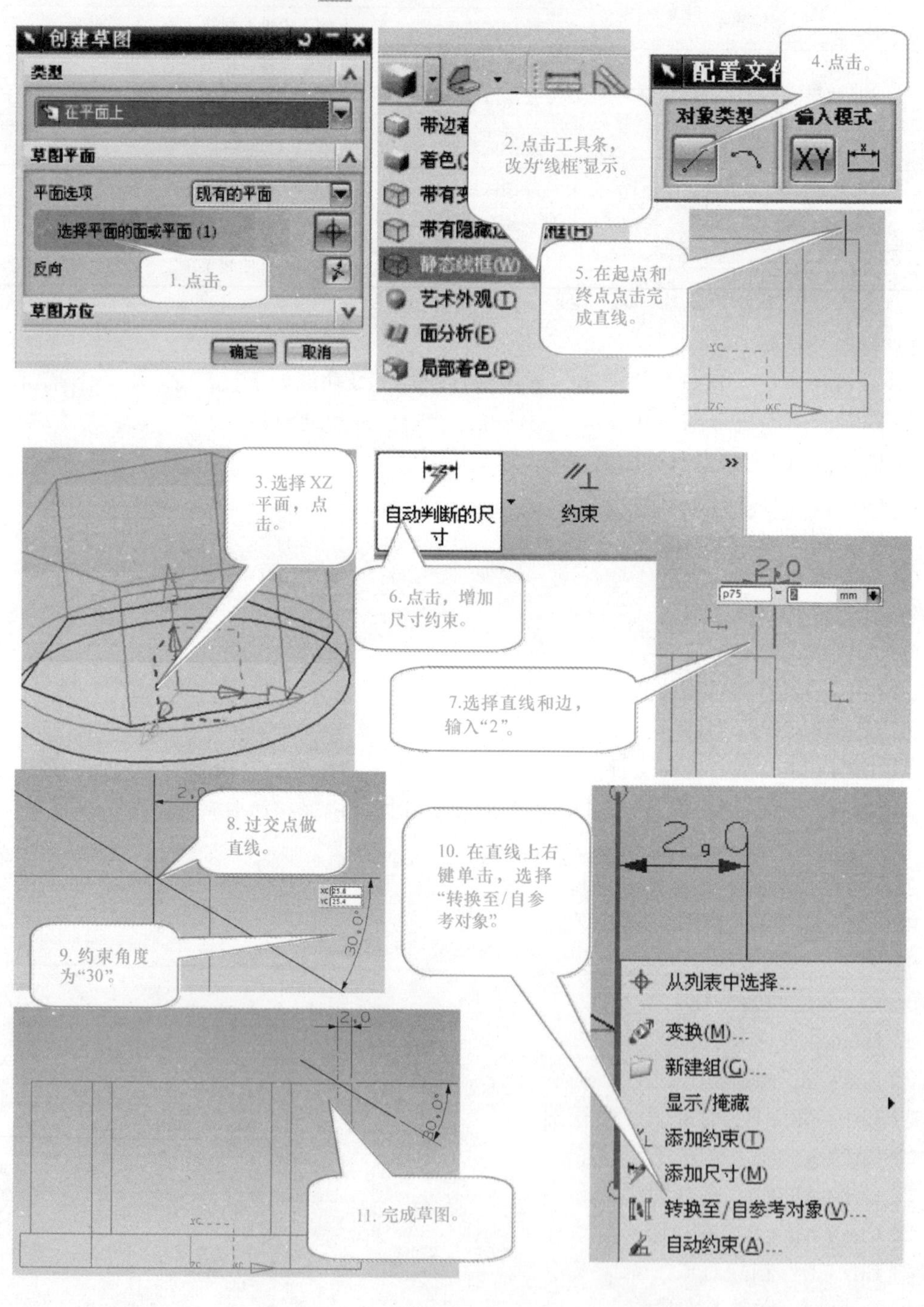

图 1 – 11

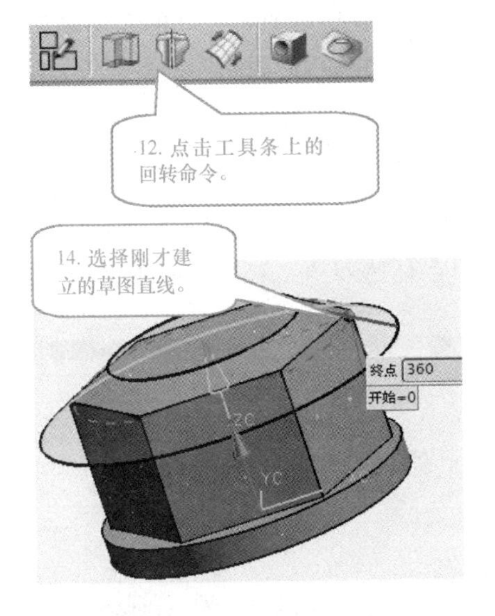

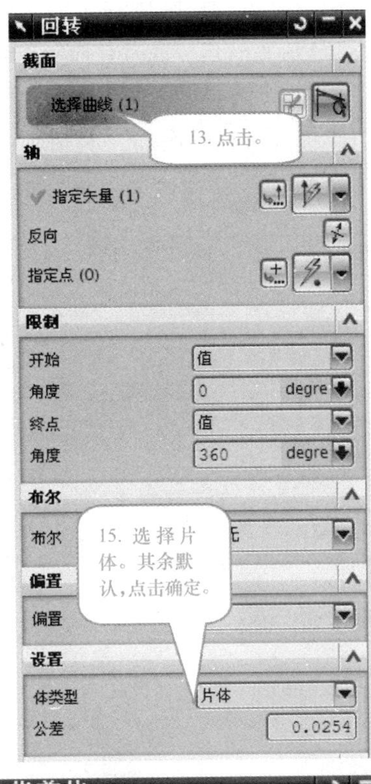

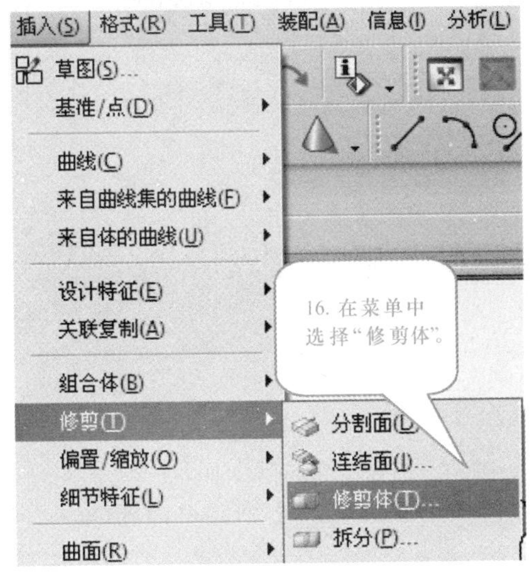

图 1－11（续）

相关知识点

（1）草图功能应用。

应用草图工具，可以在近似的曲线轮廓上添加约束精确定义后，形成完整的表达设计意

图。同时，用户可以对草图进行拉伸、旋转等操作来生成与草图相关联的实体模型。

用户给出大致形状后，通过几何约束和尺寸约束就可以精确地限制曲线各部位，从而清晰表达草图。当草图尺寸改变后，所关联的实体模型也会跟着改变。可动态显示草图的尺寸更改。

进入草图模式进行绘图前，必须先设置一个绘图平面，然后再进行相应操作。用户通过单击工具条中的 草图 按钮或者选择菜单命令“插入”→“草图”进入草图工作界面。通过“创建草图”对话框和坐标系来确定草图绘制平面，默认为 X-Y 平面，如图 1-12 所示。

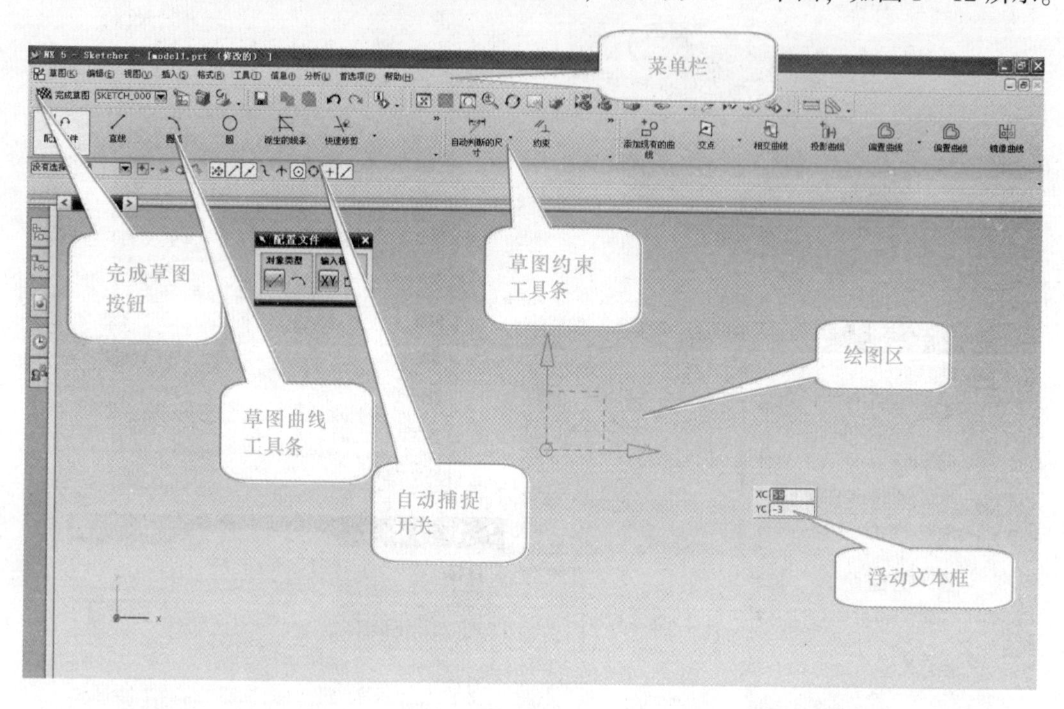

图 1-12

当指定草图绘制平面，且进入草图绘制界面后，便可以开始创建草图曲线。“草图曲线”工具条如图 1-13 所示。

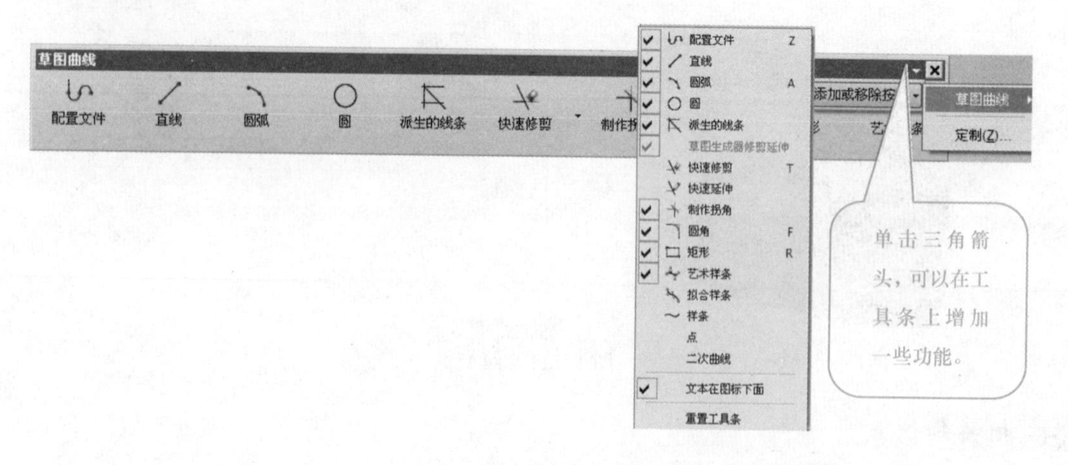

图 1-13

当利用草图各命令完成一幅草图的时候，为了利用该草图来创建实体，需要退出草图模

块。此时，用户可以单击工具条上的 完成草图 按钮或者选择菜单命令“草图”→“完成草图”来退出草图绘制界面。

（2）草图约束。

草图约束限制草图的形状，可以使用曲线命令先勾勒出图样的轮廓，然后使用几何约束或尺寸约束来达到工程图纸最终的要求。当进行几何约束或尺寸约束时，状态栏会实时显示草图中几何要素已完全约束或过约束。“草图约束”工具条常用的一些命令按钮如图 1－14 所示。

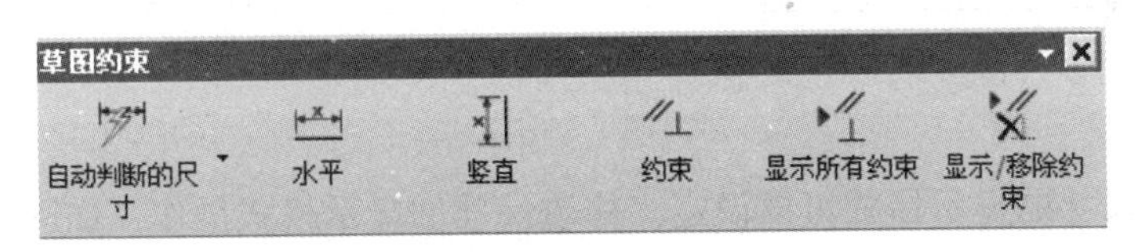

图 1－14

（3）几何约束的创建。

几何约束是控制两个或两个以上的几何体之间的相互关系，比如平行、垂直、相切、过点、共线、点在曲线上等约束。点击“草图约束”工具条上的“约束”按钮，进入增加约束条件操作，用户可以选择草图平面上的几何对象进行几何约束。根据用户选择的不同几何体（曲线）和几何体（曲线）不同部位，系统显示的“约束”命令对话框也会不同。当选择两条线段的时候，显示的“约束”对话框如图 1－15 所示。

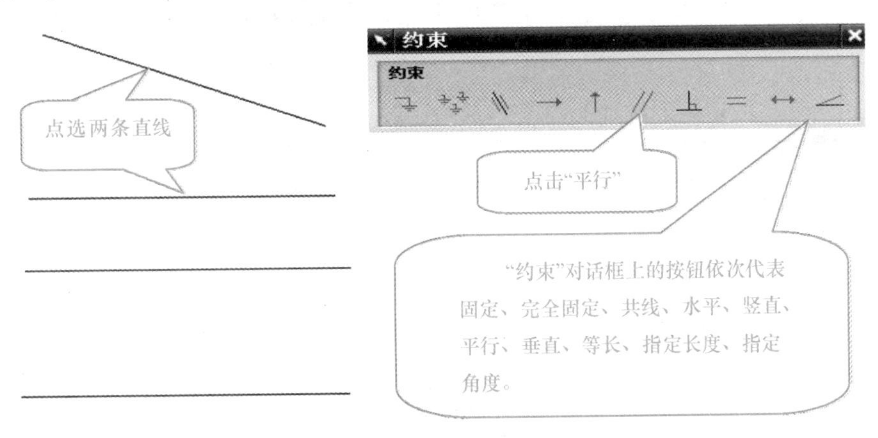

图 1－15

（4）尺寸约束的创建。

UG 软件中共提供了十几种不同的尺寸约束条件，分别是自动判断的尺寸、水平、竖直、平行、垂直、成角度、直径、半径、周长和附加尺寸等。通过单击不同的尺寸约束命令按钮，用户可以对草图对象进行尺寸上的约束。一般操作步骤如下：

1）单击尺寸约束命令按钮。

2）单击选择需要添加约束的对象。

3）单击选择放置约束的位置。

如图 1－16 所示，单击“草图约束”工具条上的“自动判断尺寸”按钮，在其中

一条直线点击选择它。

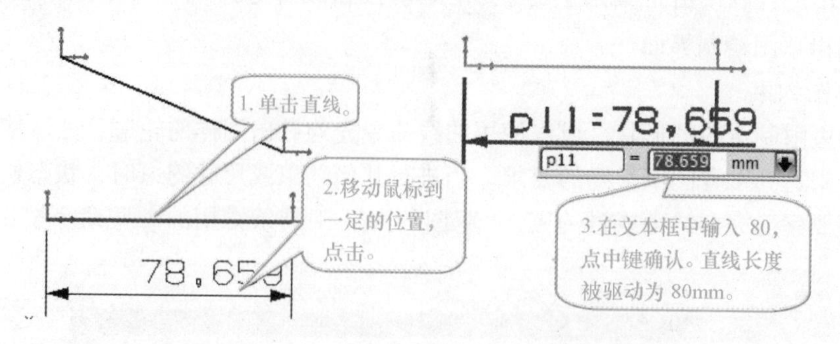

图 1－16

（5）标注后尺寸的显示格式可以设定。修改尺寸的显示格式操作，如图 1－17 所示。

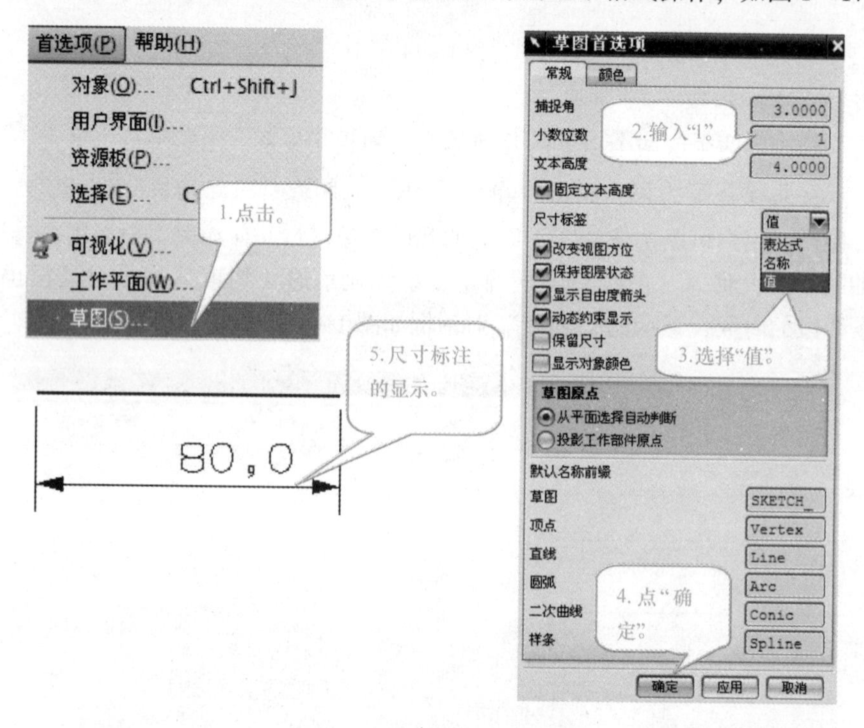

图 1－17

（6）显示/关闭约束条件。

单击“草图约束”工具条中的按钮，在绘图区域显示所有草图对象的几何约束，同时此按钮下凹；再次单击该按钮，则取消在绘图区域显示所有草图对象的几何约束，同时此按钮上凸。有些几何约束在绘图区域是可见的，通过单击“草图约束”工具条中的按钮，可以使添加的这些约束在绘图区域不显示出来。

有些按钮在“草图约束”工具条上没有显示，可以单击工具条右上角上的三角形标志，然后在打开的菜单中勾选相应的命令。

5. 建立中间的孔，点击创建草图按钮，如图 1－18 所示。

6. 创建中间的螺纹部分。先创建基准面，产生圆，然后做螺旋线，如图 1－19 所示。

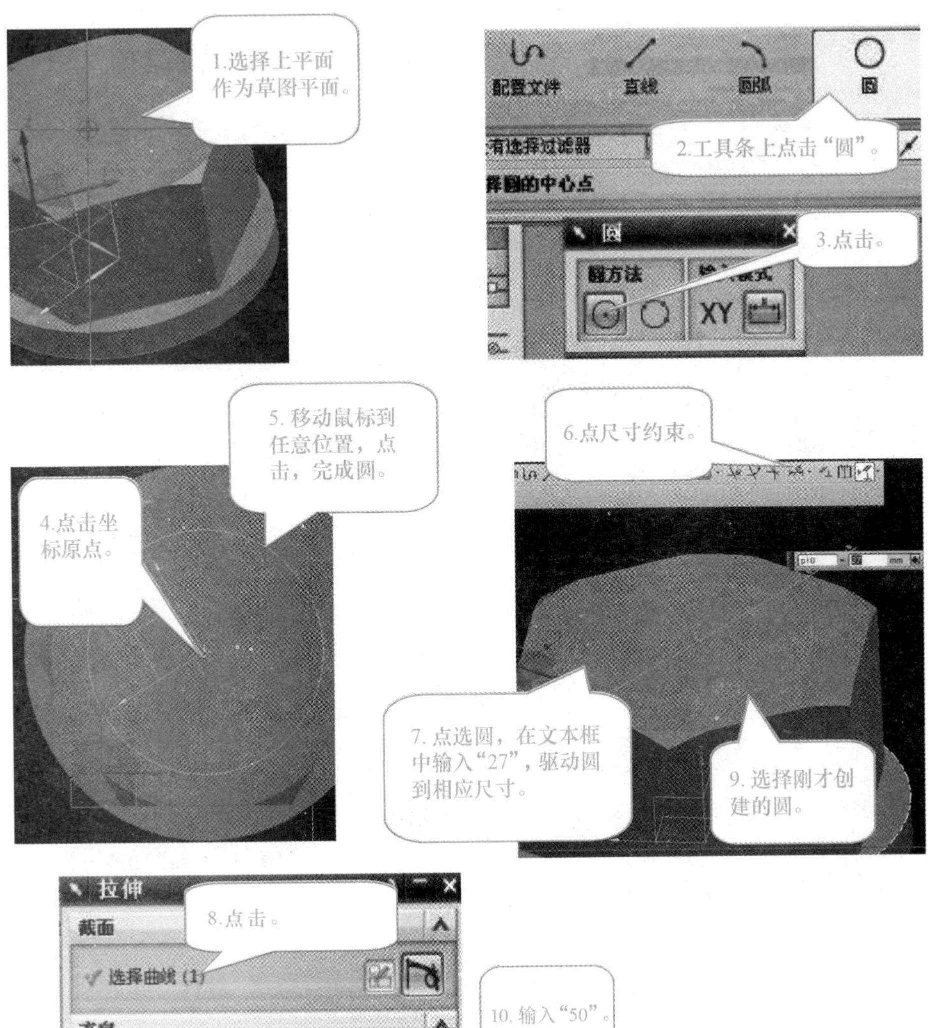
1.选择上平面作为草图平面。
配置文件
直线
圆弧
圆
2.工具条上点击“圆”。
3.点击。
圆方法
XY
5. 移动鼠标到任意位置，点击，完成圆。
4.点击坐标原点。
6.点尺寸约束。
7. 点选圆，在文本框中输入“27”，驱动圆到相应尺寸。
9. 选择刚才创建的圆。

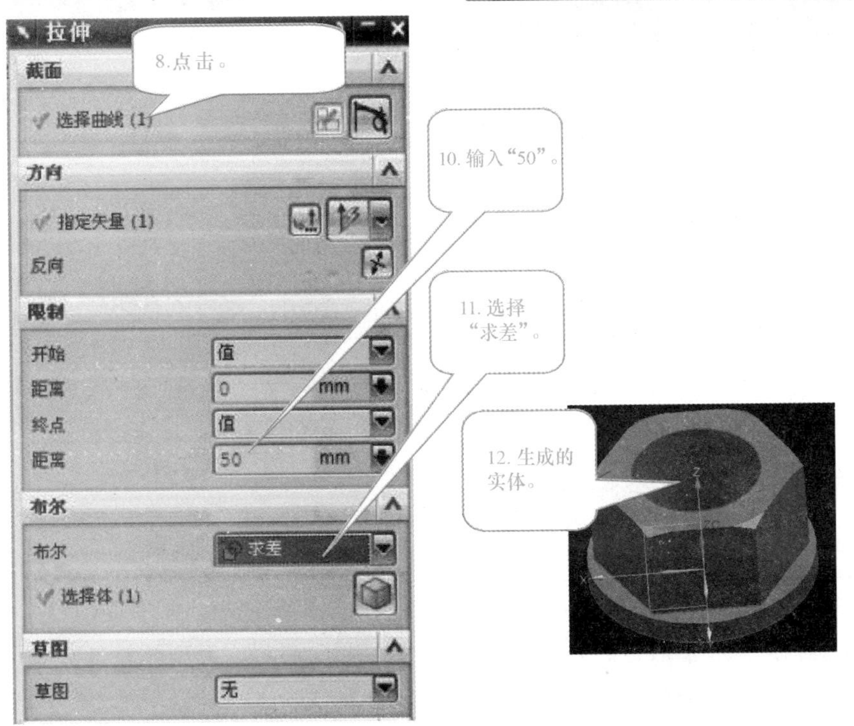
拉伸
8.点击。
截面
选择曲线 (1)
方向
指定矢量 (1)
反向
限制
开始
值
距离
0
mm
终点
值
距离
50
mm
布尔
布尔
求差
选择体 (1)
草图
草图
无
10. 输入“50”。
11. 选择“求差”。
12. 生成的实体。

图 1－18

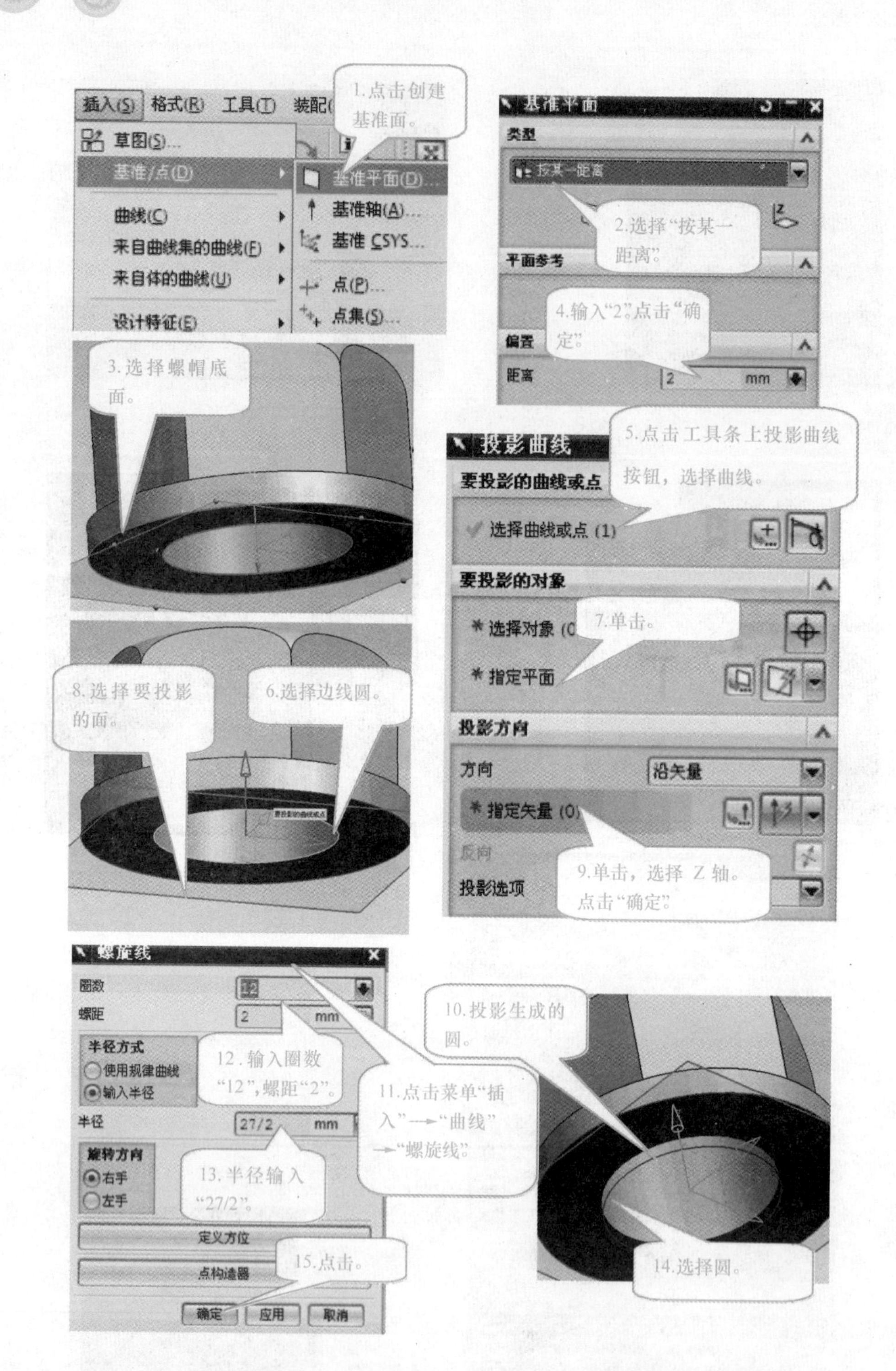

图 1－19

7. 画出螺纹牙型，然后进行螺纹牙型的扫掠，进行求差，得到螺纹部分，如图 1－20 所示。

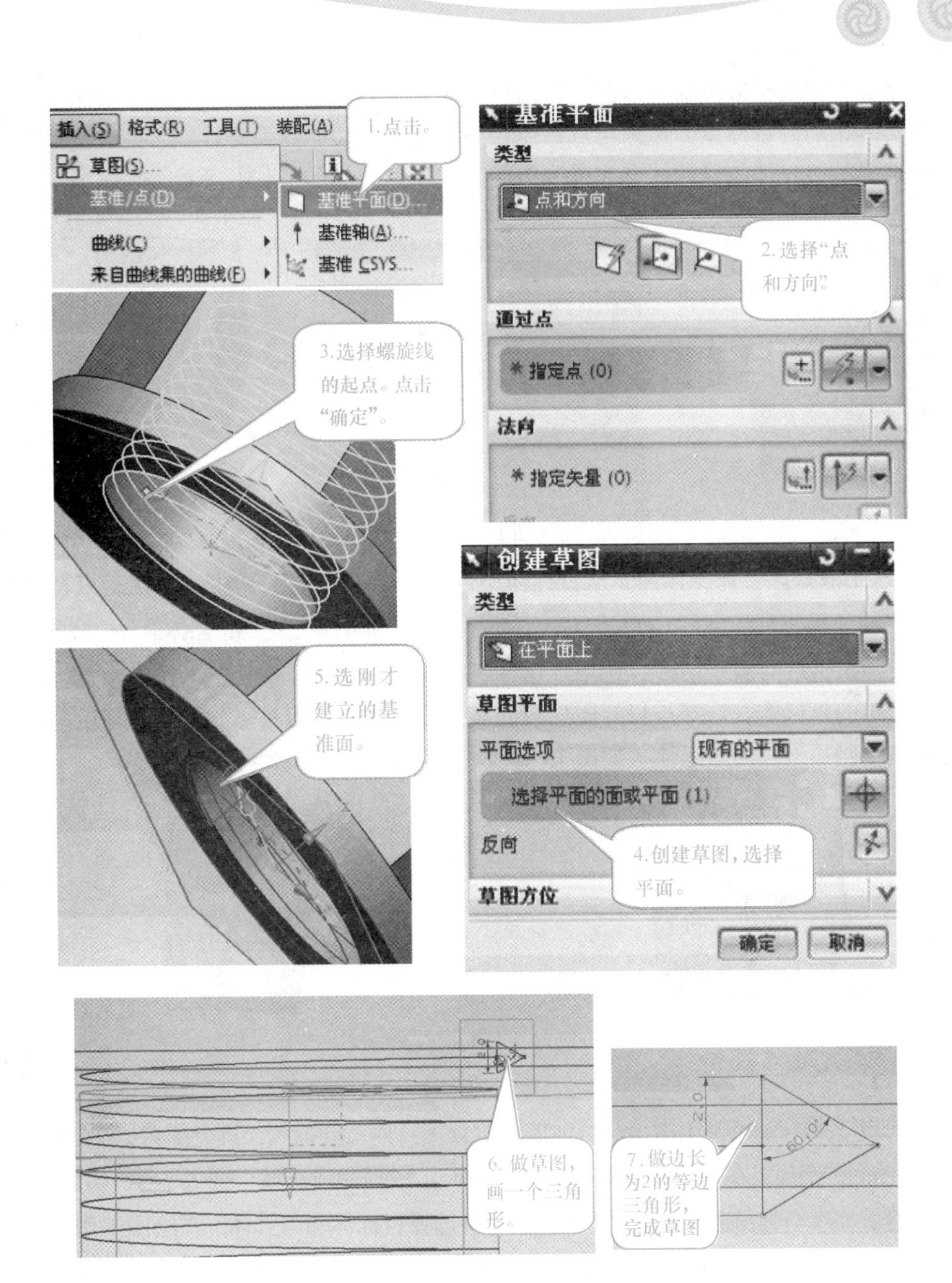

图 1－20

相关知识点

布尔操作。

完成零件基本几何体特征的创建后，每个几何体特征都是单独存在的，它们之间的图形是有一定关系的，常用的分别为布尔求和、布尔求差和布尔求交 3 种关系。如在建模时对对象采用布尔操作或对已建完模型进行布尔运算，则操作后合并成一个实体或片体。

1）布尔相加操作：该操作用于将两个或两个以上的不同实体结合起来，也就是求特征间的并集。在"特征操作"工具栏中单击图标 或单击"插入"→"组合体"→"求和"

命令时，系统会弹出选取对象对话框，让用户选择目标体和刀具体。在绘图工作区中选择需要与其他实体相加的目标体，选择与目标体相加的实体或片体作为刀具体。完成选择后，系统会将所选择的刀具体与目标体合并成一个实体或片体，如图1－21所示。

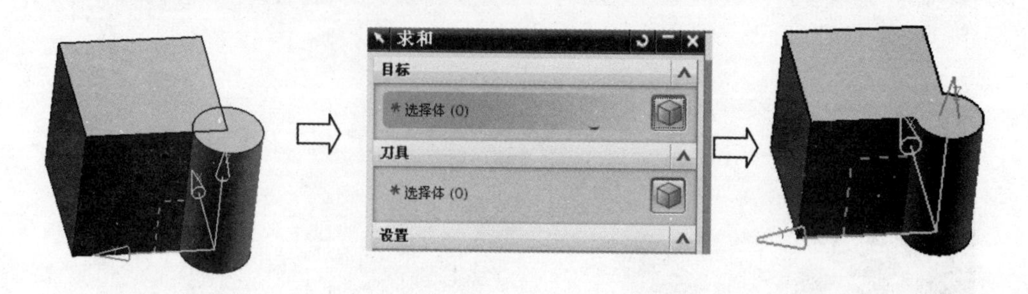

图1－21

2）布尔相减操作：该操作用于从目标体中删除一个或多个工具体，也就是求特征间的差集。在“特征操作”工具栏中单击图标或单击“插入”→“组合体”→“求差”命令，系统会弹出选取对象对话框，让用户选择目标体和刀具体。在绘图工作区中选择需要与其他实体相减的目标体，选择与目标体相减的实体或片体作为刀具体。完成选择后，则系统会从目标体中删掉所选的刀具体，如图1－22所示。

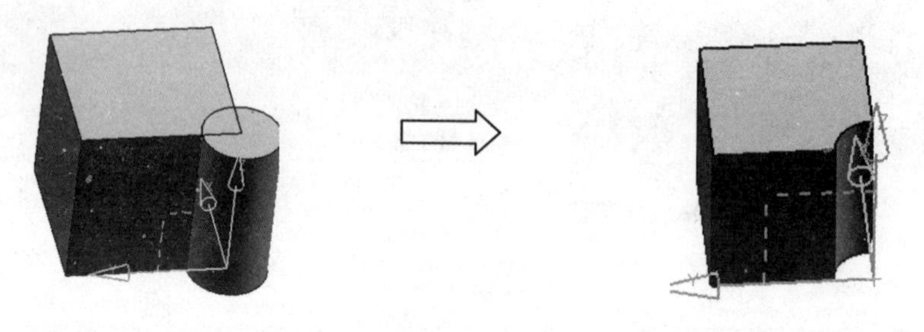

图1－22

3）布尔相交操作：该操作用于使目标体和所选工具体之间的相交部分成为一个新的实体，也就是求实体间的交集。在“特征操作”工具条中单击图标或选择“插入”→“组合体”→“求交”命令，系统会弹出选取对象对话框，让用户选择目标体和刀具体。在绘图工作区中选择需要与其他实体相交的目标体，选择与目标体相交的实体或片体作为刀具体。完成选择后，系统会用所选的目标体与刀具体的公共部分产生一个新的实体或片体，如图1－23所示。

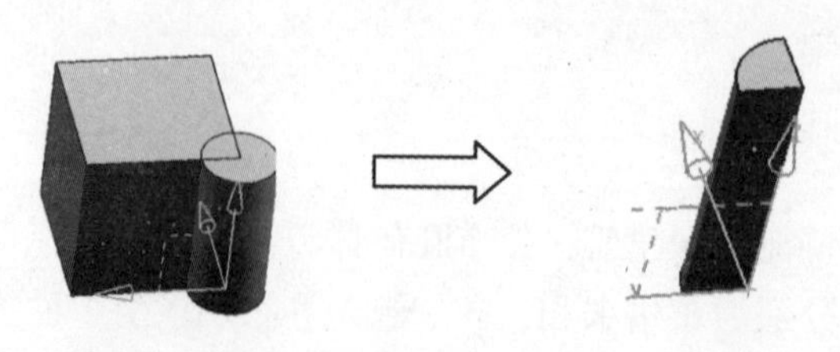

图1－23

8. 进行螺纹牙型的扫掠，进行求差，得到螺纹部分。单击菜单上的“插入”→“扫掠”命令，如图1－24所示。

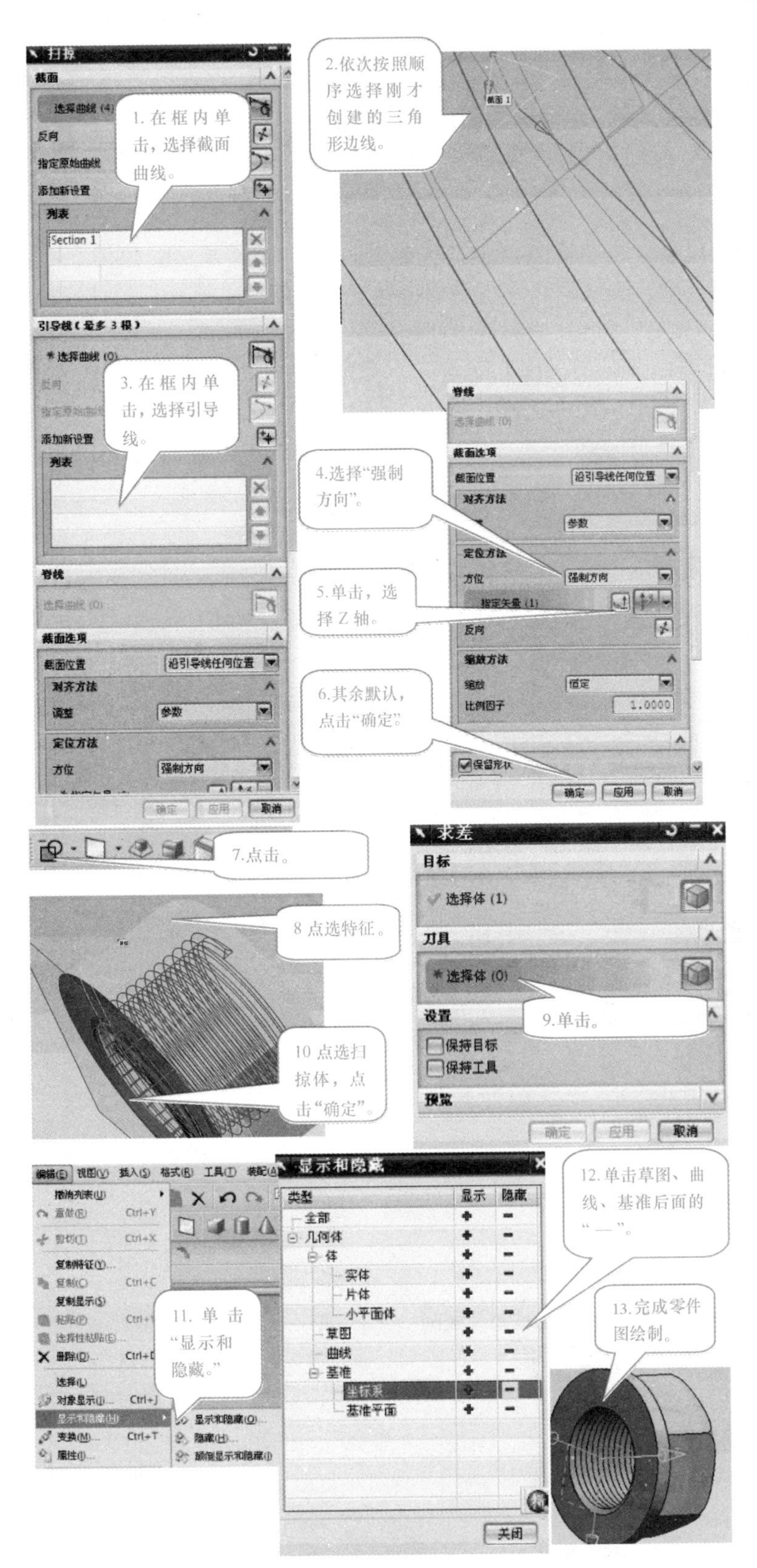

1. 在框内单击，选择截面曲线。
2.依次按照顺序选择刚才创建的三角形边线。
3. 在框内单击，选择引导线。
4.选择"强制方向"。
5.单击，选择Z轴。
6.其余默认，点击"确定"。
7.点击。
8 点选特征。
9.单击。
10 点选扫掠体，点击"确定"。
11. 单击"显示和隐藏。"
12.单击草图、曲线、基准后面的"—"。
13.完成零件图绘制。

图 1－24

换个建模思路

上面的建模思路是建立草图，通过“成型特征”工具条上的拉伸、回转等命令建立几何体，最终创建模型。螺纹的建立也是通过建立草图曲线，然后扫掠曲线建立模型。这种建模思路，是基本的建模方法。我们可以使用另外一种建模思路和方法，过程如下。

1. 点击“新建”文件，创建新的文件。打开新文件，具体操作如图 1－25 所示。

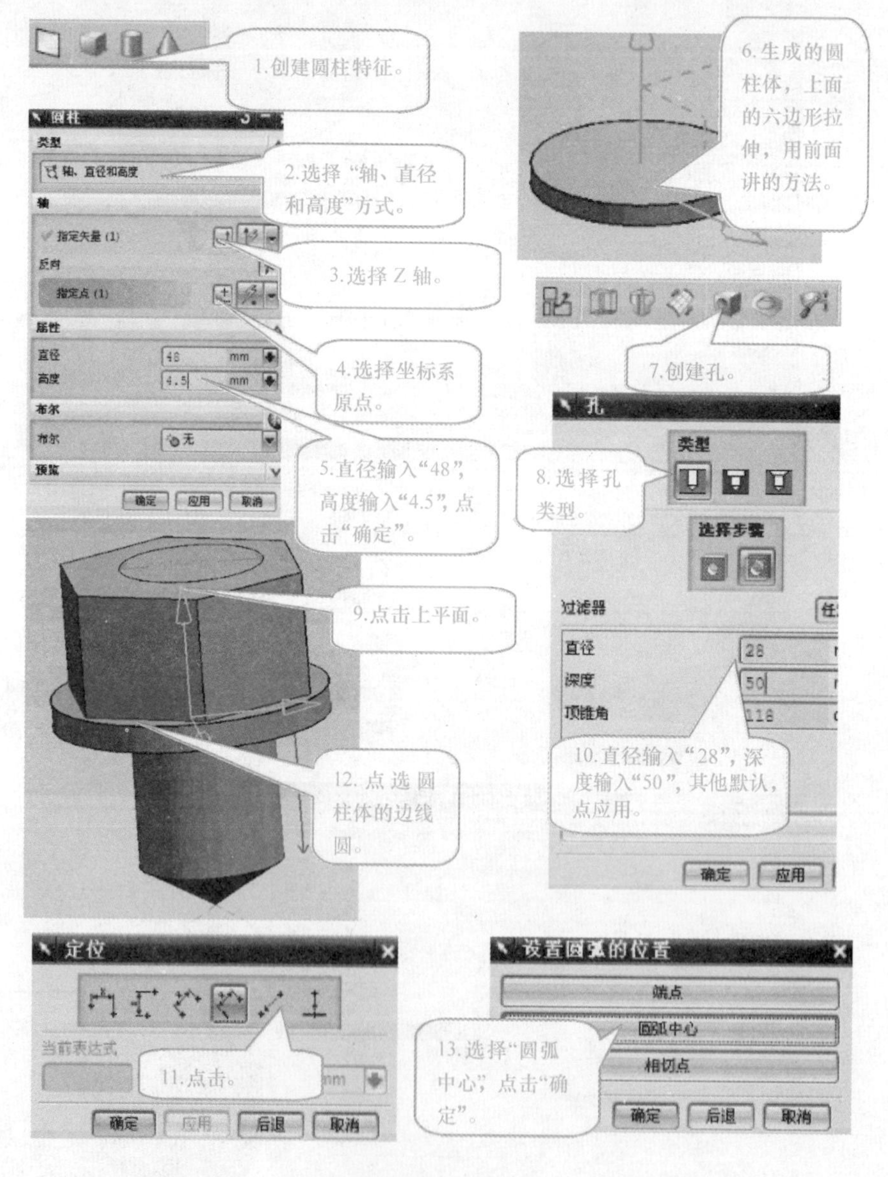

图 1－25

2. 完成基础几何体的创建。开始创建螺纹部分。点击菜单上的“插入”→“设计特

征”→“螺纹（T）…”，开始创建螺纹，如图 1－26 所示。

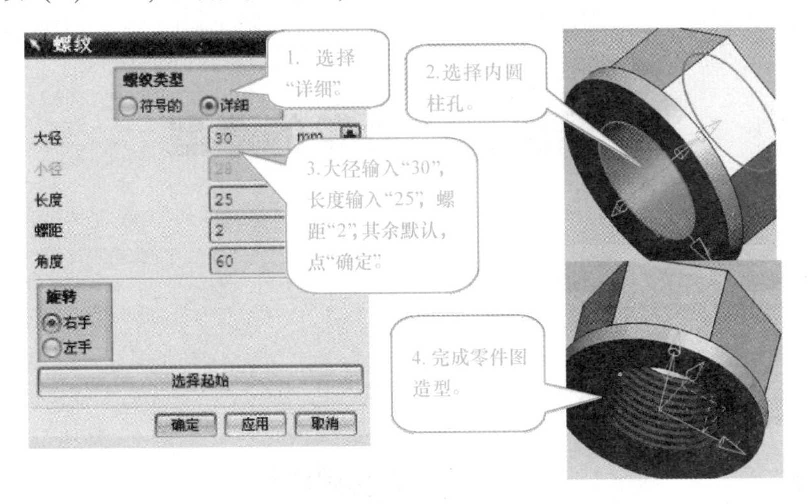

图 1－26

思考和练习

1. 零件的建模之前应该做哪些准备工作？
2. 鼠标的 3 个键都有哪些作用？在这个项目练习中都用到哪些？
3. 什么是草图？
4. 请完成图 1－27 所示的造型。

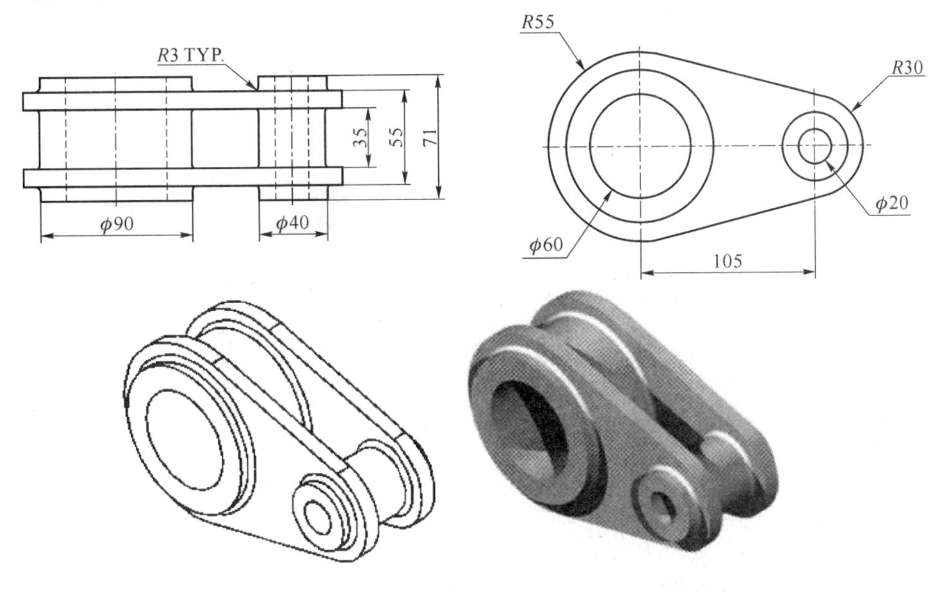

图 1－27

项目二　叶轮的造型

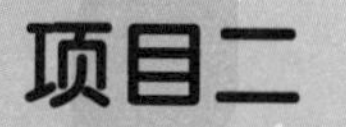

任务　建模造型

操作视频

一、任务目标

1. 会拉伸、圆柱特征创建、布尔运算等基本建模工具的应用。
2. 会在草图环境中进行直线、圆弧、倒圆角命令的应用。
3. 会显示和隐藏实体。
4. 会在草图环境中使用变换命令进行多个特征的复制。
5. 会在草图环境中进行尺寸约束和参数化绘图。

二、任务分析

图2－1所示是一个水表中的叶轮零件，根据二维工程图进行造型。仔细分析工程图的

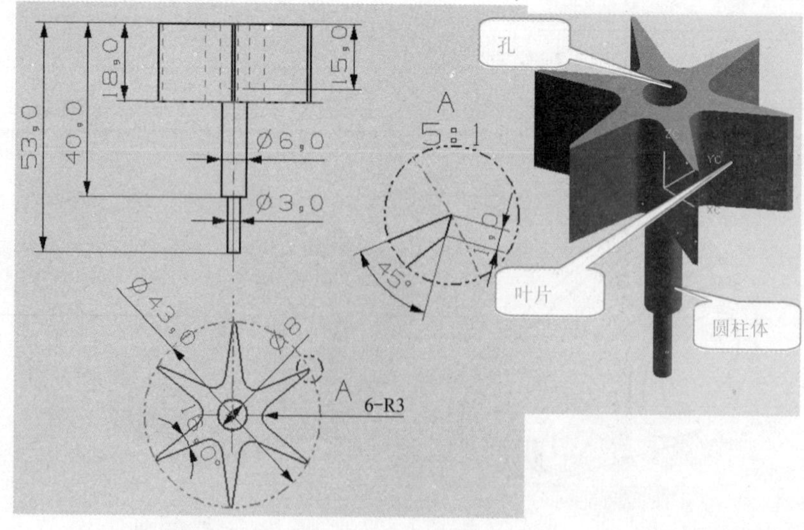

图2－1

各个视图和轴等测视图，可以把握零件的特征。该零件主要由经过阵列的拉伸体、圆柱体、简单孔构成；其次，零件的造型过程还涉及布尔运算、草图中的特征变换以及倒圆角等命令的运用。

针对这些特征的分解，首先要先利用草图命令勾勒出叶片的轮廓，然后拉伸成型；再选择平面，放置两个不同直径的圆柱体。以同样的方法创建孔或者使用草图拉伸，求差来创建孔，最后创建出零件。

三、操作过程

1. 双击桌面上的 UG 图标，打开 UG 软件，在工具条中单击新建文件按钮。在“新建部件文件”对话框中输入要建立的文件名称，如图 2－2 所示。

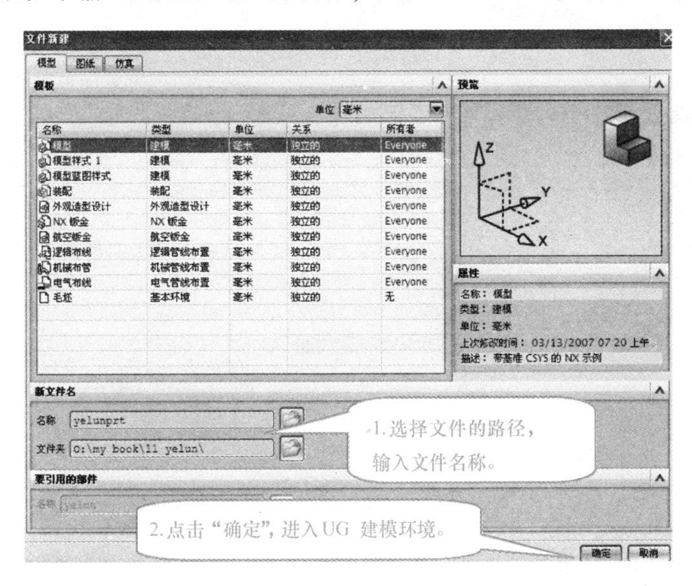

图 2－2

2. 在工具条上点击新建草图按钮，选择默认 XY 平面内建立以下草图，如图 2－3 所示。

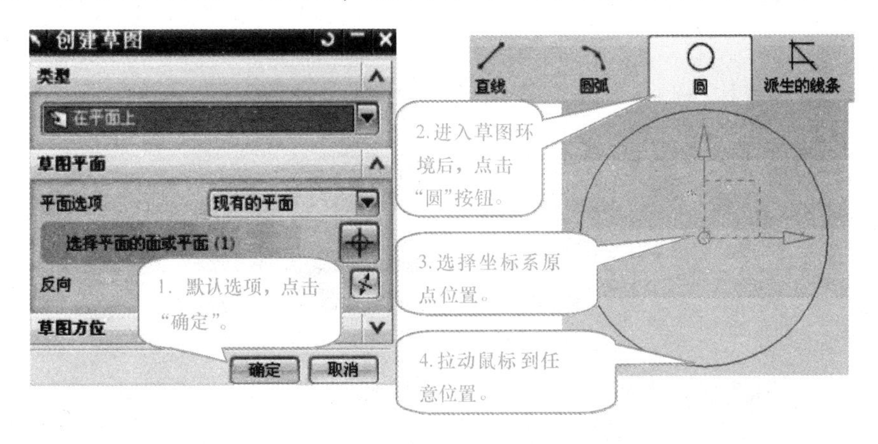

图 2－3

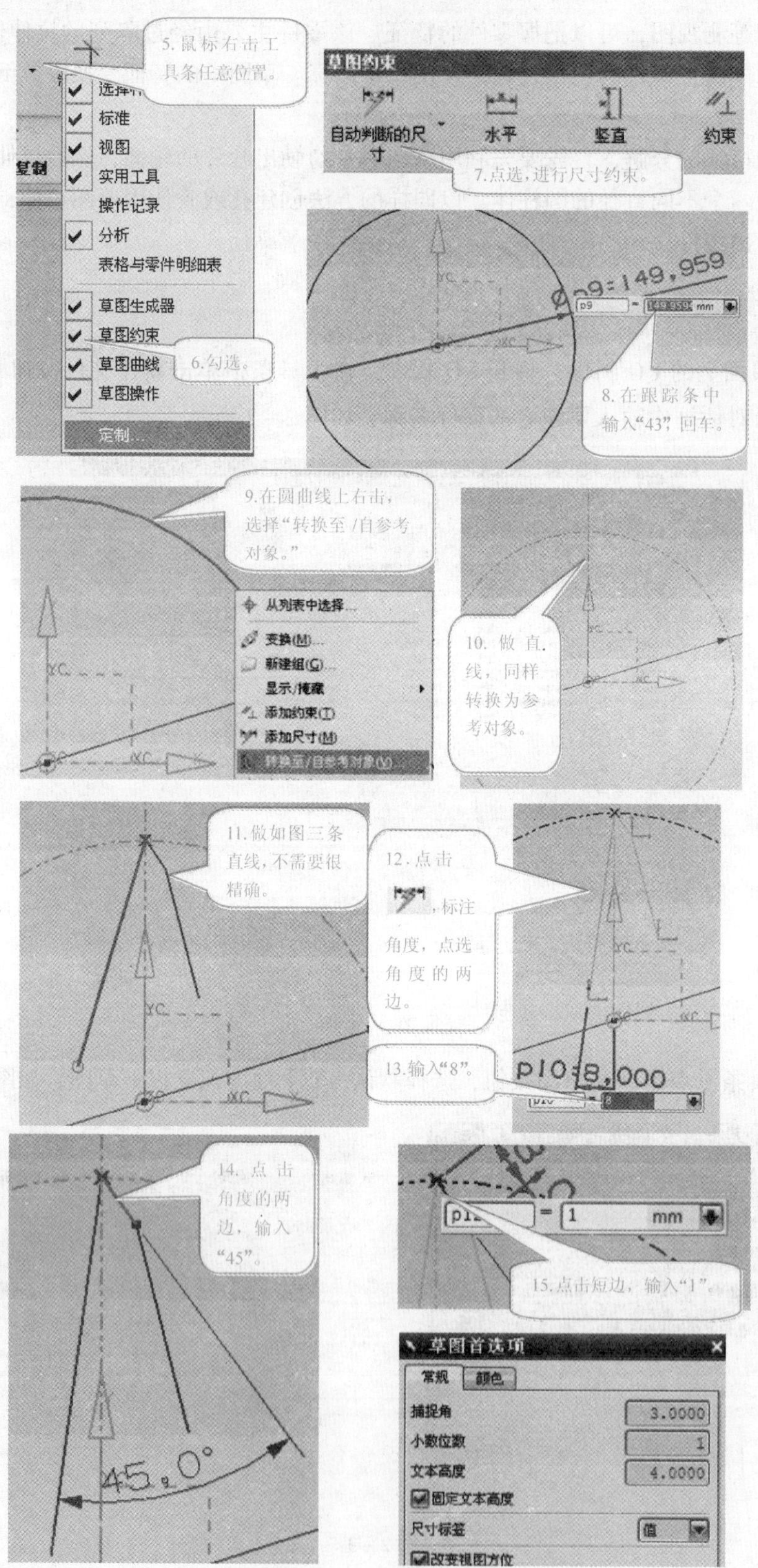

5. 鼠标右击工具条任意位置。
选择条
标准
视图
实用工具
操作记录
分析
表格与零件明细表
草图生成器
草图约束
草图曲线
草图操作
定制...
6. 勾选。
草图约束
自动判断的尺寸
水平
竖直
约束
7. 点选，进行尺寸约束。
Øp9=149,959
8. 在跟踪条中输入"43"，回车。
9. 在圆曲线上右击，选择"转换至/自参考对象。"
从列表中选择...
变换(M)...
新建组(G)...
显示/掩藏
添加约束(T)
添加尺寸(M)
转换至/自参考对象(V)...
10. 做直线，同样转换为参考对象。
11. 做如图三条直线，不需要很精确。
12. 点击，标注角度，点选角度的两边。
13. 输入"8"。
p10=8,000
14. 点击角度的两边，输入"45"。
45.0°
15. 点击短边，输入"1"。
草图首选项
常规
颜色
捕捉角
3.0000
小数位数
1
文本高度
4.0000
固定文本高度
尺寸标签
值
改变视图方位

图2-3（续）

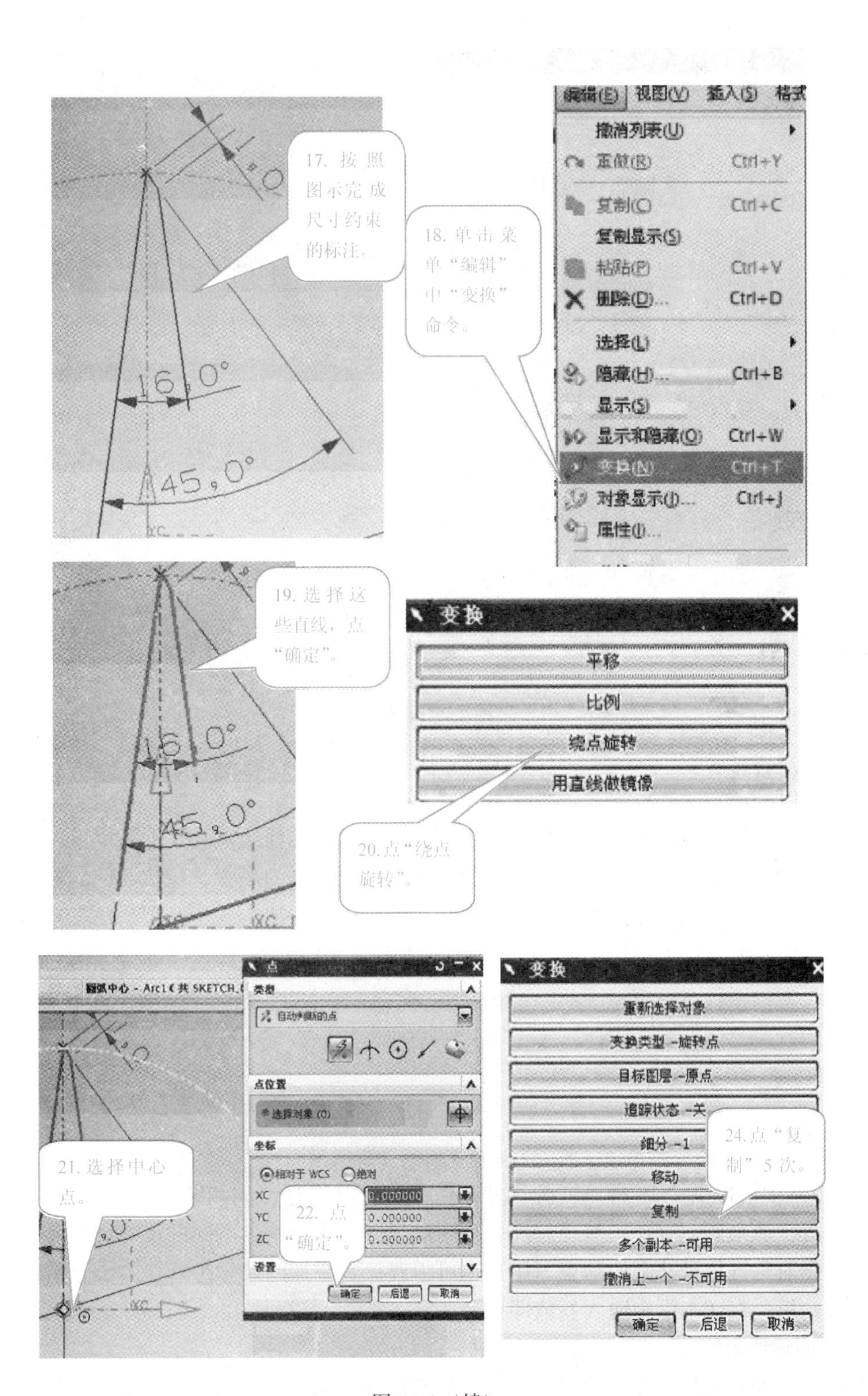

17. 按照图示完成尺寸约束的标注。
16.0°
45.0°
18. 单击菜单“编辑”中“变换”命令。
编辑(E) 视图(V) 插入(S) 格式
撤消列表(U)
重做(R) Ctrl+Y
复制(C) Ctrl+C
复制显示(S)
粘贴(P) Ctrl+V
删除(D)... Ctrl+D
选择(L)
隐藏(H)... Ctrl+B
显示(S)
显示和隐藏(O) Ctrl+W
变换(N) Ctrl+T
对象显示(J)... Ctrl+J
属性(I)...
19. 选择这些直线，点“确定”。
变换
平移
比例
绕点旋转
用直线做镜像
20. 点“绕点旋转”。
21. 选择中心点。
点
类型
自动判断的点
点位置
选择对象 (0)
坐标
相对于 WCS 绝对
XC 0.000000
YC 0.000000
ZC 0.000000
设置
22. 点“确定”。
确定 后退 取消
变换
重新选择对象
变换类型 -旋转点
目标图层 -原点
追踪状态 -关
细分 -1
移动
复制
多个副本 -可用
撤消上一个 -不可用
24. 点“复制”5 次。
确定 后退 取消

图 2-3（续）

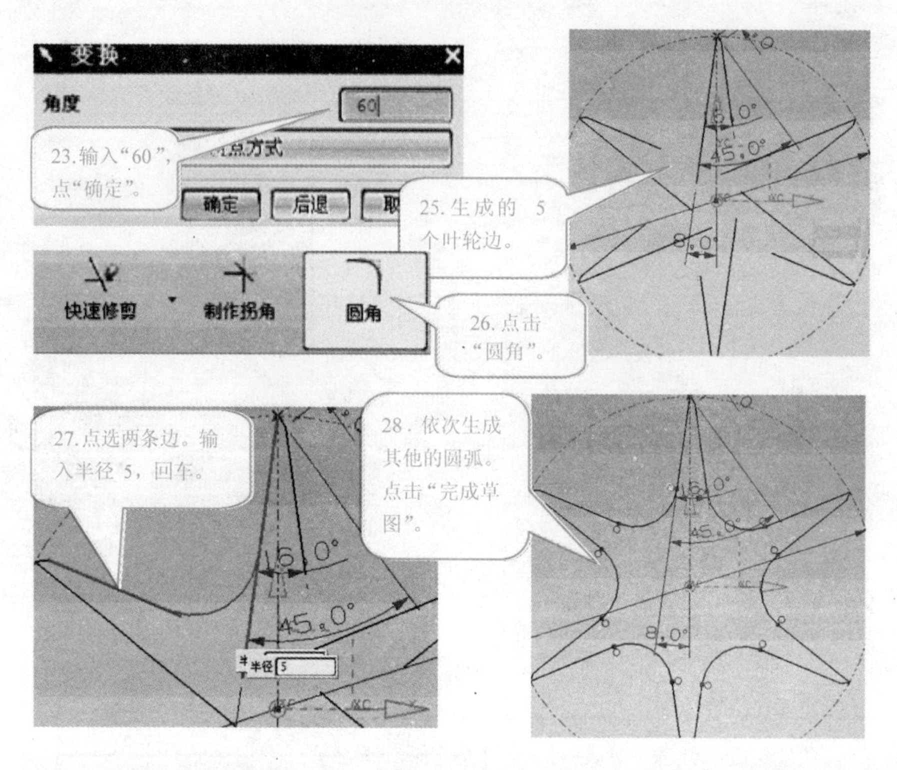

图 2 - 3（续）

相关知识点

在草图中作图的时候，只要给出大致形状，然后通过几何约束和尺寸约束就可以精确地限制曲线各部位，从而清晰表达草图。草图约束是限制草图的形状，包括几何约束和尺寸约束。当进行几何约束或尺寸约束时，状态栏会实时显示草图缺少 n 个约束、已完全约束或过约束。“草图约束”工具条常用的一些命令按钮如图 2 - 4 所示。

图 2 - 4　“草图约束”工具条常用命令按钮

(1) 尺寸约束形式。

UG 软件中共提供了 10 种不同的尺寸约束条件，分别是自动判断的尺寸、水平、竖直、平行、垂直、成角度、直径、半径、周长和附加尺寸。通过单击不同的尺寸约束命令，用户可以对草图对象进行尺寸上的约束。用户也可以对已经添加的尺寸进行修改，只需双击要修改的尺寸约束，在文本框中输入新值即可。

(2) 创建约束。

根据选择的对象数量和性质不同，可以控制被选对象的各种不同的约束。例如可以控制两条线段之间共线、固定、平行、垂直、相切等约束。用户单击“草图约束”工具条中的 约束 按钮后，进入生成约束条件操作，用户可以对草图对象进行几何约束。根据用户选择不

同形状的曲线和曲线的不同位置，系统显示的约束条件命令按钮也会不同。如图 2－5 所示，当选择一条直线和一个圆的时候，显示的约束条件如右上角所示；当选择两条直线的时候，显示的约束条件如右下角所示。

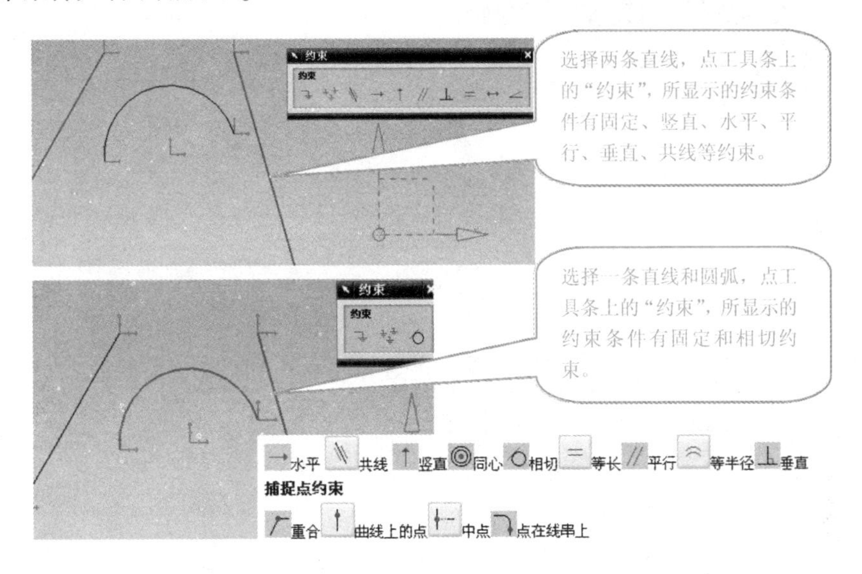

图 2－5

单击“草图约束”工具条中的自动约束按钮，弹出“自动约束”对话框（见图 2－6）。它是系统根据草图对象间的关系，自动添加所选择的相应约束到草图对象上。选择要约束的曲线后，再选择要应用的约束，单击应用按钮即可。

单击“草图约束”工具条中的显示/移除约束按钮后，弹出“显示/移除约束”对话框。选取某个草图对象后，在“显示约束”选项内会列出该对象所包含的所有约束。通过单击按钮或者选定一个或几个约束项，然后单击“移除高亮显示”按钮来移除约束，如图 2－7 所示。

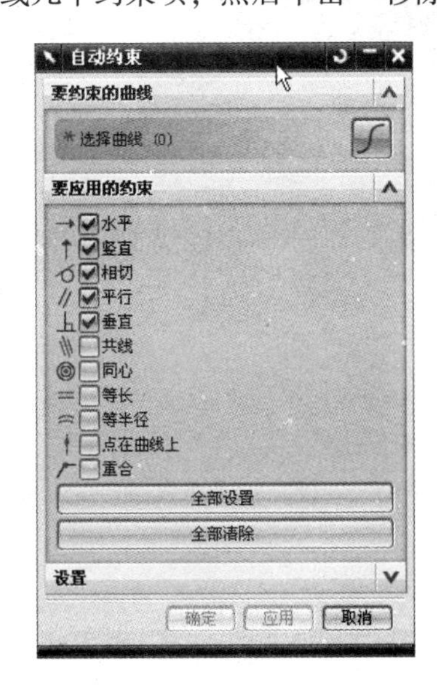

图 2－6

图 2－7

3. 点击工具条上的拉伸按钮，选择刚才建立的草图，进行拉伸成型，生成叶片，如图2－8所示。

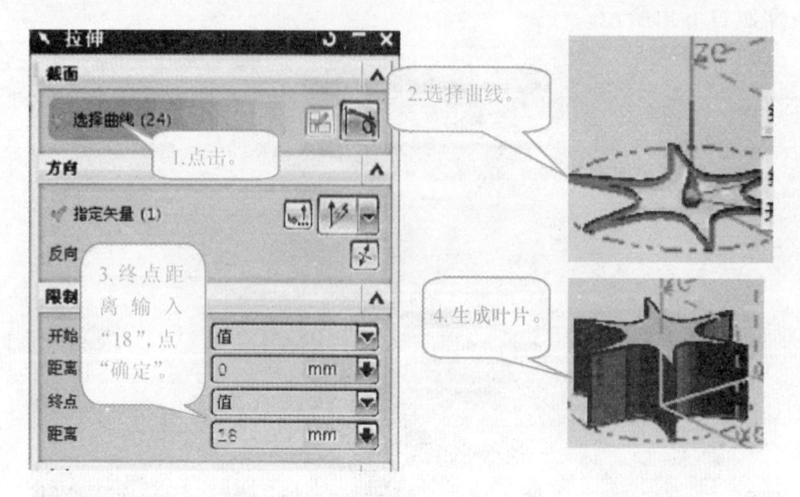

图2－8

4. 单击工具条上的圆柱体按钮，创建圆柱，如图2－9所示。

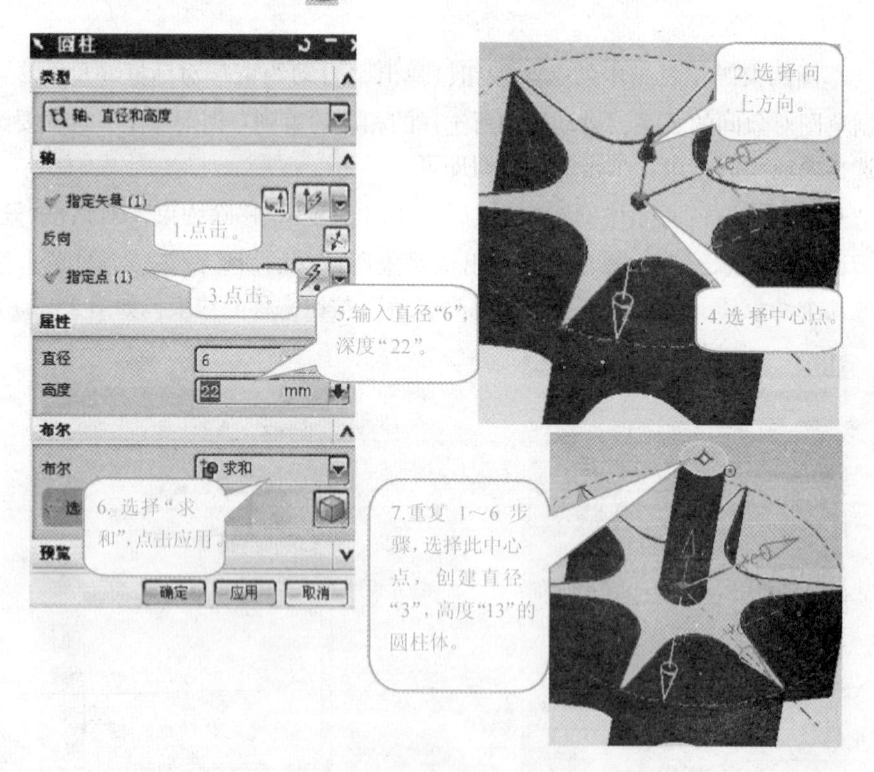

图2－9

5. 创建一个孔，使用草图方法。新建草图，其他操作步骤如图2－10所示。

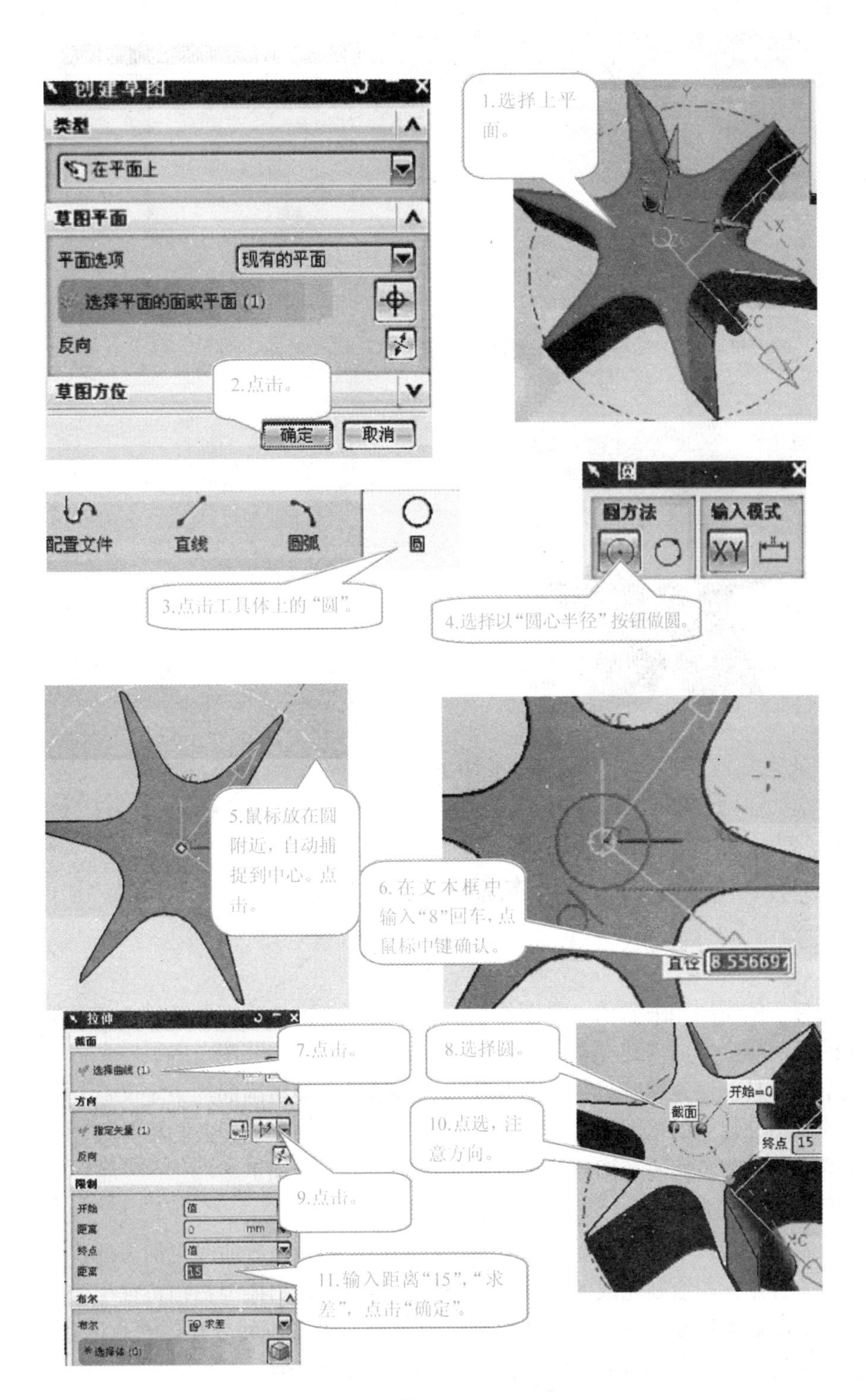
创建草图
类型
在平面上
草图平面
平面选项
现有的平面
选择平面的面或平面 (1)
反向
草图方位
确定
取消
1.选择上平面。
2.点击。
配置文件
直线
圆弧
圆
3.点击工具体上的“圆”。
圆
圆方法
输入模式
XY
4.选择以“圆心半径”按钮做圆。
5.鼠标放在圆附近，自动捕捉到中心。点击。
6.在文本框中输入“8”回车，点鼠标中键确认。
直径
8.556697
拉伸
7.点击。
8.选择圆。
9.点击。
10.点选，注意方向。
11.输入距离“15”，“求差”，点击“确定”。
开始=0
截面
终点
15

图 2－10

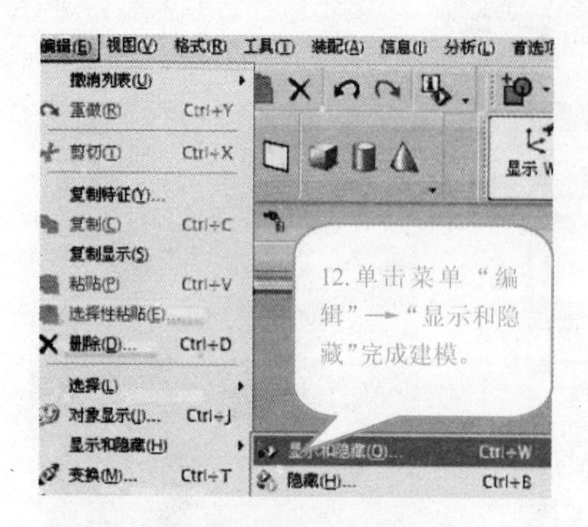

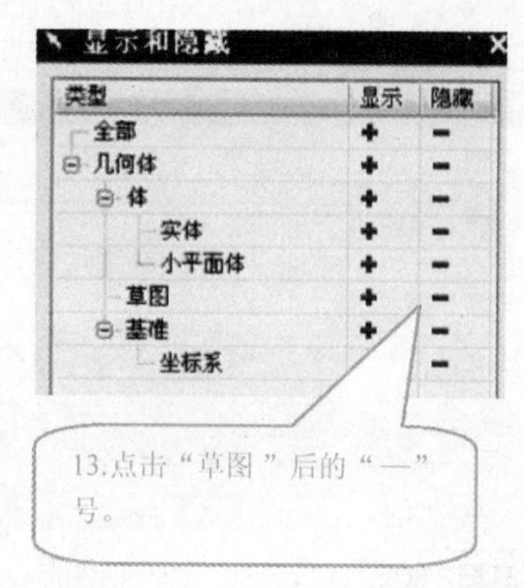

图 2-10（续）

基本概念和操作

草图是与实体模型相关联的二维图形，一般作为三维实体模型的基础。该功能可以在三维空间中的任何一个平面内建立草图平面，并在该平面内绘制草图。

应用草图工具，快速绘制近似的曲线轮廓，再通过添加精确的约束定义后，就可以完整表达设计的意图。建立的草图还可用实体造型工具进行拉伸、旋转及扫掠等操作，生成与草图相关联的实体模型。修改草图时，关联的实体模型也会自动更新。

1. 草图平面内绘制曲线。

草图绘制功能有以下几个显著特点：草图绘制环境中，修改曲线更加方便快捷；草图具有参数设计的特点，即绘制完成的轮廓曲线与拉伸、旋转或扫掠等扫描特征生成的实体造型相关联，当草图对象被编辑以后，实体造型也紧接着发生相应的变化；在草图绘制过程中，可以对曲线进行尺寸约束和几何约束，从而精确地确定草图中对象的尺寸、形状和相互位置，满足用户的设计要求。

2. 使用草图的优点。

（1）利用草图，用户可以快速勾勒出零件的二维轮廓曲线，再通过尺寸约束和几何约束，可以精确地确定轮廓曲线的尺寸、形状、位置等。

（2）草图绘制完成后，可以用来拉伸、旋转、布尔运算或扫掠生成实体造型。

（3）草图绘制具有参数驱动的设计特点。

3. 草图平面是指用来绘制草图对象的平面，是实体上的某一平面，还可以是基准平面。

指定草图平面的方法有两种，一种是在创建草图对象之前就指定草图平面，另一种是在创建草图平面对象时使用默认的草图平面，然后重新附着草图平面。

（1）草图类型。

单击图 2－11 中创建草图类型右侧的下三角形，系统弹出在平面上的草图和在轨迹上的草图两个选项，要求用户选择其中的一种作为新建草图的类型，系统默认的草图类型为平面上的草图。

图 2－11

（2）草图平面。

① 现有的平面。

坐标平面、实体平面、基准平面。

② 创建平面。

③ 创建基准坐标系。

4. 重新附着草图平面。

当需要修改草图平面时，就需要重新指定草图平面。

在下面的零件中，圆的草图附着平面为六面体一个表面，如图 2－12 所示。根据要求，此圆草图需要重新指定草图平面为六面体的另外一个平面。

操作步骤如下：

（1）双击圆草图，将其打开以进行编辑。

（2）在“草图生成器”工具栏上，单击重新附着图标。

（3）选择默认类型在平面上，指定目标基准平面为六面体的斜面，单击“确定”按钮后完成重新附着草图平面，如图 2－12。

5. 利用如图 2－13 所示的“草图曲线”工具条上的图标，可在草图平面中直接绘制和

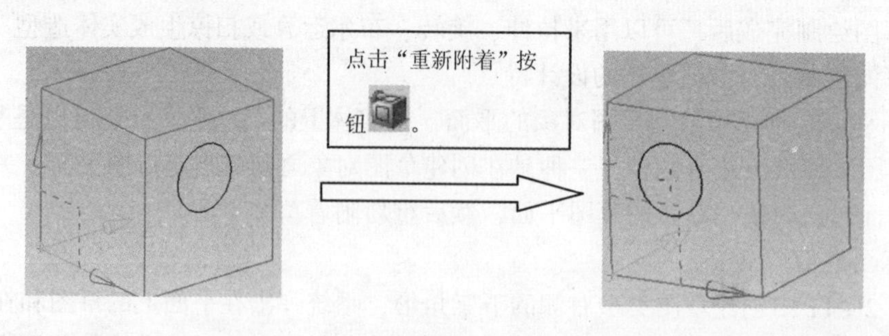

图 2－12

编辑草图曲线。这些图标包括直线、矩形、圆弧、点、圆、椭圆、样条，以及用于编辑草图曲线的圆角、制作拐角、快速修剪、快速延伸、派生的线条等。

图 2－13

（1）建立草图对象。

草图对象是指草图中的曲线和点。建立草图工作平面后，可在草图工作平面上建立草图对象。建立草图对象的方法有多种，既可以在草图中直接绘制草图曲线或点，也可以通过一些功能操作，添加绘图工作区存在的曲线或点到草图中，还可以从实体或片体上抽取对象到草图中。

（2）草图曲线绘制。

草图曲线中直线、矩形、圆弧、点、圆、椭圆、样条等功能与项目一介绍的【曲线】工具栏中的图标相同，功能也相同，操作方法也基本相同。

（3）配置文件。

配置文件选项系统默认为激活状态，它包括直线、圆弧、坐标模式和长度模式，可以创建一系列相连的直线和圆弧，也可方便地在坐标模式和长度模式间切换。

（4）通过草图操作工具栏中的编辑曲线功能，可以实现对草图曲线的编辑处理。具体操作可单击“草图曲线”工具条中的编辑曲线图标，弹出“编辑曲线”对话框，如图 2－14 所示。

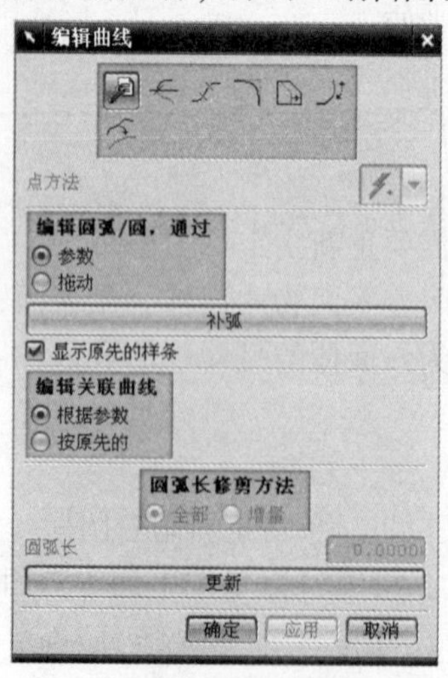

图 2－14

6. 草图的绘制。

（1）圆角 。

使用该命令可以在两条或三条曲线之间创建一个圆角，如图 2－15 所示。

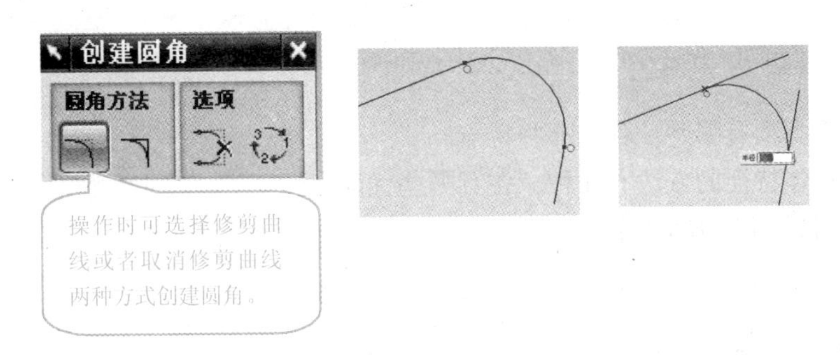

图 2－15

（2）制作拐角 。

通过将两条曲线延伸或修剪到一个交点处来制作拐角。如果创建自动判断的约束选项处于打开状态，会在交点处创建一个重合约束，如图 2－16 所示。

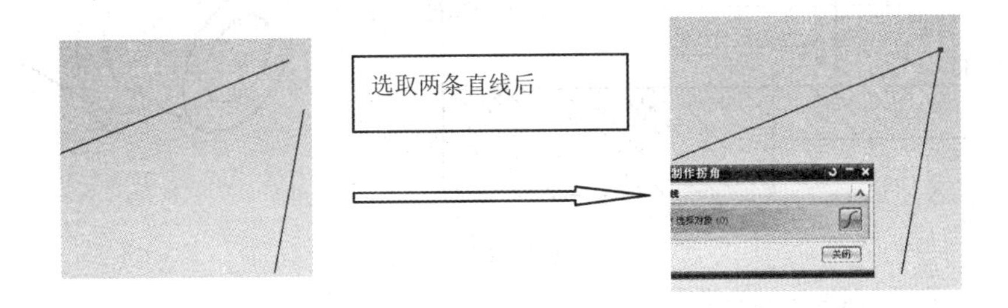

图 2－16

（3）快速修剪 。

该命令可以将曲线修剪到任一方向上最近的实际交点或虚拟交点，如图 2－17 所示。

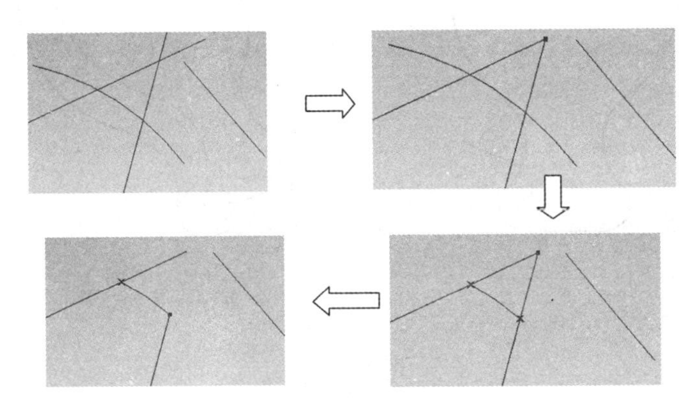

图 2－17

思考和练习

1. 布尔运算类型有哪些？各有哪些特点？
2. 创建圆柱体特征的方法有几种，各有哪些优缺点？
3. 创建如图 2－18 所示模型。

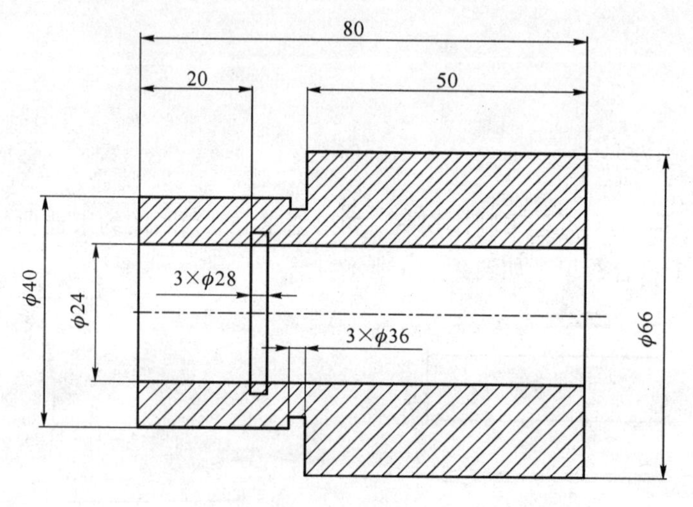

图 2－18

4. 创建如图 2－19 所示模型。

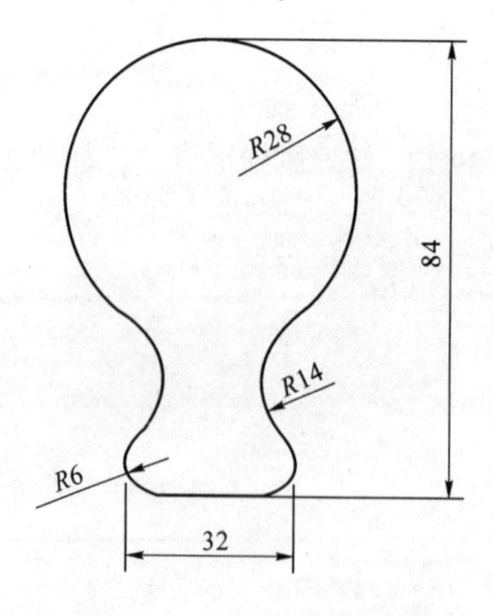

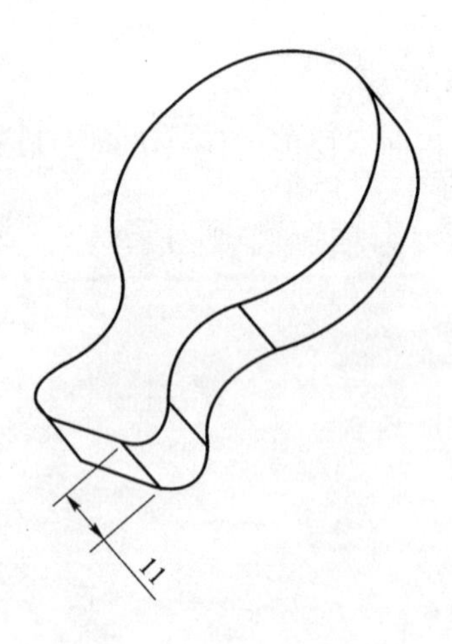

图 2－19

项目三　齿轮盘的造型

任务　建模造型

操作视频

一、任务目标

1. 熟悉 UG 软件的界面，掌握 UG 的一些基本操作。
2. 会使用拉伸、旋转、布尔运算等建模工具。
3. 会使用圆形阵列命令复制多个特征，会创建渐开线齿轮。
4. 会使用曲线工具，在空间中创建曲线，并进行投影。
5. 学会使用草图创建、拉伸、旋转、扫掠命令，修剪体、基准创建、布尔运算命令创建简单模型的技能。
6. 会单独完成齿轮盘零件的造型。

二、任务分析

项目需要完成图 3－1 所示的齿轮盘零件造型。这个零件造型主要由圆柱实体、圆柱凹槽、齿轮盘、渐开线齿形等构成。创建过程中要使用到拉伸、圆柱特征造型、布尔运算、圆形阵列、表达式创建渐开线齿形等命令。

造型零件的构成如图 3－2 所示。其中直齿轮的齿数为 20，模数为 0.7，齿形角 20°。

图示零件的造型思路主要是：

（1）使用草图功能创建圆，拉伸为直径为 16 mm、高度为 5 mm 的圆柱体。

（2）然后使用特征工具创建圆柱体内槽，进行布尔运算，创建圆柱凹槽。

（3）创建表达式，建立渐开线，拉伸、圆形阵列，布尔运算生成齿轮。

（4）其他凹槽的创建。

三、操作过程

1. 启动 UG 软件后，点击“新建”文件按钮，在“新建部件文件”对话框中输入

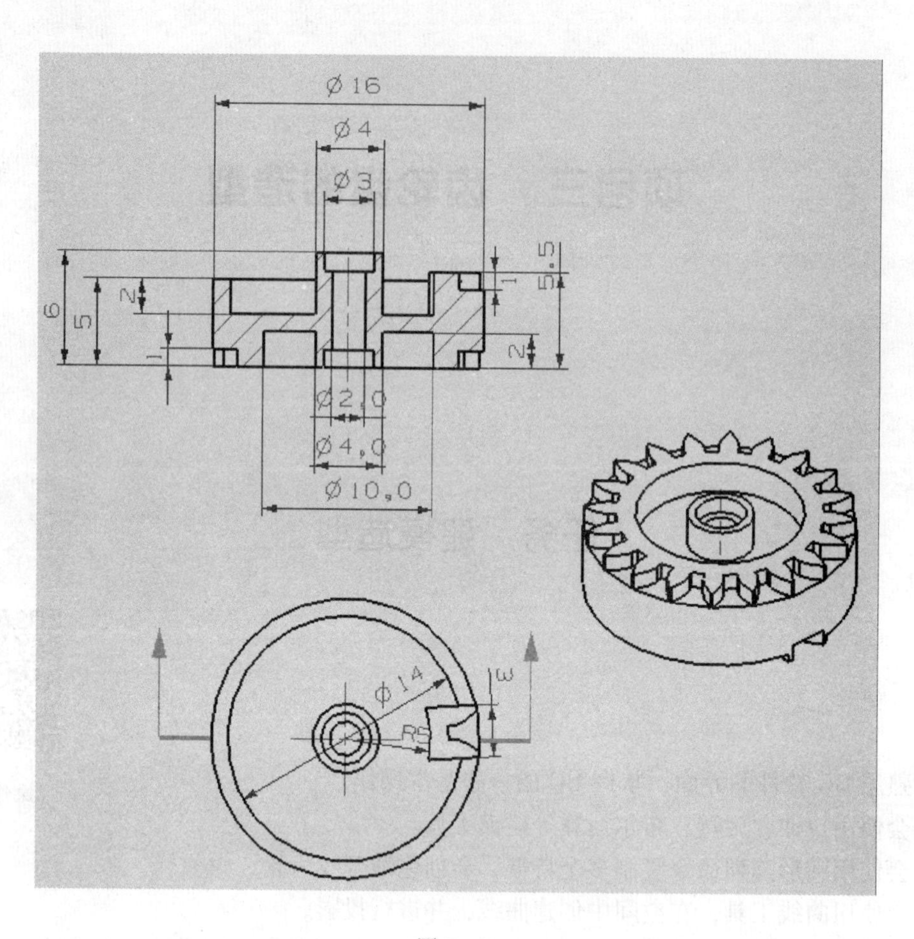

图3-1

图3-2

要建立的文件名称后，单击“确定”，系统进入UG软件的建模工作环境，如图3-3所示。

2. 创建草图，准备进行拉伸。在工具条上面单击“创建草图”按钮，具体操作如图3-4所示。

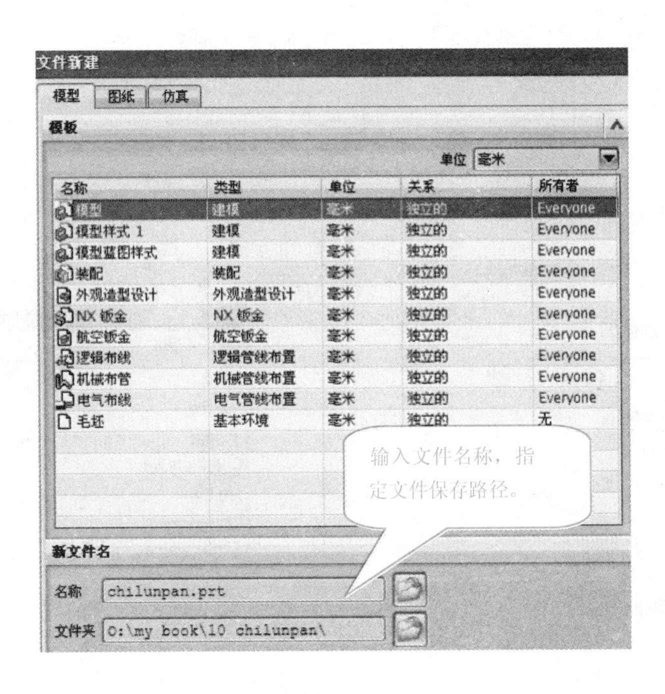

图 3－3

3. 使用“拉伸”命令。在工具条上点击按钮，具体操作如图 3－5 所示。

4. 使用成型特征工具条上的“圆柱”命令，创建凹槽和圆柱体，并进行求和、求差运算，如图 3－6 所示。

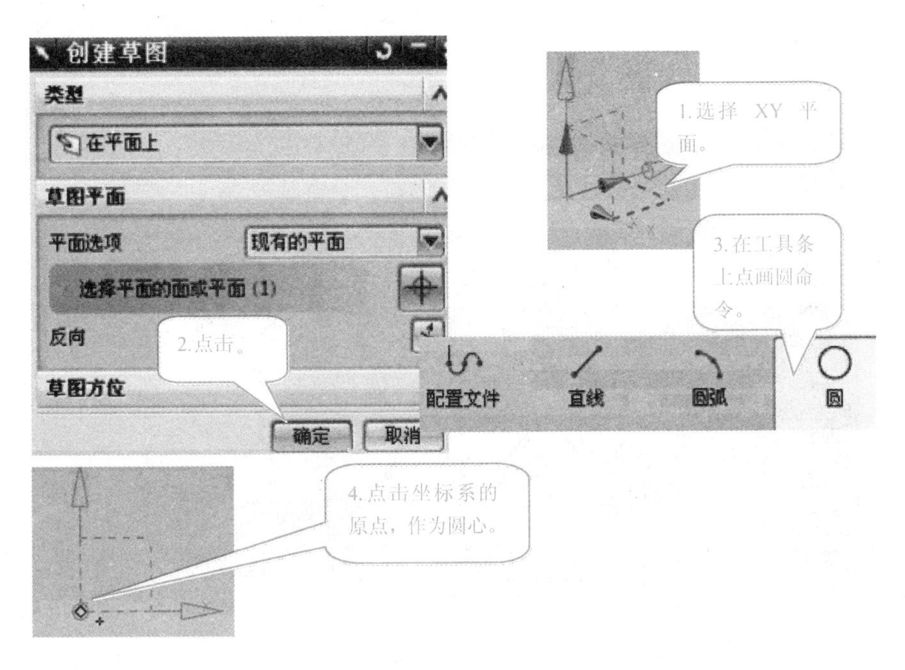

图 3－4

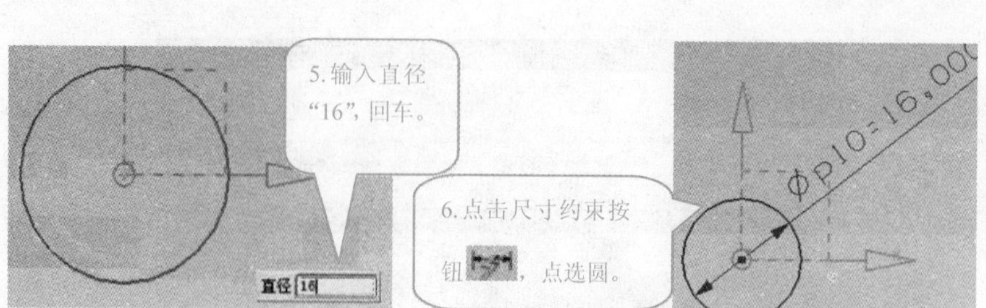
5.输入直径“16”，回车。
直径 16
6.点击尺寸约束按钮，点选圆。
φp10=16.000

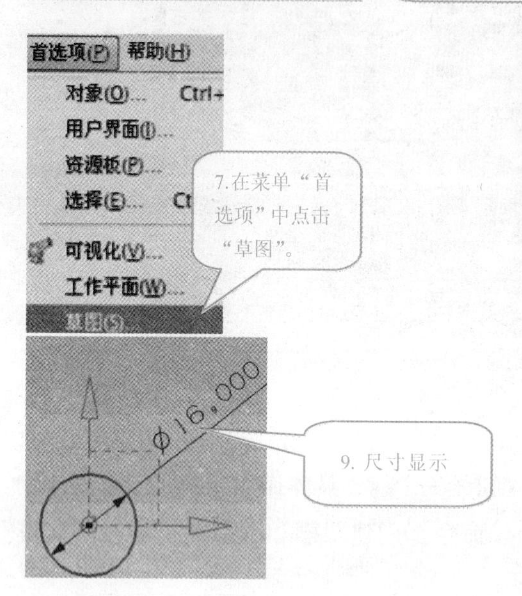
首选项(P) 帮助(H)
对象(O)... Ctrl+
用户界面(I)...
资源板(P)...
选择(E)...
可视化(V)...
工作平面(W)...
草图(S)...
7.在菜单“首选项”中点击“草图”。
φ16.000
9. 尺寸显示

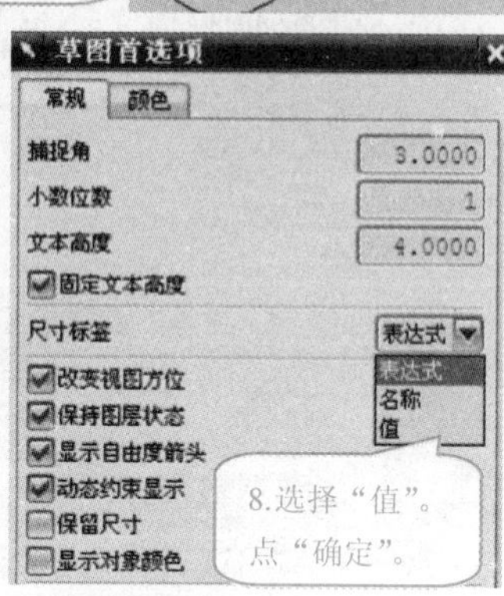
草图首选项
常规 颜色
捕捉角 3.0000
小数位数 1
文本高度 4.0000
固定文本高度
尺寸标签 表达式
表达式
名称
值
改变视图方位
保持图层状态
显示自由度箭头
动态约束显示
保留尺寸
显示对象颜色
8.选择“值”。点“确定”。

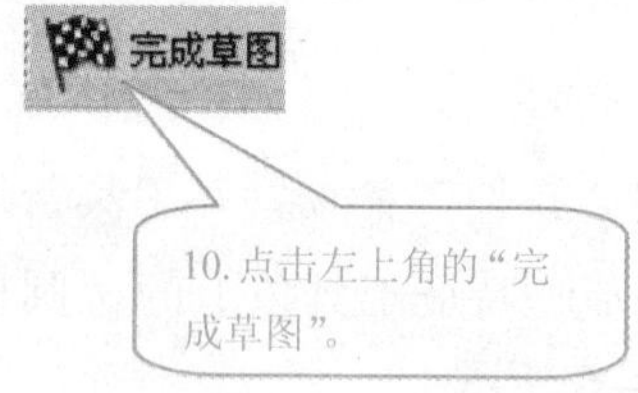
完成草图
10.点击左上角的“完成草图”。

图3－4（续）

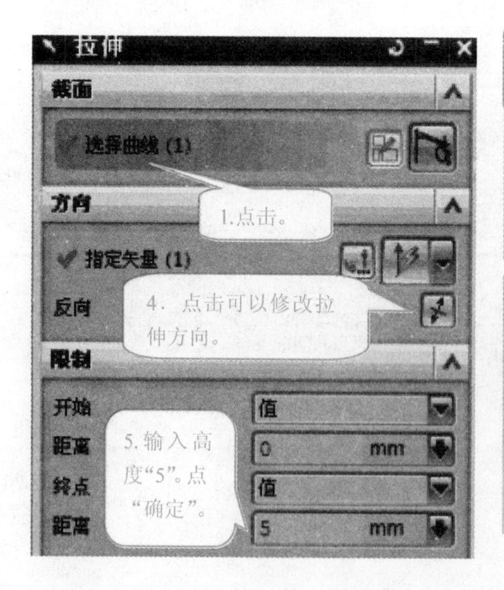
拉伸
截面
选择曲线 (1)
1.点击。
方向
指定矢量 (1)
反向
4. 点击可以修改拉伸方向。
限制
开始 值
距离 0 mm
终点 值
距离 5 mm
5.输入高度“5”.点“确定”。

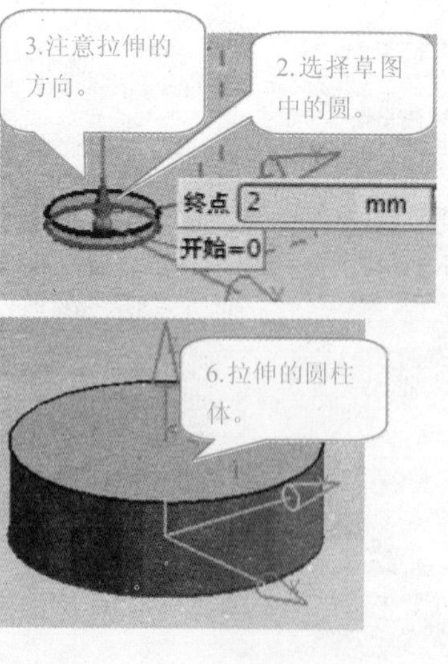
3.注意拉伸的方向。
2.选择草图中的圆。
终点 2 mm
开始=0
6.拉伸的圆柱体。

图3－5

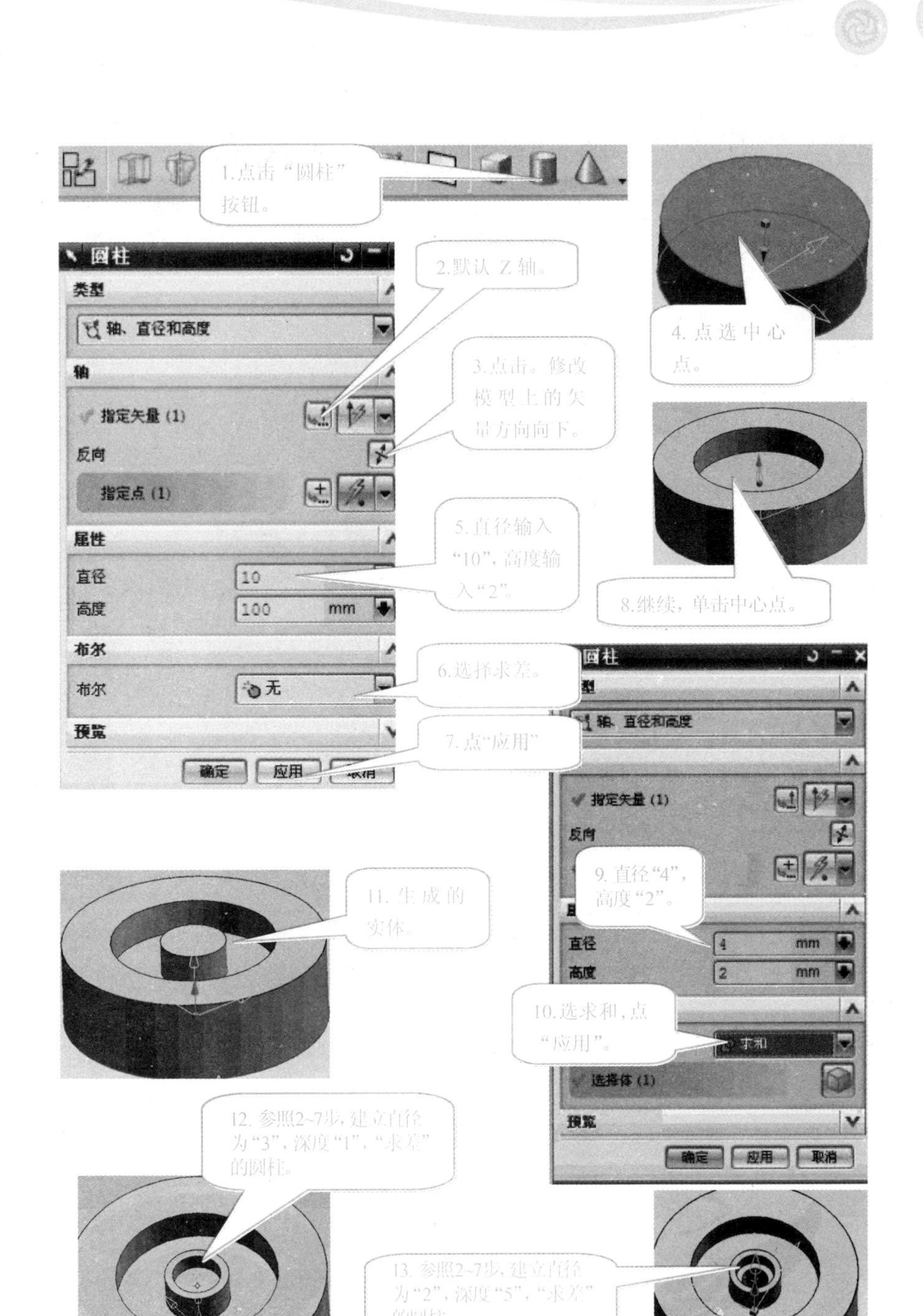

图 3－6

5. 开始创建规律曲线——渐近线。操作过程如图 3－7 所示。

6. 使用曲线工具条，创建渐开线齿形，操作如图 3－8 所示。

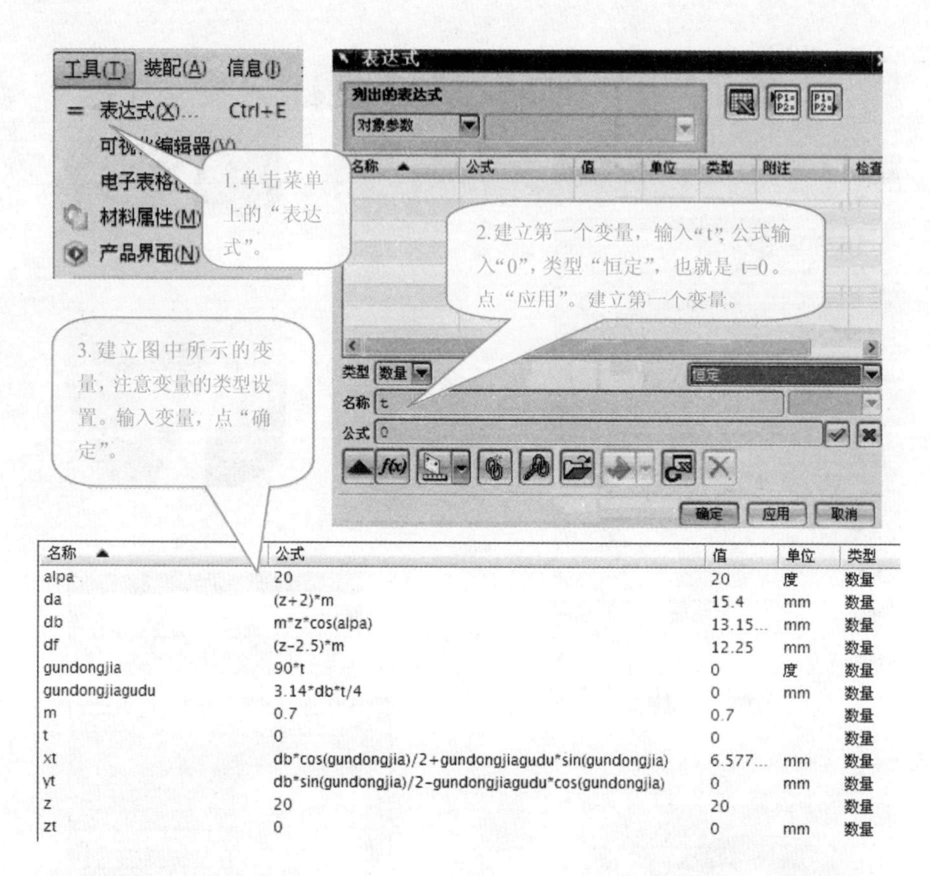

名称 ▲	公式	值	单位	类型
alpa	20	20	度	数量
da	(z+2)*m	15.4	mm	数量
db	m*z*cos(alpa)	13.15...	mm	数量
df	(z-2.5)*m	12.25	mm	数量
gundongjia	90*t	0	度	数量
gundongjiagudu	3.14*db*t/4	0	mm	数量
m	0.7	0.7		数量
t	0	0		数量
xt	db*cos(gundongjia)/2+gundongjiagudu*sin(gundongjia)	6.577...	mm	数量
yt	db*sin(gundongjia)/2-gundongjiagudu*cos(gundongjia)	0	mm	数量
z	20	20		数量
zt	0	0	mm	数量

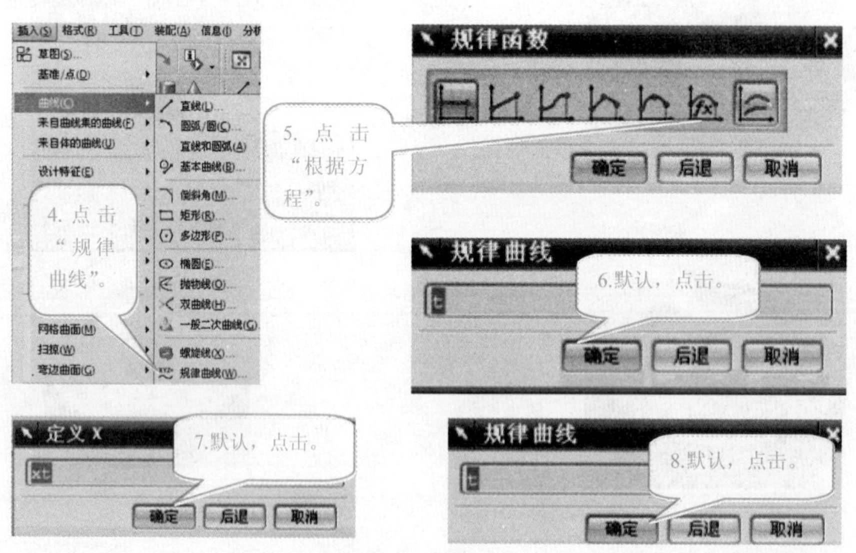

图 3－7

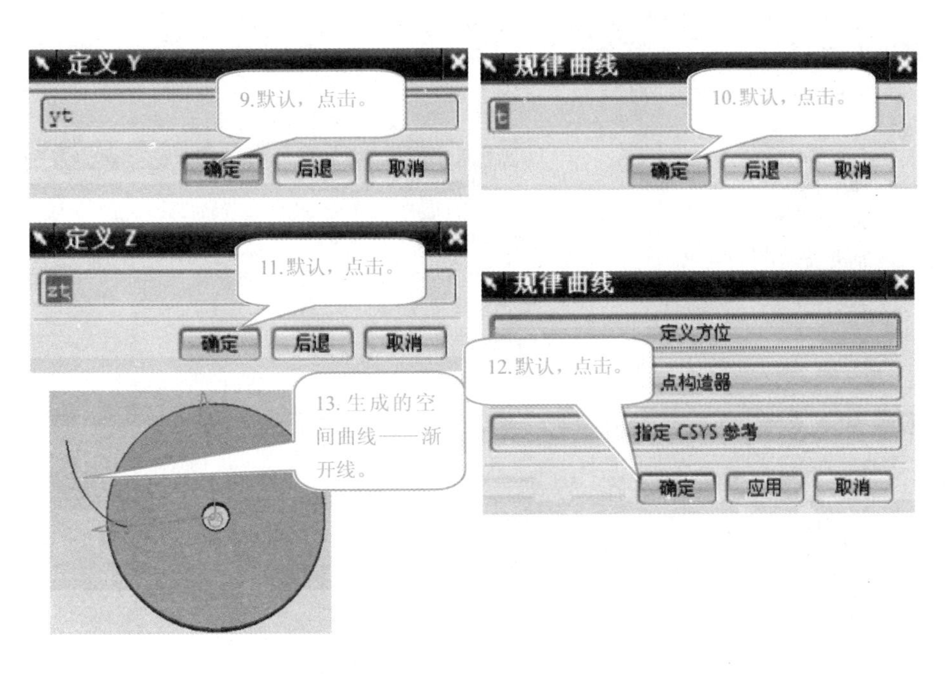
定义 Y
yt
9.默认，点击。
确定
后退
取消
规律曲线
t
10.默认，点击。
确定
后退
取消
定义 Z
zt
11.默认，点击。
确定
后退
取消
规律曲线
定义方位
12.默认，点击。
点构造器
指定 CSYS 参考
确定
应用
取消
13.生成的空间曲线——渐开线。

图 3－7（续）

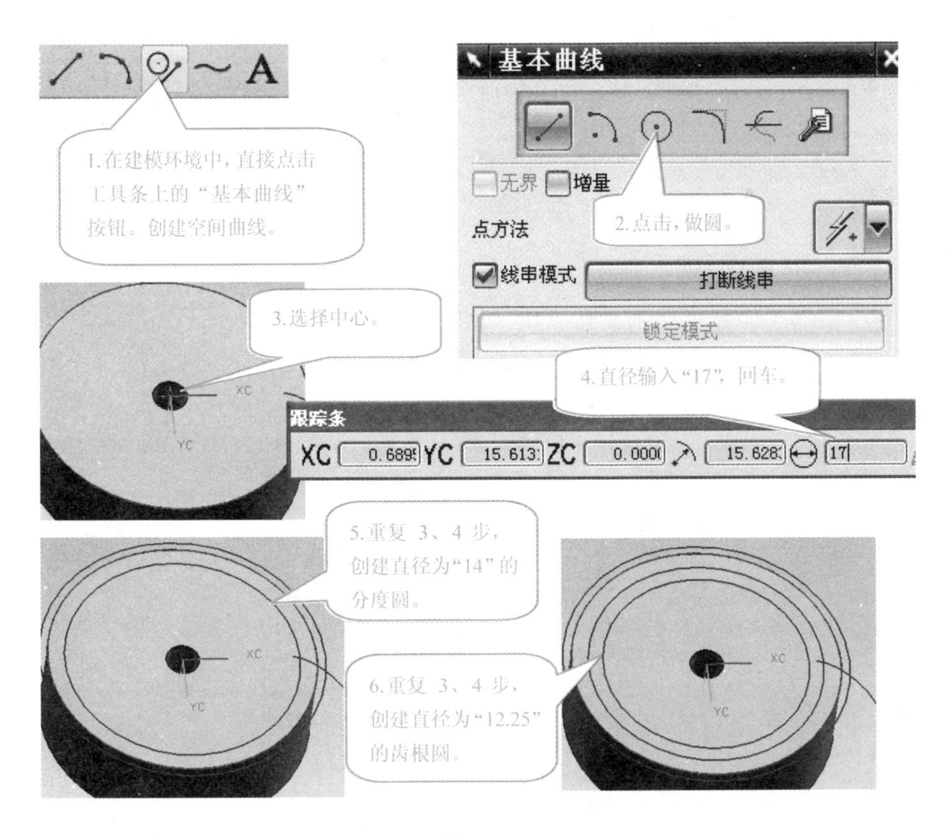
1.在建模环境中，直接点击工具条上的“基本曲线”按钮。创建空间曲线。
基本曲线
无界
增量
点方法
2.点击，做圆。
线串模式
打断线串
锁定模式
3.选择中心。
4.直径输入“17”，回车。
跟踪条
XC
YC
ZC
XC
YC
5.重复 3、4 步，创建直径为“14”的分度圆。
6.重复 3、4 步，创建直径为“12.25”的齿根圆。

图 3－8

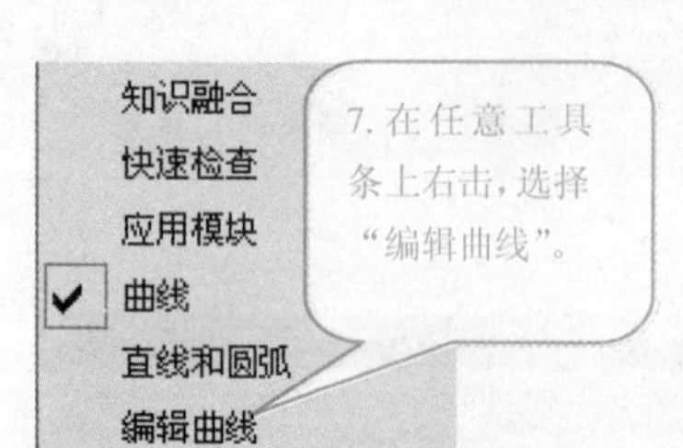
知识融合
快速检查
应用模块
曲线
直线和圆弧
编辑曲线
7. 在任意工具条上右击，选择“编辑曲线”。

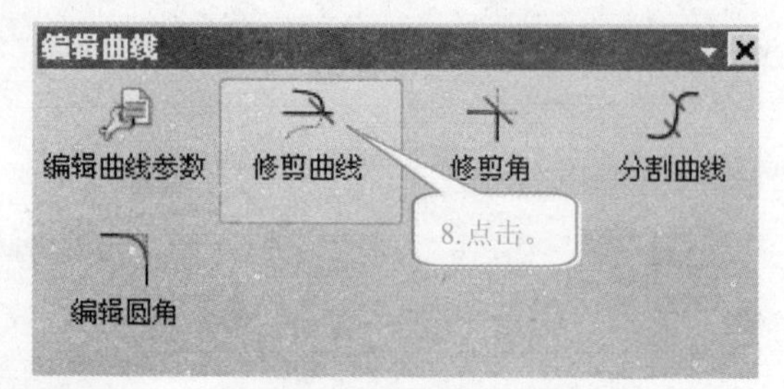
编辑曲线
编辑曲线参数
修剪曲线
修剪角
分割曲线
编辑圆角
8. 点击。

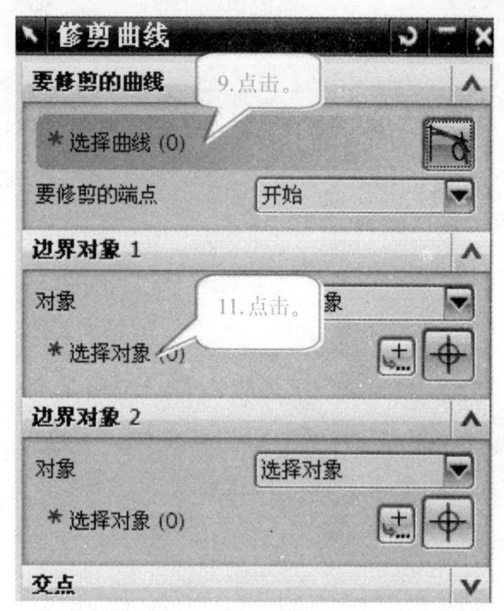
修剪曲线
要修剪的曲线
9. 点击。
* 选择曲线 (0)
要修剪的端点
开始
边界对象 1
对象
11. 点击。
* 选择对象 (0)
边界对象 2
对象
选择对象
* 选择对象 (0)
交点

12. 点选外圆。
10. 点击选择渐开线。
13. 点击。
修剪曲
某些输入曲线的创建参数将被移除。您要继续吗？
是(Y)
否(N)

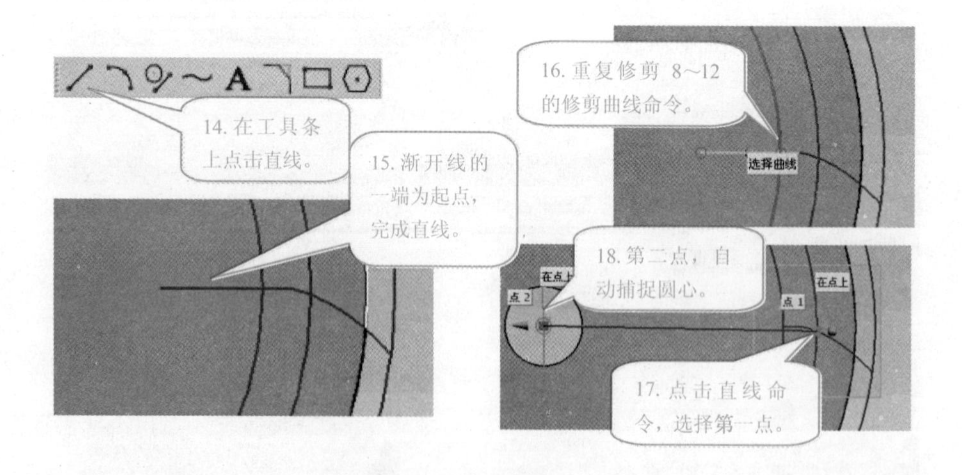
14. 在工具条上点击直线。
15. 渐开线的一端为起点，完成直线。
16. 重复修剪 8~12 的修剪曲线命令。
选择曲线
18. 第二点，自动捕捉圆心。
点 2
在点上
点 1
在点上
17. 点击直线命令，选择第一点。

图 3－8（续）

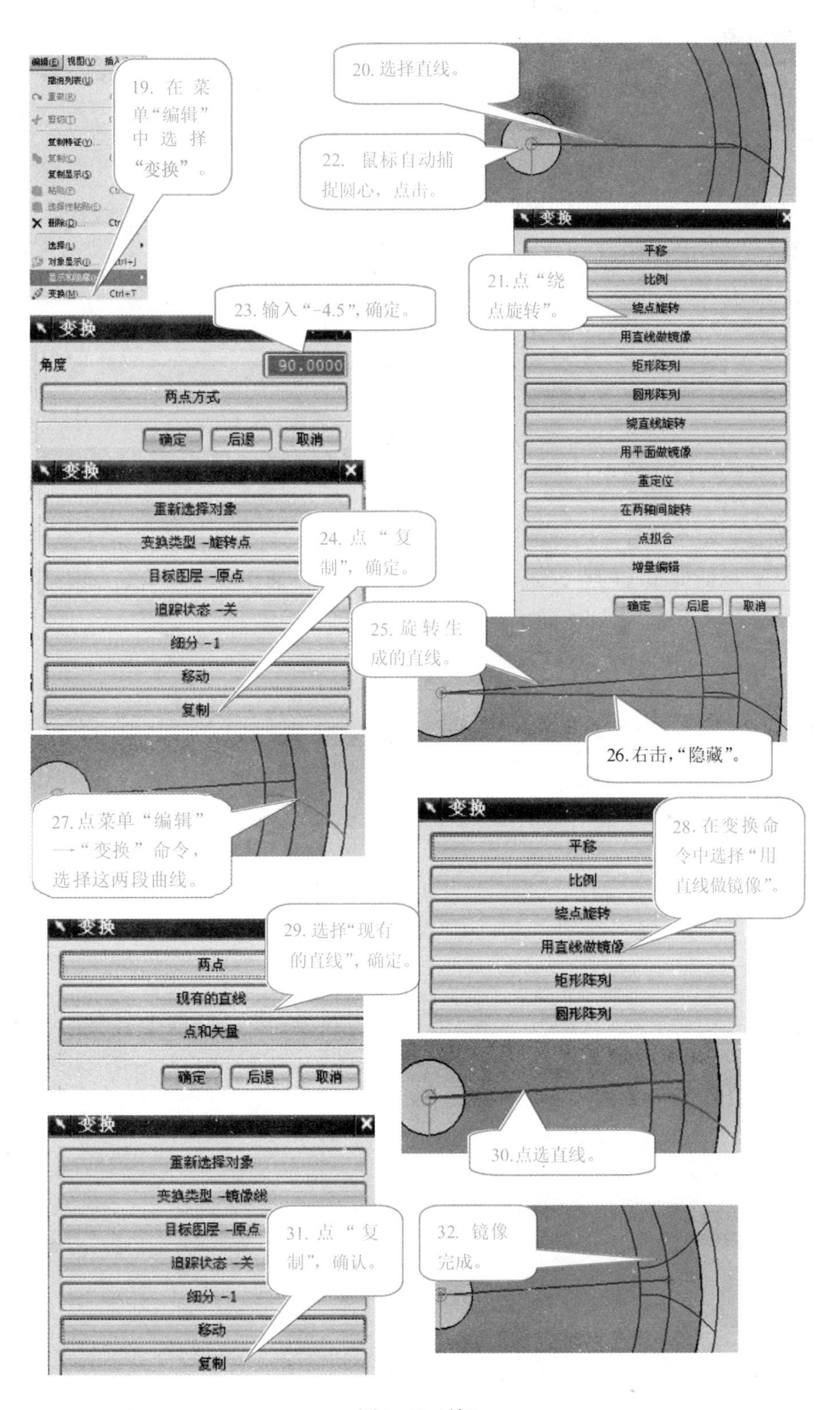
19. 在菜单“编辑”中选择“变换”。
20. 选择直线。
22. 鼠标自动捕捉圆心，点击。
21. 点“绕点旋转”。
23. 输入“-4.5”，确定。
24. 点“复制”，确定。
25. 旋转生成的直线。
26. 右击，“隐藏”。
27. 点菜单“编辑”—“变换”命令，选择这两段曲线。
28. 在变换命令中选择“用直线做镜像”。
29. 选择“现有的直线”，确定。
30. 点选直线。
31. 点“复制”，确认。
32. 镜像完成。

图 3－8（续）

相关知识点

（1）“捕捉点”工具条的应用。

在曲线工具和草图绘图过程中，使用基本曲线工具做直线或圆弧，需要经常捕捉特征点进行操作。快速地捕捉到需要的特征点，可以保证绘图和造型的正确性，并提高作图的效率。UG 软件提供了自动捕捉点的功能，这些功能可以通过 UG 界面左上角的“捕捉点”工具条进行设置和选择，如图 3－9 所示。

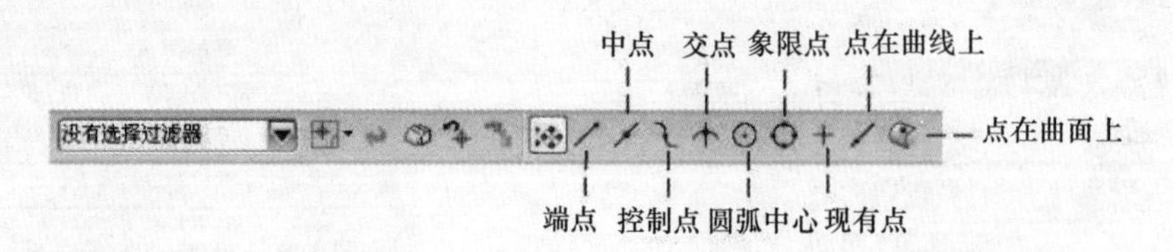

图 3－9

操作的时候，每个捕捉点功能都对应一个相应的按钮，鼠标左击按钮亮起来，则表示该按钮被激活，可以捕捉相应的点，如表 3－1 所示。可以在捕捉点工具条上点击关闭自动捕捉功能。

表 3－1　捕捉点功能图示表

捕捉点功能	解释	图示
端点捕捉功能	在造型的过程中，捕捉所有几何图素的端点，捕捉曲线或曲面的端点位置。	
中点捕捉功能	在造型的过程中，根据鼠标所在位置的直线或圆弧的长度，捕捉中点位置。	
控制点捕捉功能	根据曲线的特性捕捉点，包括中点、端点以及样条曲线上的拐点等。	

续表

捕捉点功能	解释	图示
交点捕捉功能	捕捉相交图素的点。	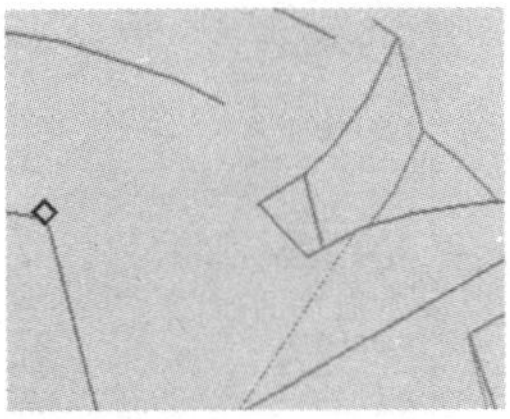
圆弧中心点捕捉功能	捕捉整圆、圆弧或椭圆的中心点。	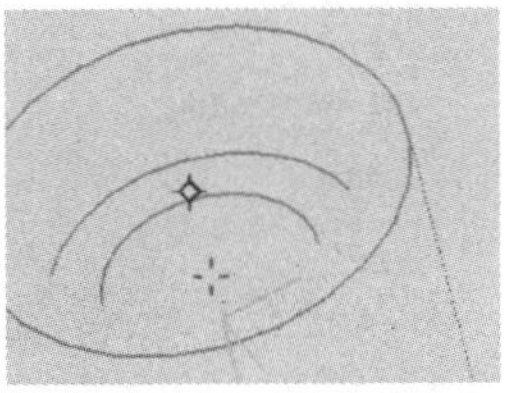
象限点捕捉功能	捕捉整圆、圆弧或椭圆的象限点，也就是0°、90°、180°、270°四个位置。	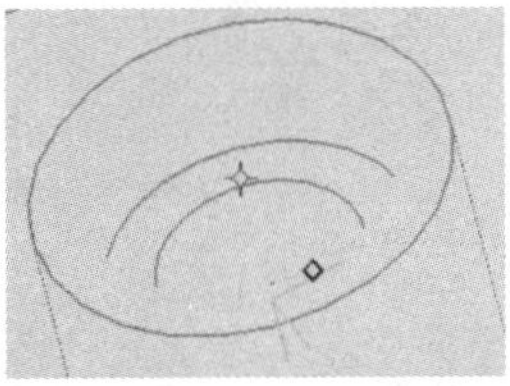
点在曲线上捕捉功能	根据鼠标的位置，捕捉曲线上任意位置点。	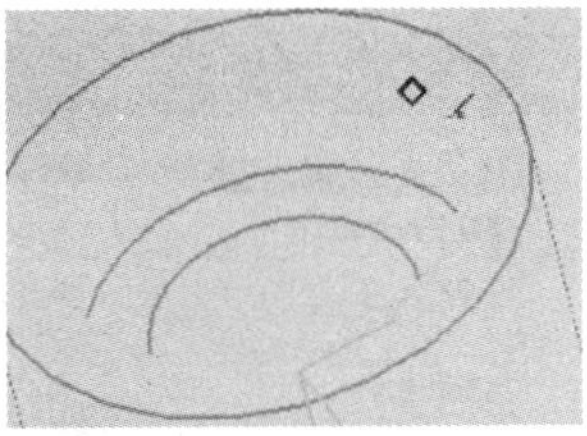
点在曲面上捕捉功能	根据鼠标的位置，捕捉曲线上任意位置点。	
现有点捕捉功能	捕捉现有的点，已经存在的点。	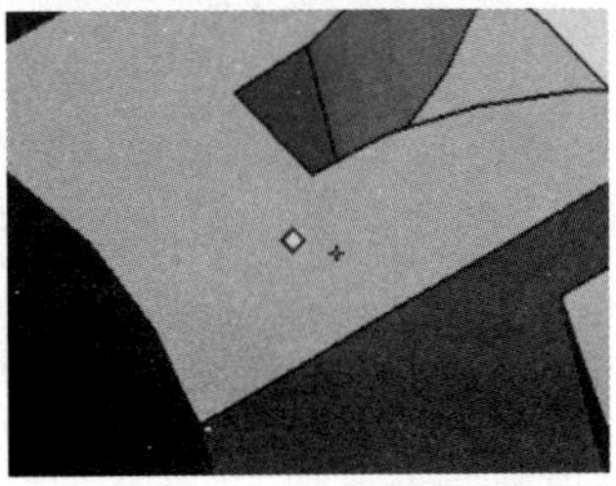

7. 修剪曲线。具体操作如图 3－10 所示。

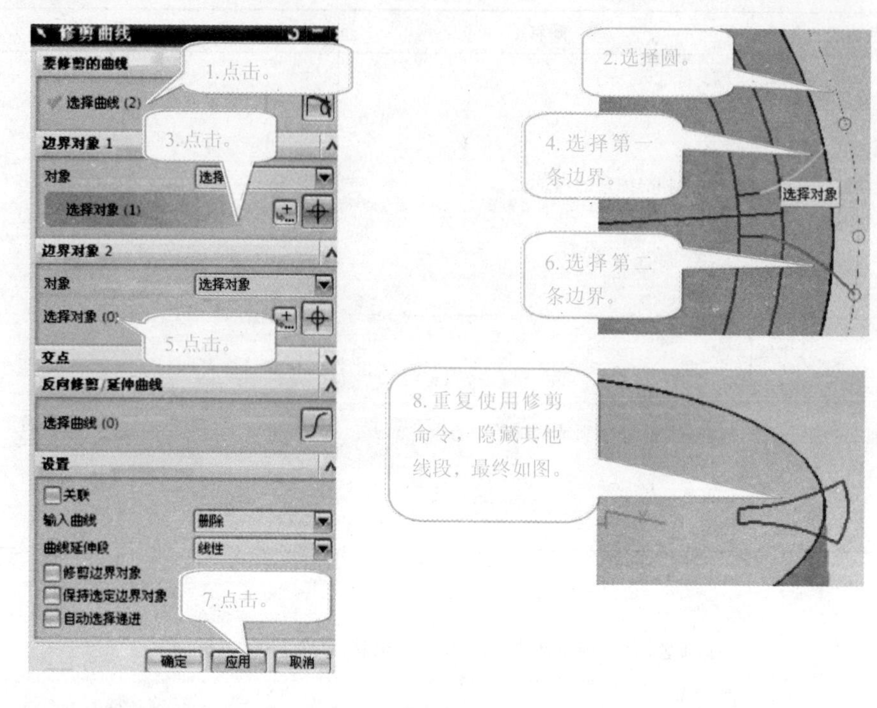

图 3－10

8. 对齿形进行处理，准备生成齿轮。操作过程如图 3－11 所示。

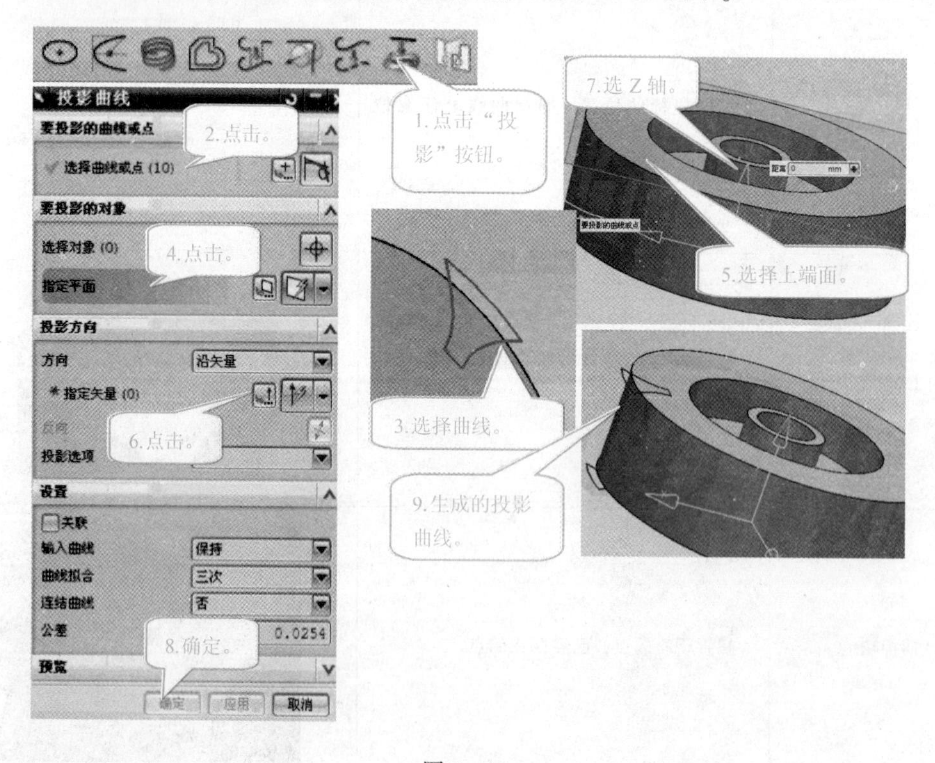

图 3－11

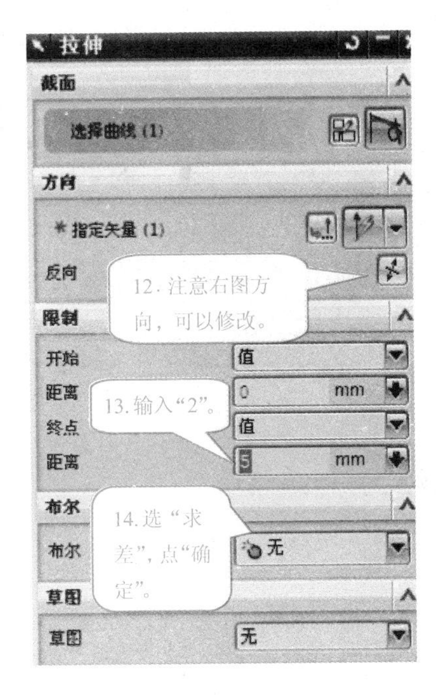

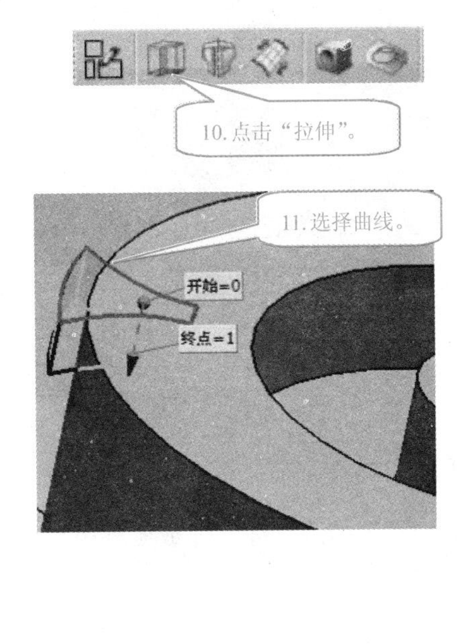

图 3－11（续）

9. 进行圆形阵列，生成齿轮。具体如图 3－12 所示。

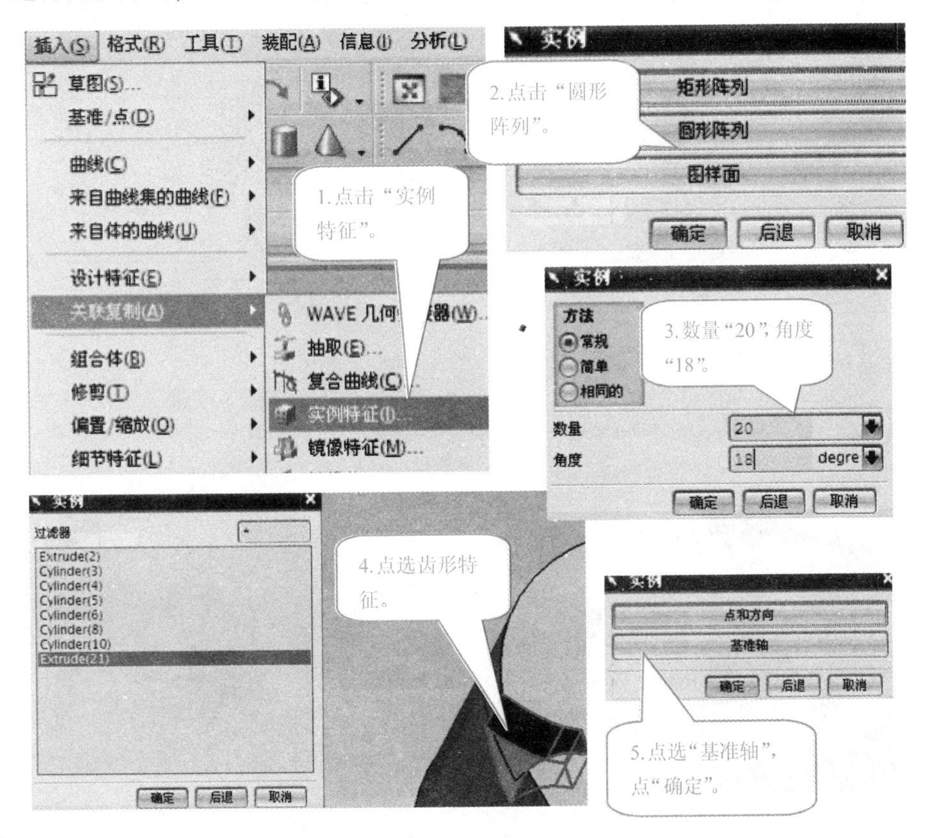

图 3－12

图 3－12（续）

10. 造型其他的圆柱体，完成零件模型，如图 3－13 所示。

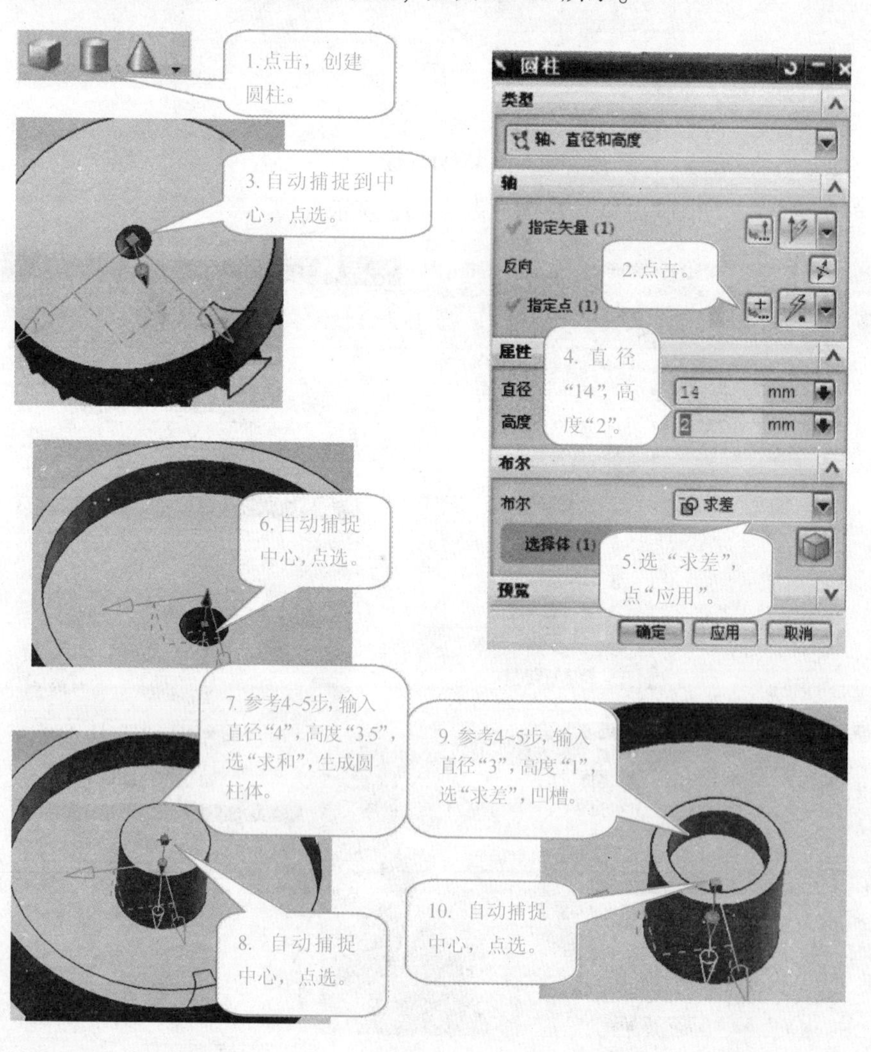

图 3－13

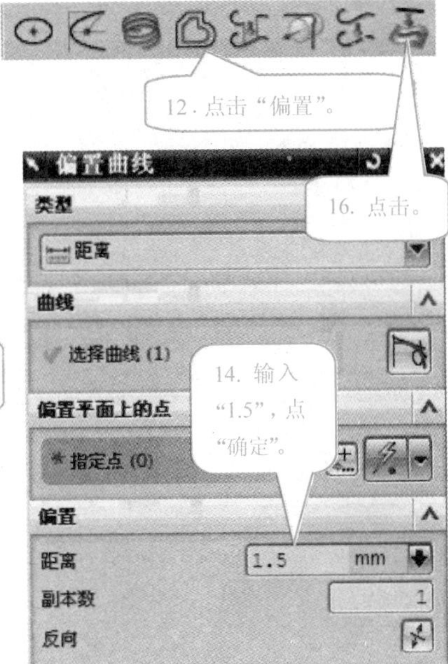

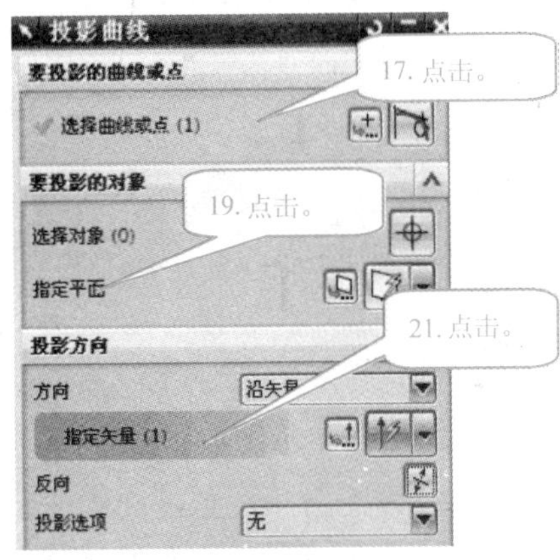

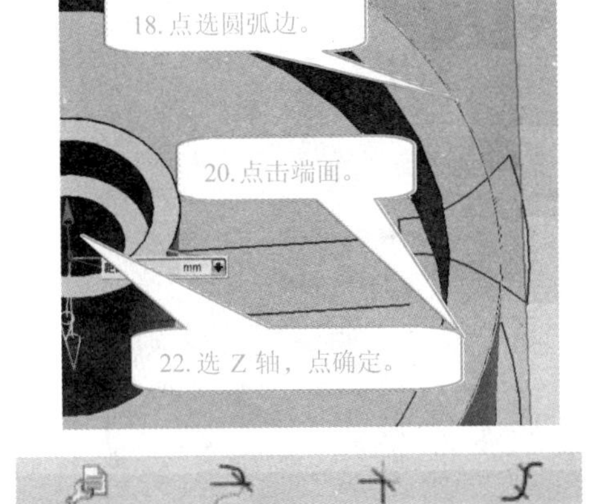

修剪曲线
要修剪的曲线
选择曲线 (2)
24. 点击“选择曲线。”
边界对象 1
对象
选择对象
选择对象 (1)
26. 点击。
边界对象 2
对象
选择对象
选择对象 (0)

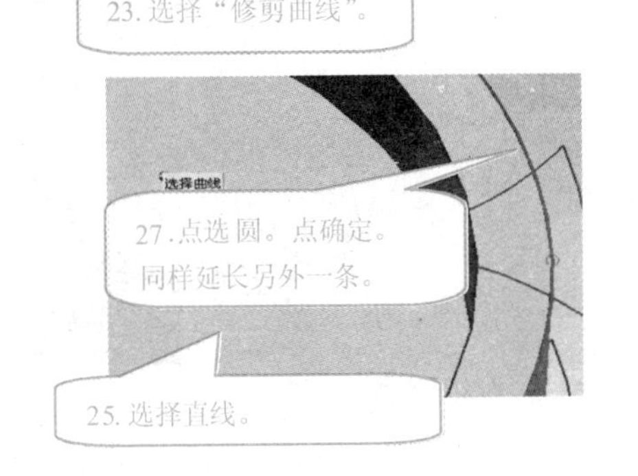

图3-13（续）

基本曲线
无界
增量
28．点击。
点方法
线串模式
打断线串
29．选择圆弧中心。
跟踪条
XC
1.405(
YC
5.546
ZC
0.000(
6.300(
12.601
30．直径输入“10”，回车。
31．重复“修剪曲线”命令，如图示。
选择对象
拉伸
32．点击拉伸按钮，选择要拉伸的曲线。
截面
选择曲线 (4)
方向
指定矢量 (1)
34．开始距离输入“-0.5”，终点距离输入“2”，点“应用”。
开始
距离
-0.5
mm
终点
值
距离
mm
35．选“求和”。
布尔
布尔
无
33．选择修剪好的曲线。
开始
-0.5
mm
终点=2
36．在工具条上点“静态线框”。
带边着色(A)
着色(S)
带有变暗边的线框(D)
带有隐藏边的线框(H)
静态线框(W)
37．选择齿形曲线，开始输入“-0.5”，终点输入“0.5”，点“求差”。
mm
开始=-0.5
38．生成的凹槽。

图 3－13（续）

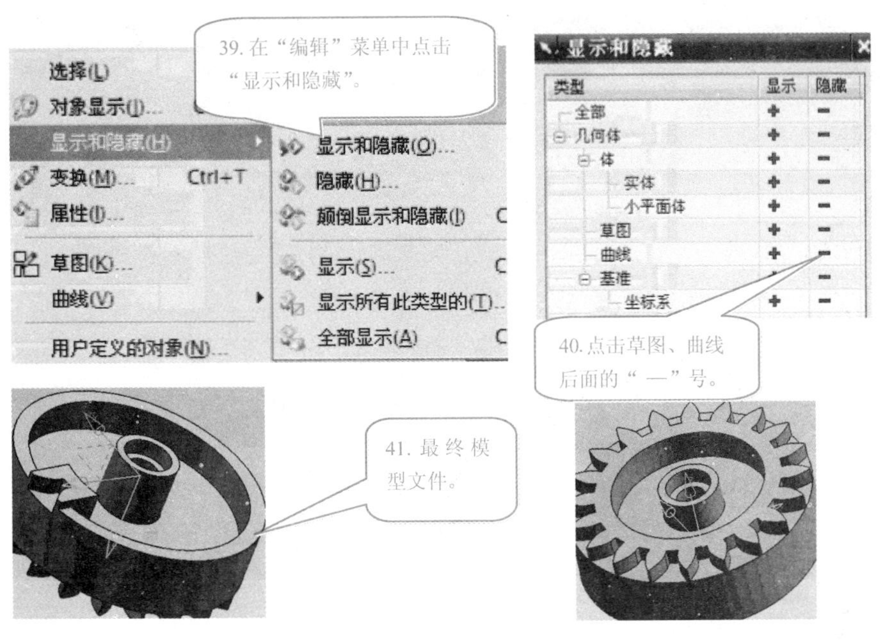

图 3－13（续）

项目小结

本项目介绍了齿轮盘零件建模的全过程。通过这个项目的学习，学生要会空间曲线、特征的圆形阵列、曲线的修剪，以及布尔运算等命令操作方法和技巧。有些知识点总结如下：

1. 对象的变换。

在产品设计中，用户可以通过对对象进行各种变换操作，如平移、阵列、旋转、镜像和比例缩放等，来实现对象的修改以达到设计要求。“变换”对话框如图 3－14 所示。

图 3－14

“平移”：该方式是对所选对象进行平移变换，即将选定对象由原位置平移或复制至新位置。

“比例”：该方式是对所选对象进行比例变换，即施加一个比例因子作用于对象上。可以是均匀比例，即 3 个坐标轴方向的比例因子相同；也可以是非均匀比例，即 3 个坐标轴方向的比例因子不相同，如图 3－15 所示。

“绕点旋转”：将所选对象绕通过一点并平行于 ZC 轴的轴线进行旋转变换，如图 3－16 所示。

“用直线做镜像”：将所选对象相对于设置的镜像线进行镜像变换，如图 3－17 所示。

图 3 - 15

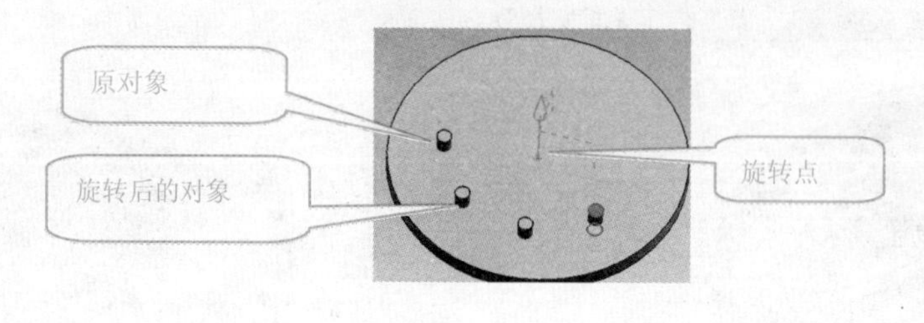

图 3 - 16

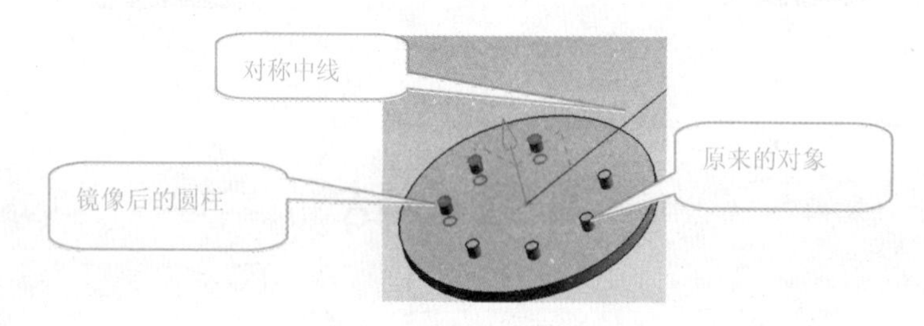

图 3 - 17

其他还有矩形阵列、绕直线旋转、圆形阵列等功能。

2. 空间曲线功能。

基本曲线的创建操作看似简单，实际上还提供了多种功能丰富的操作方法，下面对常用基本曲线创建功能进行介绍。

曲线对话框，如图 3 - 18 所示

图 3 - 18

(1) 直线功能是用于绘制两点间或以其他限定方式创建的空间连续线段。

在“直线”对话框中，包含了“起点”、“终点或方向”、“支持平面”、“限制”、“设置”等参数选项，它们用于设置线段端点的位置关系，如图 3 - 19 所示。

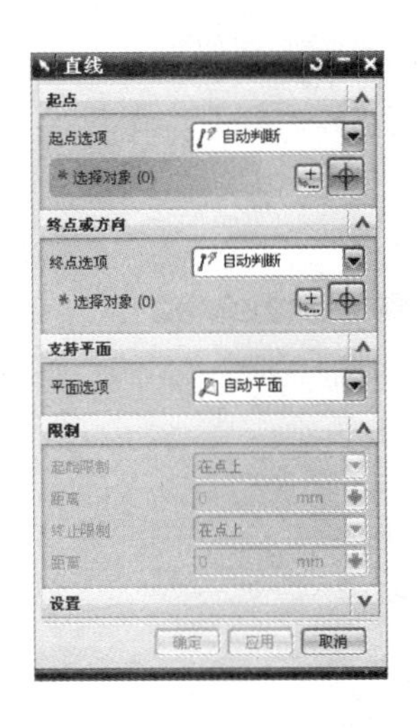

图 3－19

“起点”：用于指出直线的起点，可以在任何时候编辑直线起点的约束条件。系统提供了 3 种起点选项，如图 3－20 所示。除 3 种起点选项外，用户也可以单击按钮，通过“点”构造器来定义起始点，该方法具有较大的灵活性，如图 3－21 所示。

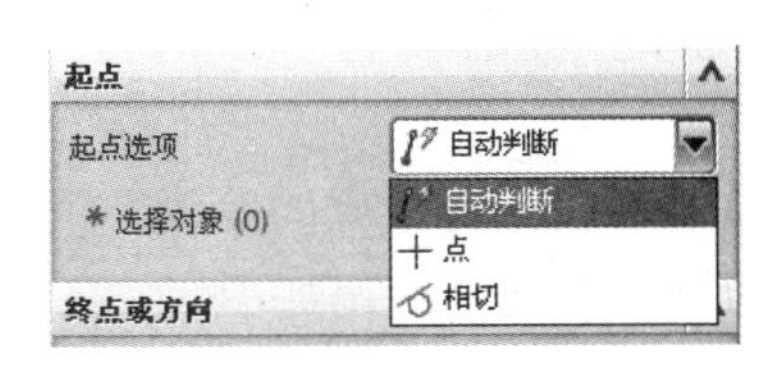

图 3－20

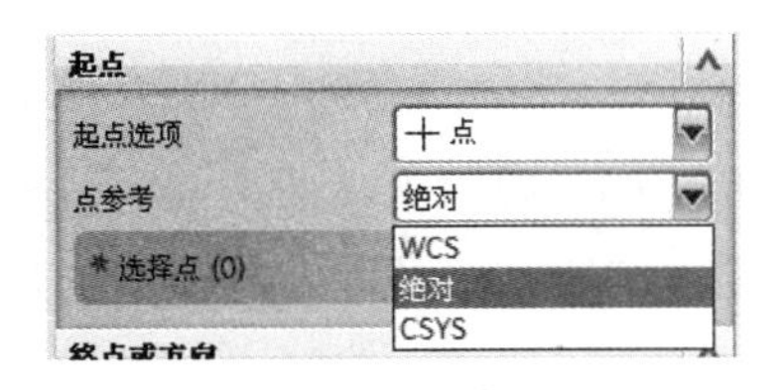

图 3－21

“终点或方向”：用于设置直线的终点，如图 3－22 所示。除了“起点”选项中所提供的点构造功能选项外，还提供了“成一角度”、沿 3 个坐标轴和“正常”选项。用户也可以单击按钮，通过“点”构造器来定义终点。

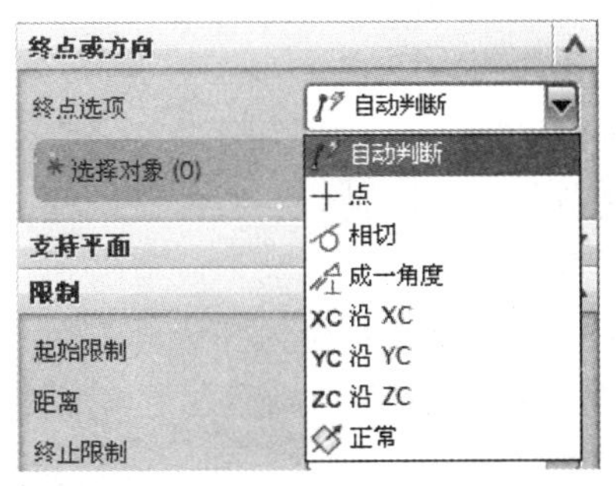

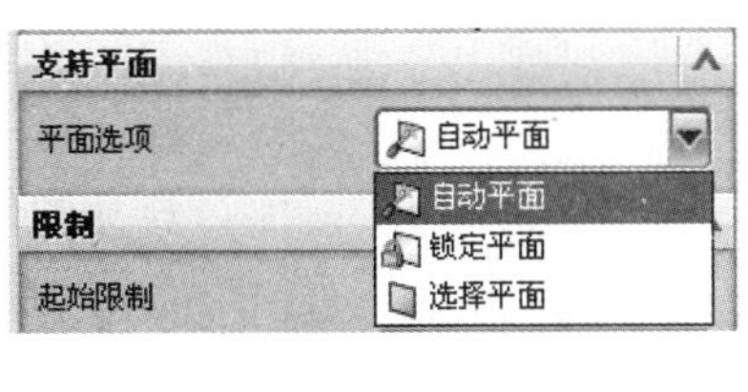

图 3－22

（2）圆弧功能用于绘制空间中的一段弧线，它是圆的一部分，因此也具有圆的一些通用参数属性，如圆心、半径等参数，如图 3－23 所示。

整圆功能是用于绘制空间中的封闭圆弧曲线，它和圆弧的操作过程大致相同，可以通过圆弧功能中的“整圆”选项进行创建操作。

创建圆形常用的方式一般有 4 种，包括“圆上 3 点”、“中心，圆上的点”、“中心，半

径或直径”和“中心，相切对象”。基本圆形的创建操作与圆弧相似。

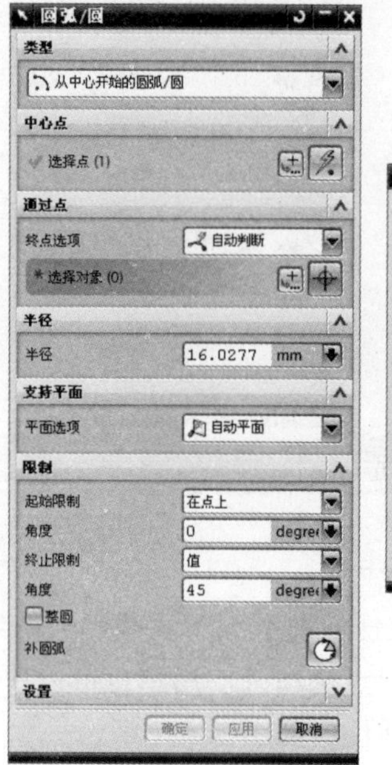

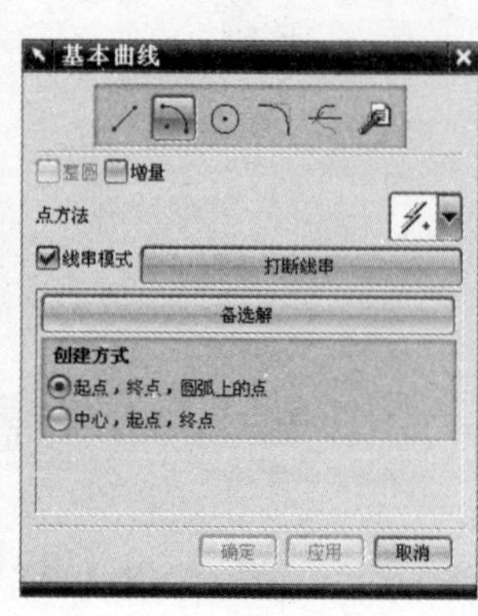

图 3－23

（3）倒圆角功能一般用于在曲线间生成圆弧过渡或裁剪相应的曲线。用户在“基本曲线”对话框中单击按钮，即可进入倒圆角创建功能，系统会弹出如图 3－24 所示的“曲线倒圆”对话框。

在该对话框的“方法”（倒圆方式）分组框中，提供了 3 种倒圆角的创建方式。

图 3－24

① 简单倒圆：该方式用于在两条共面但不平行的曲线之间进行倒圆角操作。

② 曲线倒圆：该方式是在两条曲线之间创建一个圆角，两条曲线间的圆角是沿逆时针方向从第一条曲线到第二条曲线生成的。

③ 曲线倒圆：该方式用于在 3 条曲线之间生成圆角，这 3 条曲线可以是点、直线、圆弧、二次曲线和样条的任意组合。

如果用户选择的曲线为圆或圆弧时，系统还会弹出一个确定圆角与圆弧相切方式的对话框，其中包含了“外切”、“圆角在圆内”和“圆角在圆外”3 个功能选项。

在“曲线倒圆”对话框中还有其他一些参数选项，它们用来控制创建圆角的效果。

（4）修剪曲线功能是将要进行裁剪的曲线与边界曲线求交，利用设置的边界对象（可以是曲线、边缘、平面、表面、点或屏幕位置等）来调整曲线的端点，可以延长或裁剪线段、圆弧、二次曲线或样条曲线，如图 3－25 所示。

“要修剪的曲线”：用于选择要修剪的目标曲线。其中“要修剪的端点”指出了曲线的修剪端，“开始”表示修剪曲线从起点端到边界对象的部分，“终点”表示修剪曲线的终点到边界对象的部分。

“边界对象 1”：用于指出曲线修剪的第 1 个边界对象。边界对象可以是点、曲线、实体边缘或实体表面，也可以是鼠标指针当前的位置。“指定平面”选项用于选择基准面作为边界对象。

“边界对象 2”：用于支持曲线修剪的第 2 个边界对象。这是一个可选的操作步骤，其各个选项的意义与“边界对象 1”一致。

（5）投影功能：投影曲线用于将曲线或点沿某一方向投影到现有曲面、平面或参考平面上，但是如果投影曲线与面上的孔或面上的边缘相交，则投影曲线会被面上的孔和边缘所修剪，如图 3－26 所示。

1）方向方式。

该选项用于设置操作时曲线或点的投影方向，系统中提供了以下 5 种投影方式。

“沿面的法向”：该方式是沿所选投影面的法向向投影面投影曲线。

“朝向点”：该方式用于从原定义曲线朝着一个点向选取的投影面投影曲线。

“朝向直线”：该方式用于沿垂直于选取直线或参考轴的方向选取的投影面投影曲线。

“沿矢量”：该方式用于沿设定矢量方向向选取的投影面投影曲线。

“与矢量所成的角度”：该方式用于沿与设定矢量方向成一角度的方向向选取的投影面投影曲线。

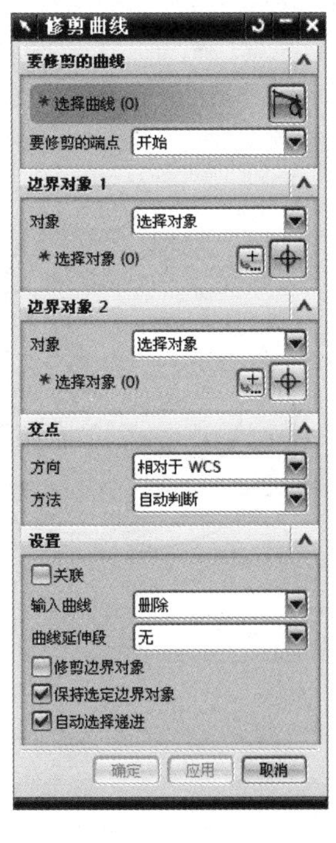

图 3－25

图 3－26

2）设置。

下面对该选项下的一些子选项进行介绍，其中“关联”该复选框用于设置偏置曲线与

输入曲线是否相关。选取该复选框，则输入曲线修改，投影曲线会自动修改。

"曲线拟合"：用于设置生成的投影曲线的拟合方法。

"连接曲线"：用于指出是否需要连接投影曲线。

思考和练习

1. 草图中做曲线和在空间中做曲线，这两种方法有哪些区别？

2. 在空间中修剪曲线的时候，选择曲线点击的位置不同，修剪的结果是否相同？这种方式和在草图中修剪曲线有什么区别？

3. 创建如图 3－27 所示模型。

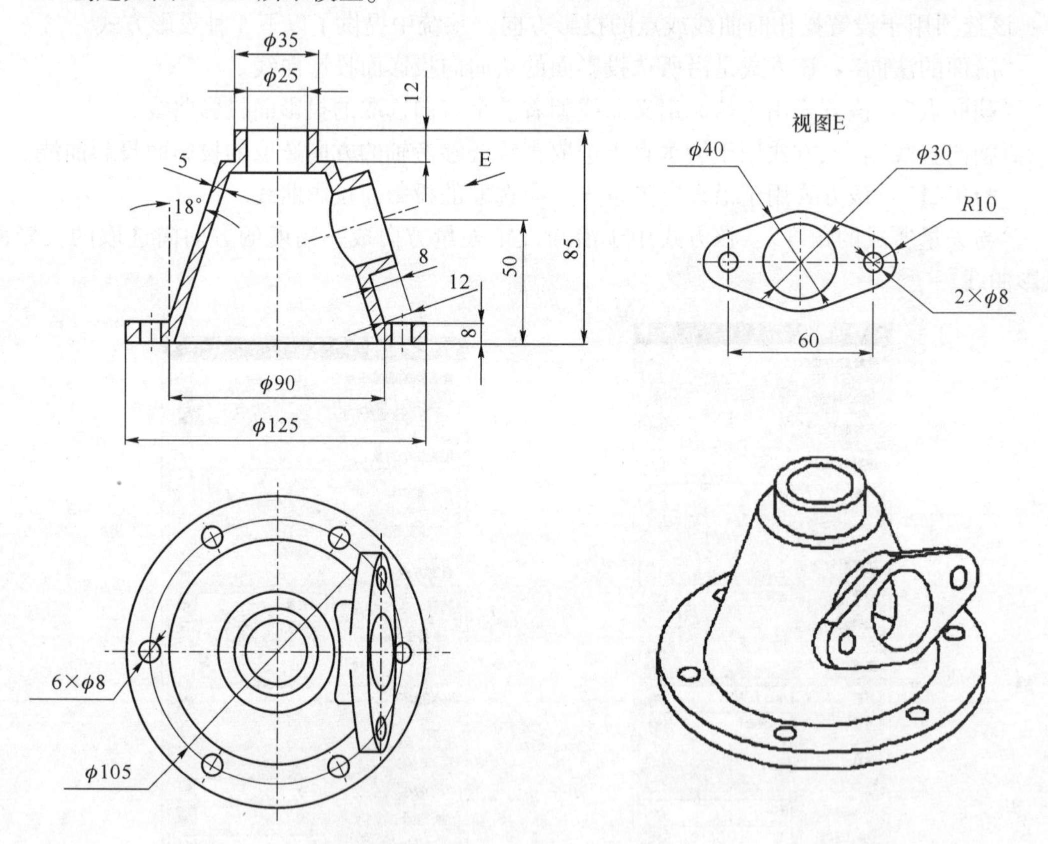

图 3－27

项目四　挡圈的建模、分模与加工

任务一　挡圈的造型建模

一、任务目标

操作视频

1. 巩固 UG 三维造型方法，会使用软件完成挡圈零件的造型设计。
2. 会拉伸、旋转等基本的建模工具和操作。
3. 会草图中尺寸约束的操作。

二、任务分析

零件模型如图 4－1 所示，首先在 UG 建模环境下，根据零件图 4－1 所示的尺寸要求，完成工件的建模造型。在图中对零件的三维造型进行分析，使用 UG 的草图功能在平面内完成截面的创建，然后使用成型特征中旋转操作完成特征实体。造型比较简单，完成零件的三维建模。

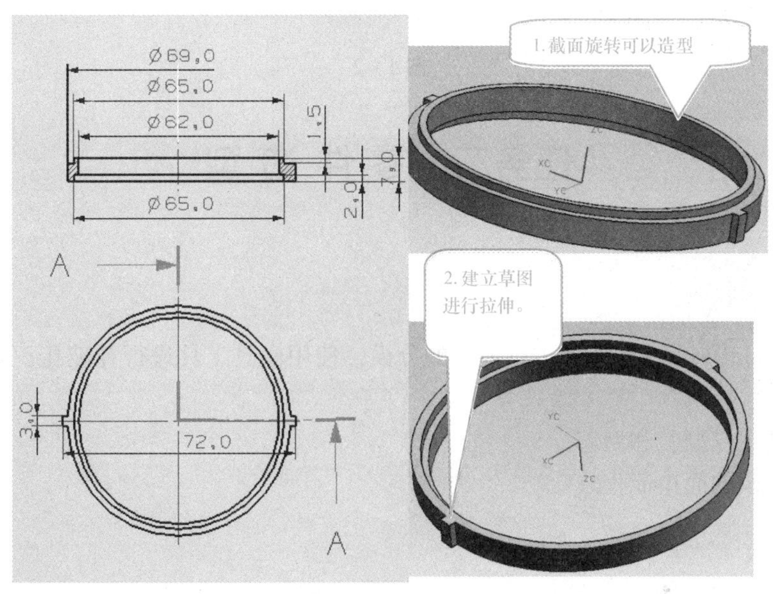

图 4－1

三、操作过程

新建文件，在“新建部件文件”对话框中输入要建立的文件名称，新建草图。在XZ平面内建立以下草图，如图4－2所示。

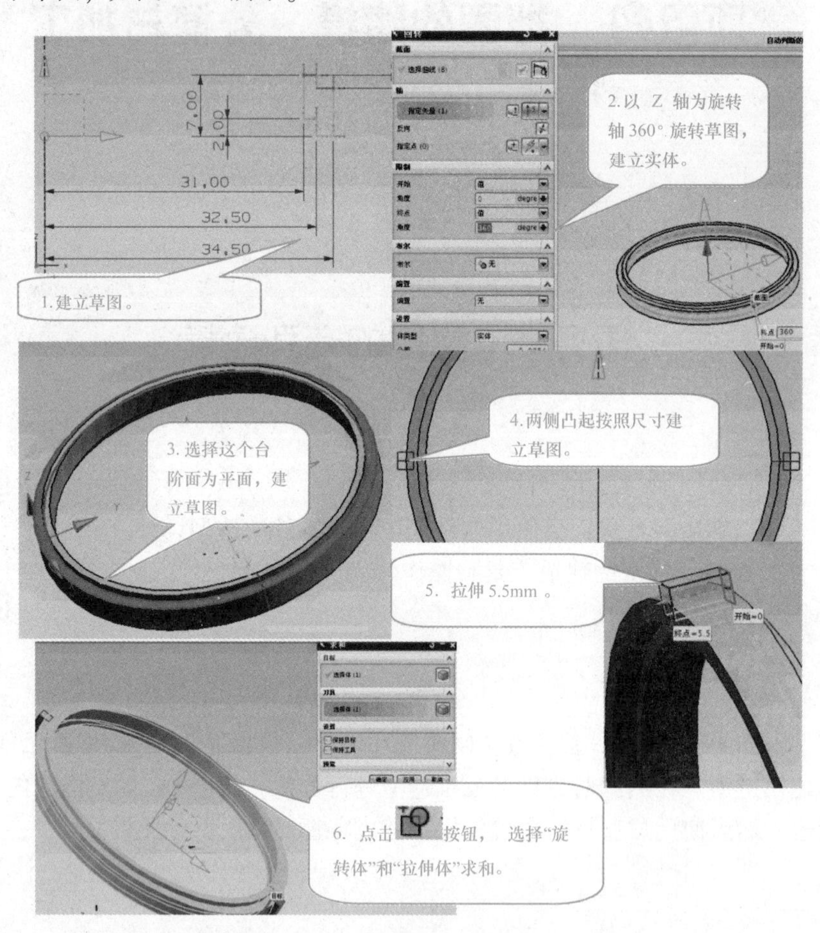

图4－2

任务二 零件造型

操作视频

一、任务目标

1. 会在Mold Wizard环境下进行零件的分模，使用模具工具进行补破孔，分型面生成等命令。

2. 会自动生成型腔和型芯。

3. 了解分模的简单流程。

二、任务分析

挡圈零件的材料是工程塑料ABS。分模后的效果如图4－3所示，采用Mold Wizard进行型腔

和型芯的创建的主要思路是：首先进行模具初始化设计，判断模具坐标系在模型上的位置，并确定模具坐标系。使用模具工具进行补面，以创建分型面。然后进行模具分型，通过定义型腔/型芯区域，抽取分型线，对破孔进行修补，最后通过创建后的分型面完成型芯和型腔的创建。

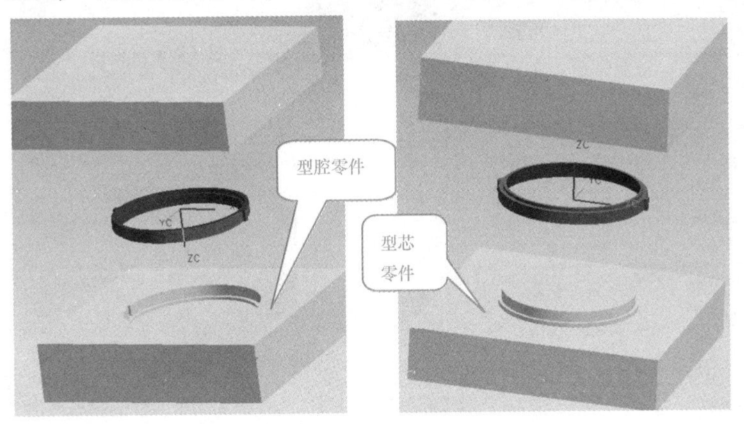

图 4 – 3

三、操作过程

1. 对零件进行分模，得到型芯和型腔零件。点击菜单“开始”→“所有应用模块”→“注塑模向导”，出现工具条，在工具条中选择 “项目初始化”按钮，其他操作如图 4 –4 所示。

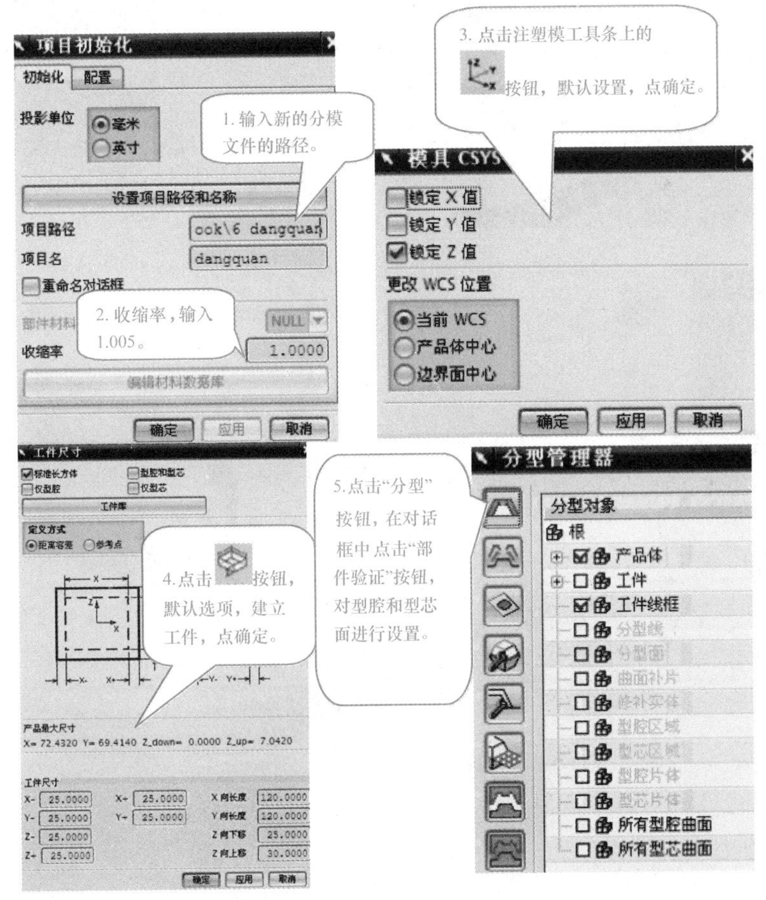

图 4 – 4

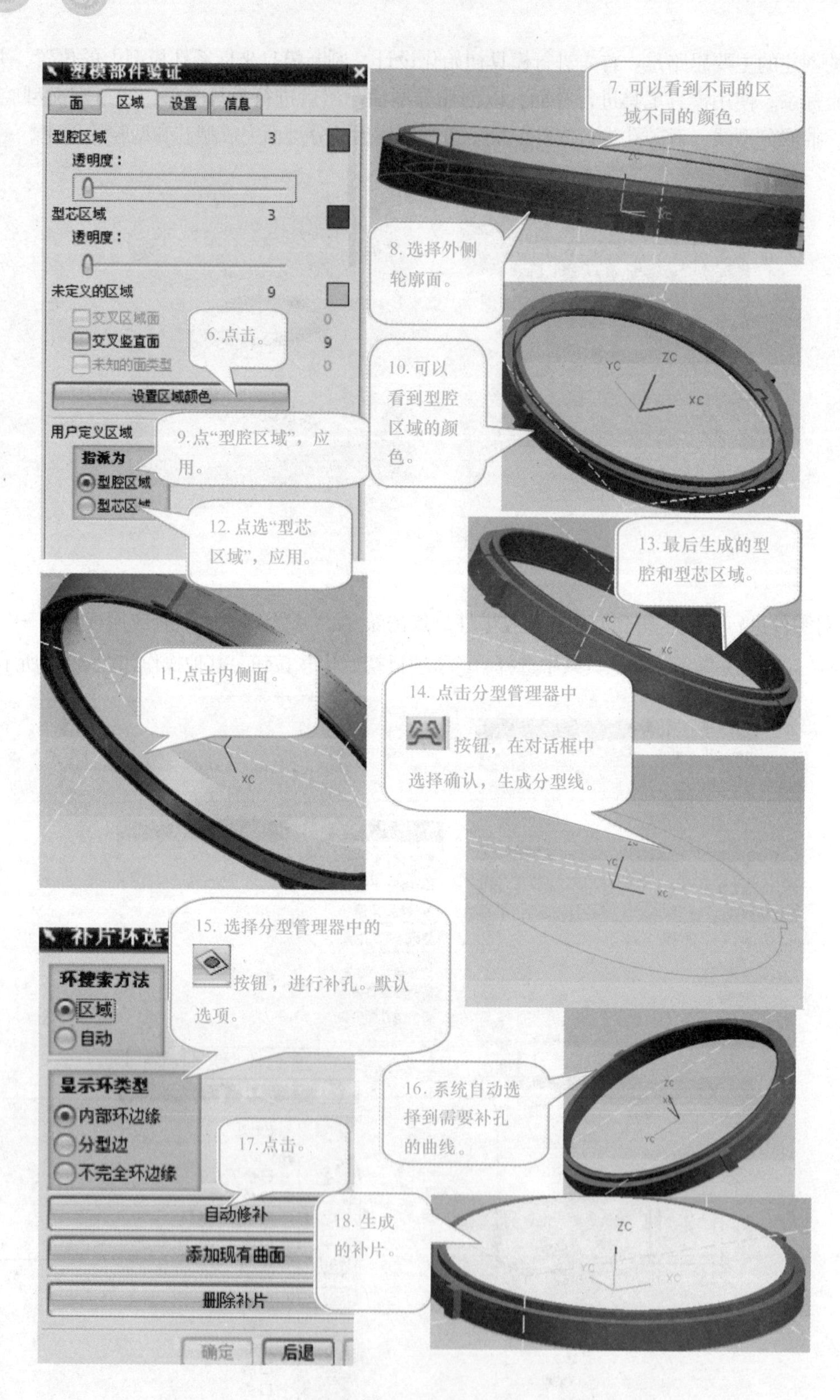
塑模部件验证
面
区域
设置
信息
型腔区域
3
透明度：
型芯区域
3
透明度：
未定义的区域
9
交叉区域面
0
交叉竖直面
9
未知的面类型
0
设置区域颜色
用户定义区域
指派为
型腔区域
型芯区域
6. 点击。
7. 可以看到不同的区域不同的颜色。
8. 选择外侧轮廓面。
9. 点“型腔区域”，应用。
10. 可以看到型腔区域的颜色。
11. 点击内侧面。
12. 点选“型芯区域”，应用。
13. 最后生成的型腔和型芯区域。
14. 点击分型管理器中 按钮，在对话框中选择确认，生成分型线。
15. 选择分型管理器中的 按钮，进行补孔。默认选项。
环搜索方法
区域
自动
显示环类型
内部环边缘
分型边
不完全环边缘
自动修补
添加现有曲面
删除补片
确定
后退
16. 系统自动选择到需要补孔的曲线。
17. 点击。
18. 生成的补片。
ZC
YC
XC

图4－4（续）

2. 创建分型面，建立型腔和型芯零部件。坐标型腔和型芯零件文件后一定要另存。操作过程如图 4－5。

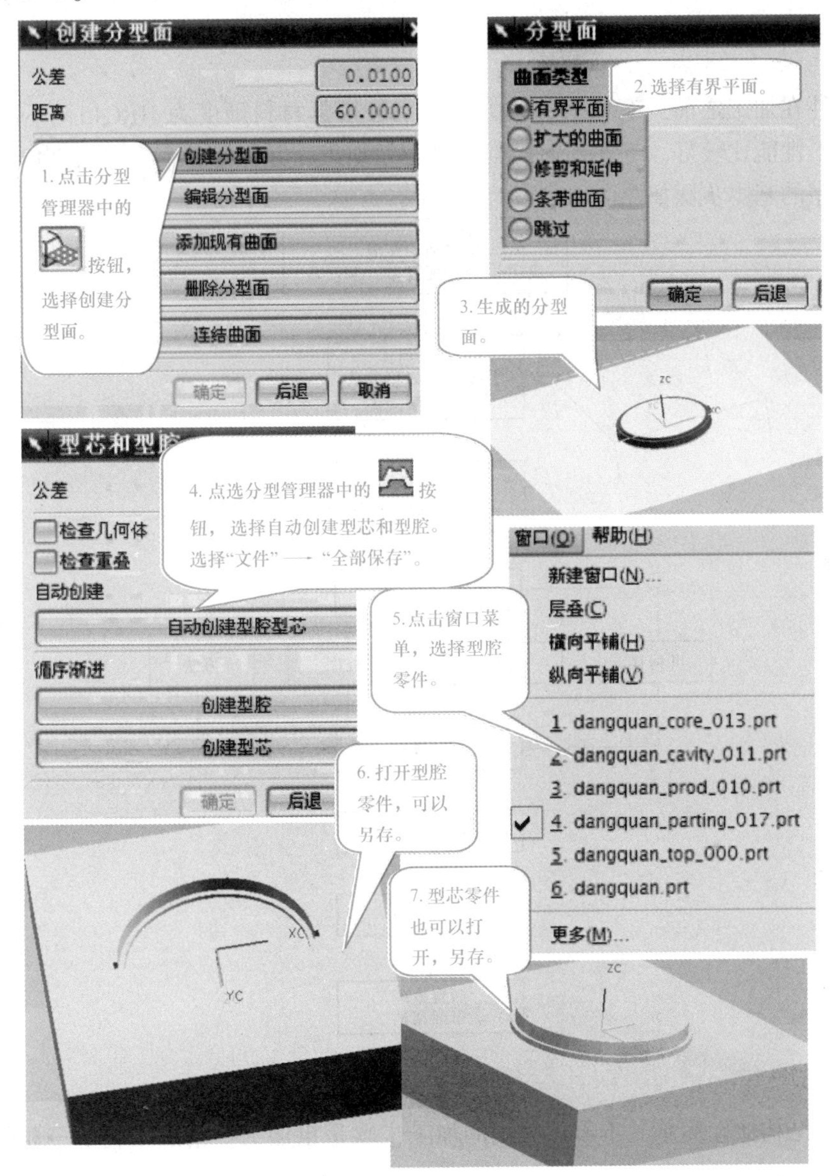

图 4－5

任务三　型芯零件加工

一、任务目标

1. 会对型芯零件进行加工工艺分析。

2. 会使用 UG 加工模块（UG CAM）中平面铣加工操作，设置粗、精加工的步骤。会设置平面铣加工操作参数，生成刀具路径并进行后处理，生成数控机床的 NC 程序。

二、任务分析

型芯零件在加工之前，毛坯为一块方料，一般模具材料硬度为 HRC45，不需要进行退火处理，加工性能比较好。毛坯几何面都要进行粗加工，并保持各个面间的直角。软件生成数控加工程序的基本步骤如图 4－6 所示。

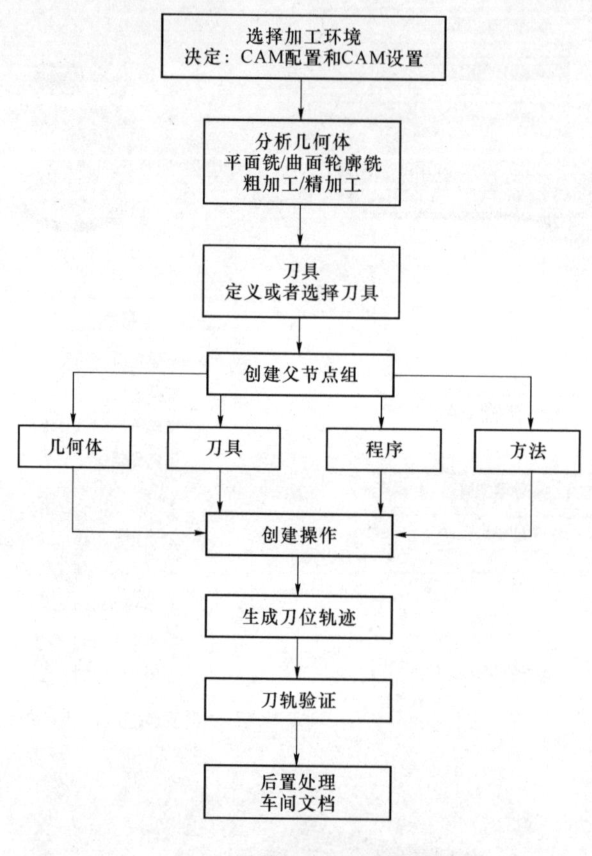

图 4－6

型芯零件结构比较简单，本零件采用的加工步骤是粗加工→精加工轮廓→精加工底面。加工方案如下：

（1）粗加工：使用 ϕ20 的立铣刀，平面铣加工。

（2）精加工：使用 ϕ20 的立铣刀，轮廓精加工。

（3）使用 D10 的立铣刀进行底面精加工。

具体加工方案见表 4－1。

表 4－1　加工工艺方案

序号	操作方法	刀具直径	刀具名称	加工余量
1	平面铣粗加工	20	D20	0. 25
2	轮廓精加工	20	D20	0
3	底面精加工	10	D10	0

三、操作过程

1. 打开型芯文件，进入加工环境，单击“开始”菜单选择“加工”。建立加工坐标系、设置安全平面、创建工件几何体。具体操作如图 4 - 7 所示。

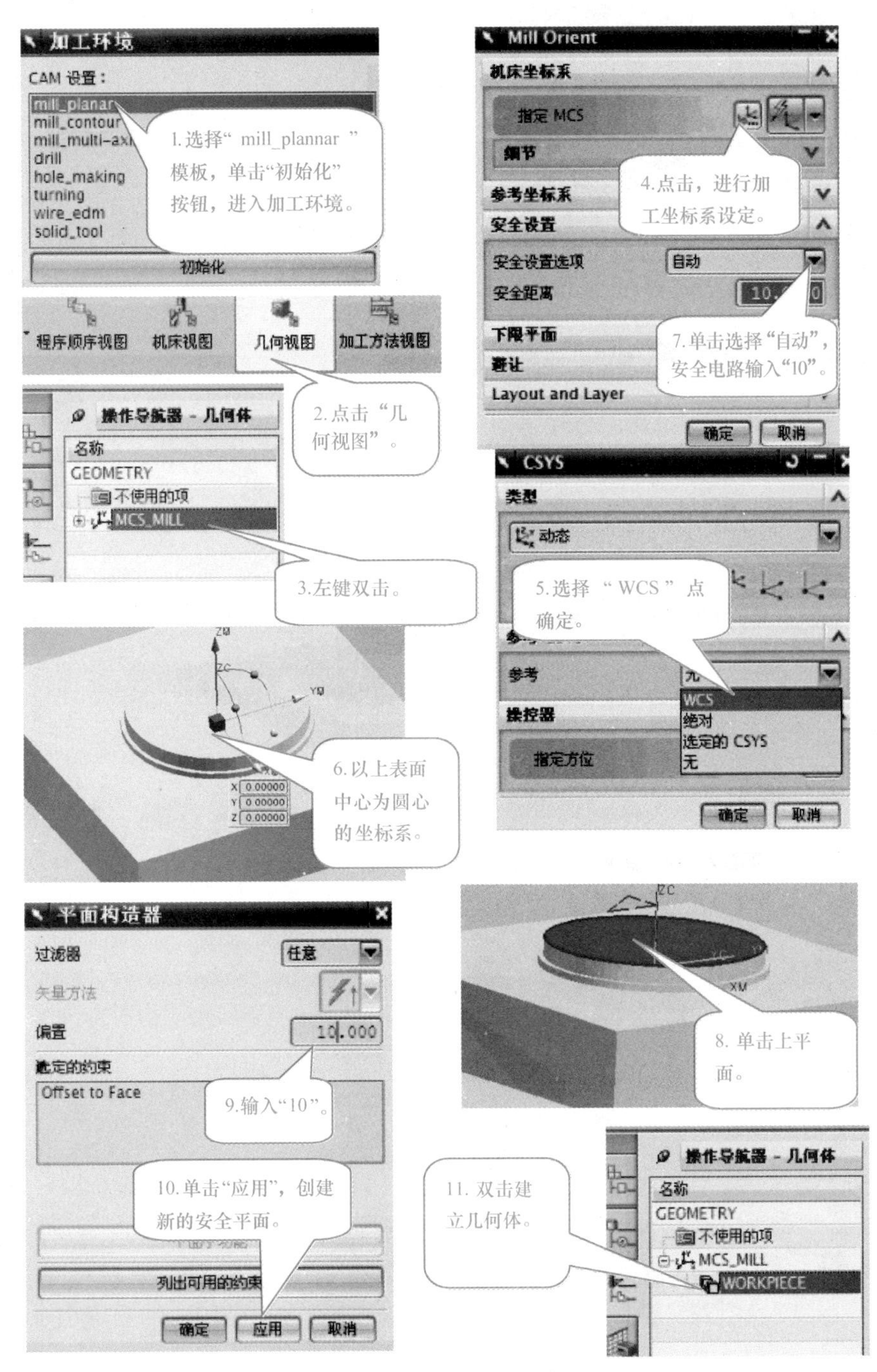

图 4 - 7

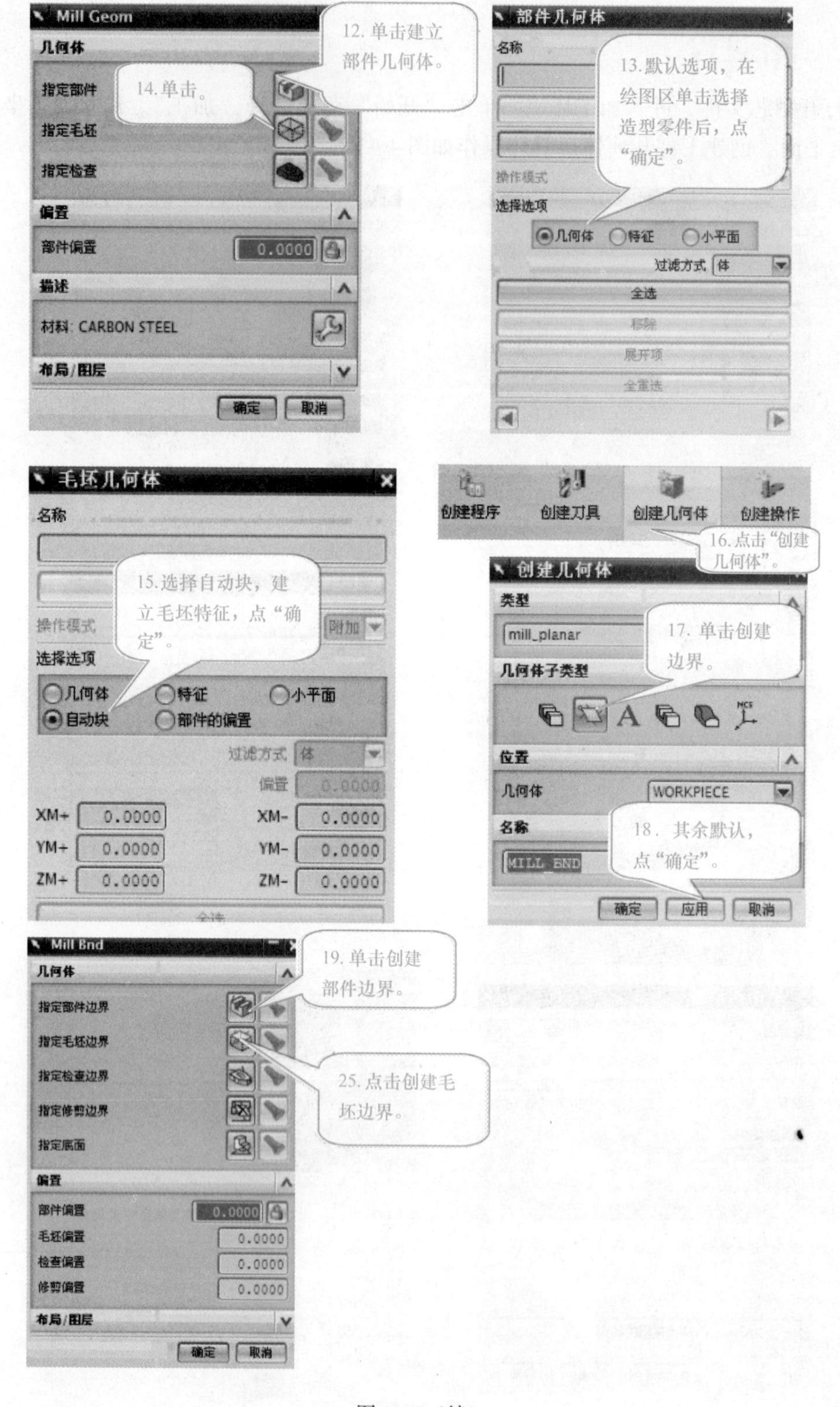

Mill Geom
几何体
指定部件
指定毛坯
指定检查
偏置
部件偏置
0.0000
描述
材料: CARBON STEEL
布局/图层
确定
取消
12. 单击建立部件几何体。
14. 单击。
部件几何体
名称
13. 默认选项，在绘图区单击选择造型零件后，点“确定”。
操作模式
选择选项
几何体
特征
小平面
过滤方式
体
全选
移除
展开项
全重选
毛坯几何体
名称
15. 选择自动块，建立毛坯特征，点“确定”。
操作模式
附加
选择选项
几何体
特征
小平面
自动块
部件的偏置
过滤方式
体
偏置
0.0000
XM+
XM-
YM+
YM-
ZM+
ZM-
0.0000
创建程序
创建刀具
创建几何体
创建操作
16. 点击“创建几何体”。
创建几何体
类型
mill_planar
17. 单击创建边界。
几何体子类型
位置
几何体
WORKPIECE
名称
MILL_BND
18．其余默认，点“确定”。
确定
应用
取消
Mill Bnd
几何体
指定部件边界
指定毛坯边界
指定检查边界
指定修剪边界
指定底面
19. 单击创建部件边界。
25. 点击创建毛坯边界。
偏置
部件偏置
毛坯偏置
检查偏置
修剪偏置
0.0000
布局/图层
确定
取消

图4-7（续）

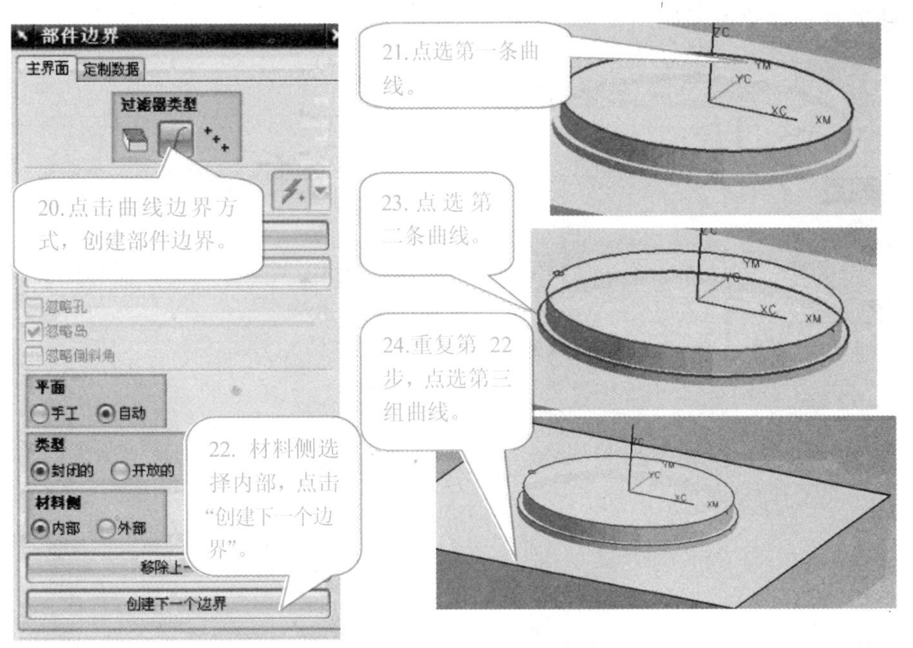
部件边界
主界面
定制数据
过滤器类型
20.点击曲线边界方式，创建部件边界。
21.点选第一条曲线。
23.点选第二条曲线。
24.重复第22步，点选第三组曲线。
忽略孔
忽略岛
忽略倒斜角
平面
手工
自动
类型
封闭的
开放的
材料侧
内部
外部
22.材料侧选择内部，点击“创建下一个边界”。
创建下一个边界

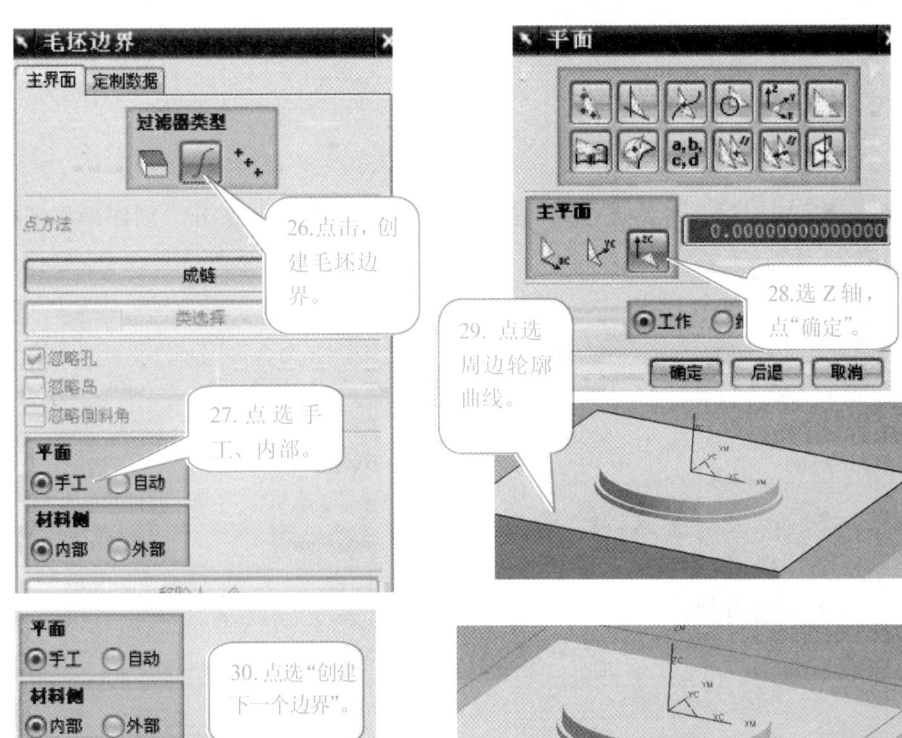
毛坯边界
主界面
定制数据
过滤器类型
点方法
成链
类选择
26.点击，创建毛坯边界。
忽略孔
忽略岛
忽略倒斜角
27.点选手工、内部。
平面
手工
自动
材料侧
内部
外部
主平面
0.000000000000000
28.选Z轴，点“确定”。
29.点选周边轮廓曲线。
工作
确定
后退
取消
30.点选“创建下一个边界”。
移除上一个
创建下一个边界
31.创建的毛坯轮廓曲线。

图4－7（续）

2. 创建刀具。创建过程如图 4－8 所示。

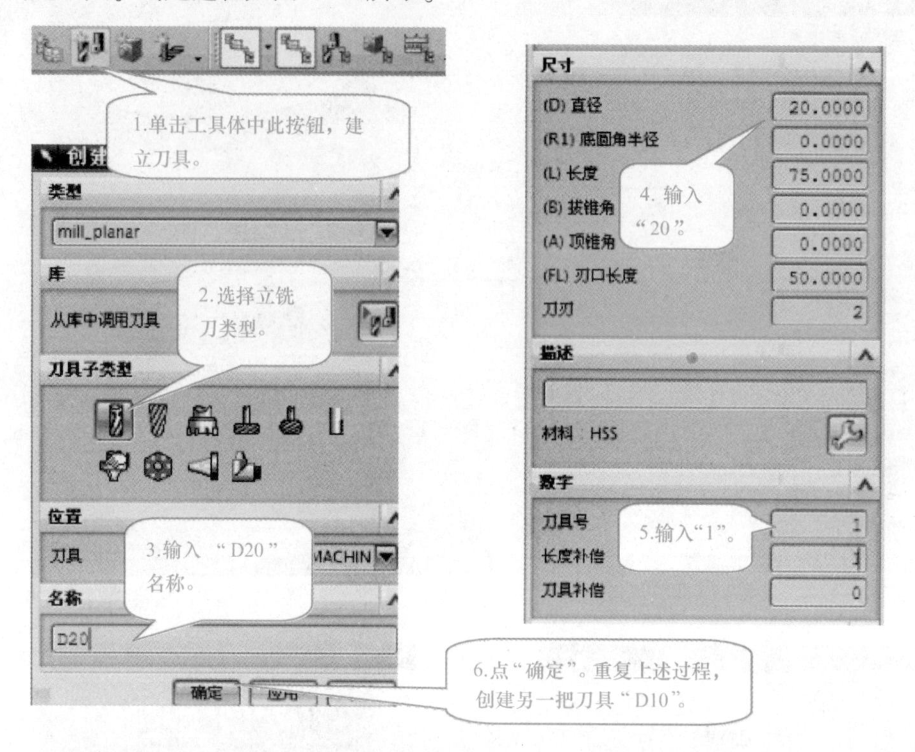

图 4－8

3. 准备工作完成以后，开始进行加工操作的创建。在菜单上点击"创建操作图标，"具体操作如图 4－9 所示。

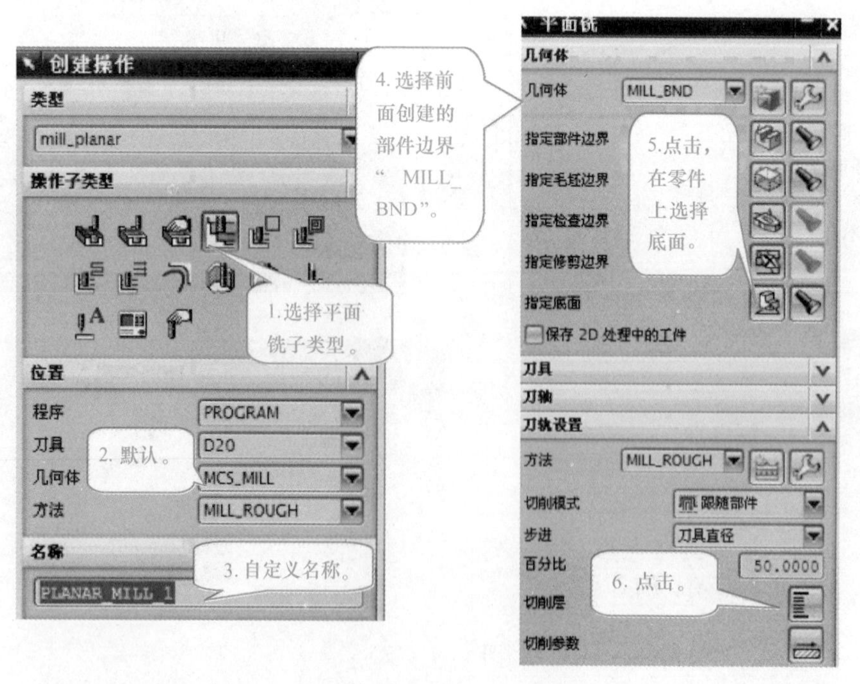

图 4－9

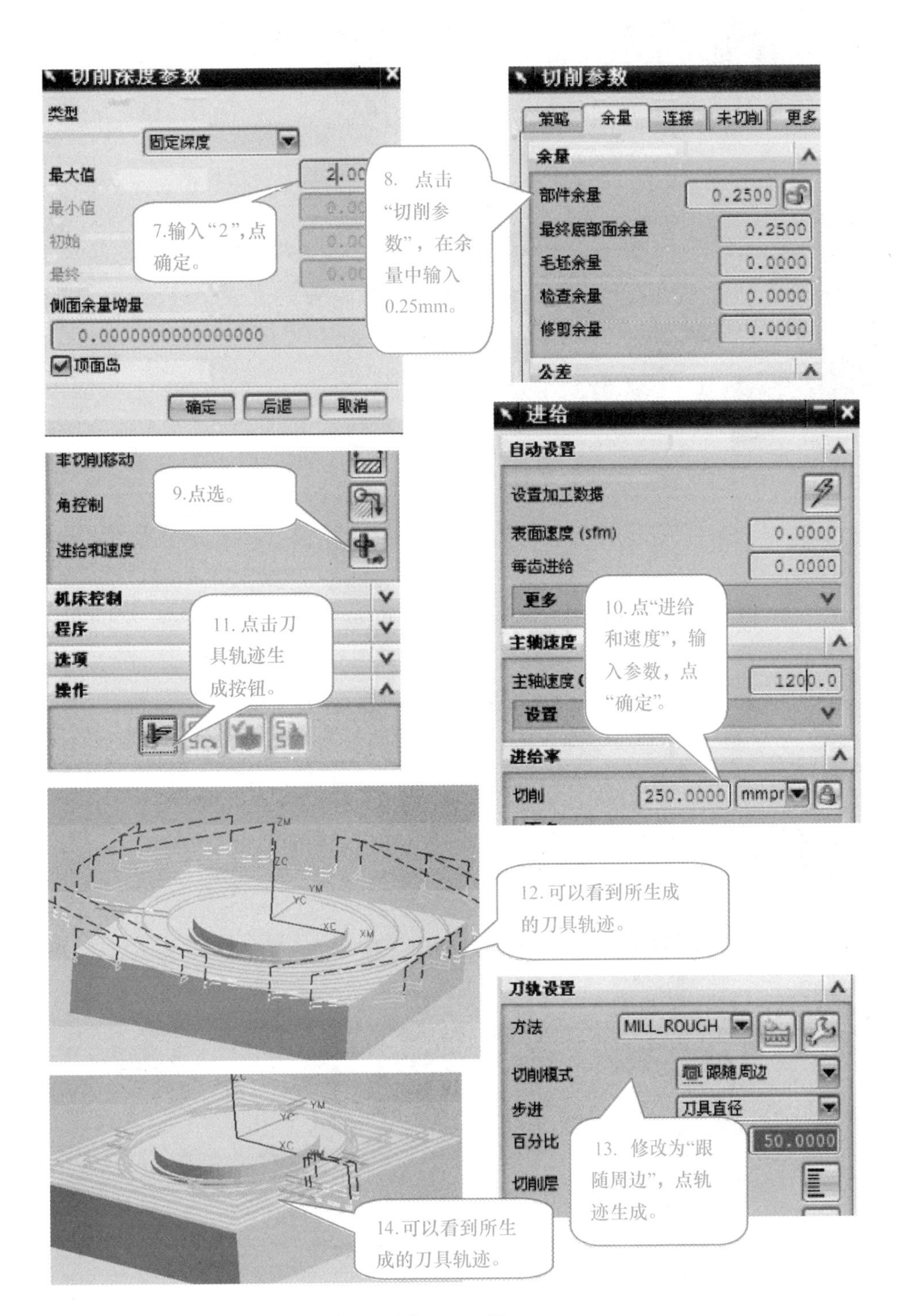

切削深度参数
类型
固定深度
最大值
2.00
最小值
初始
最终
侧面余量增量
0.0000000000000000
顶面岛
确定
后退
取消
7.输入"2",点确定。
8. 点击"切削参数",在余量中输入0.25mm。
切削参数
策略
余量
连接
未切削
更多
余量
部件余量
0.2500
最终底部面余量
0.2500
毛坯余量
0.0000
检查余量
0.0000
修剪余量
0.0000
公差
非切削移动
角控制
进给和速度
9.点选。
机床控制
程序
选项
操作
11. 点击刀具轨迹生成按钮。
进给
自动设置
设置加工数据
表面速度 (sfm)
0.0000
每齿进给
0.0000
更多
主轴速度
1200.0
设置
进给率
切削
250.0000
mmpr
10. 点"进给和速度",输入参数,点"确定"。
12. 可以看到所生成的刀具轨迹。
刀轨设置
方法
MILL_ROUGH
切削模式
跟随周边
步进
刀具直径
百分比
50.0000
切削层
13. 修改为"跟随周边",点轨迹生成。
14. 可以看到所生成的刀具轨迹。

图 4－9（续）

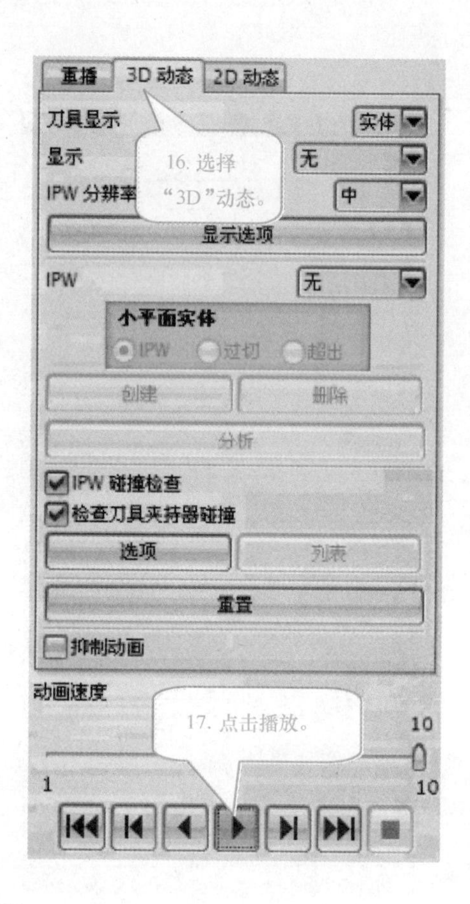

图 4－9（续）

4. 粗加工操作完成后，进行轮廓精加工操作。操作过程如图 4－10 所示。

5. 对底平面进行精加工。具体如图 4－11 所示。

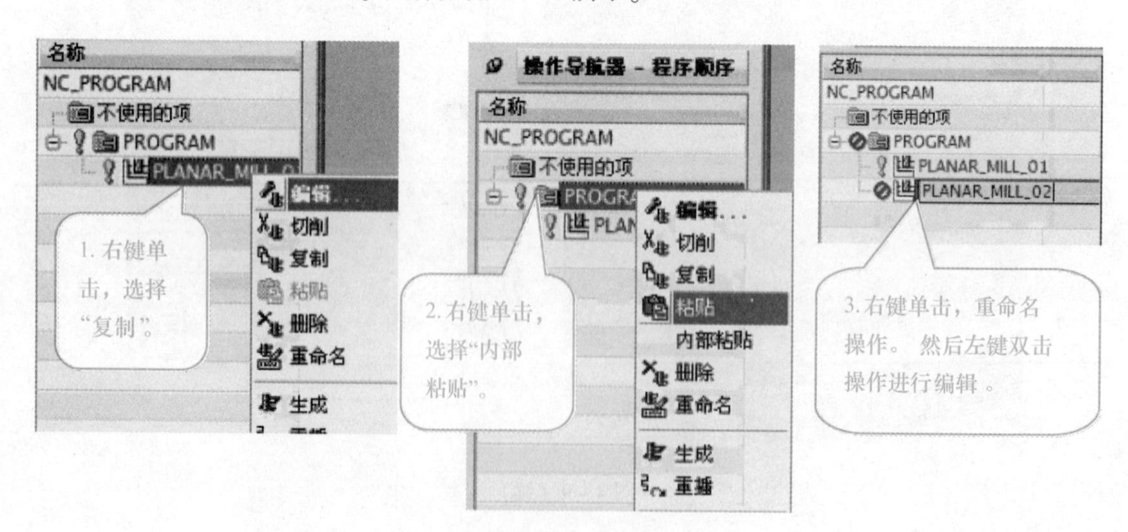

图 4－10

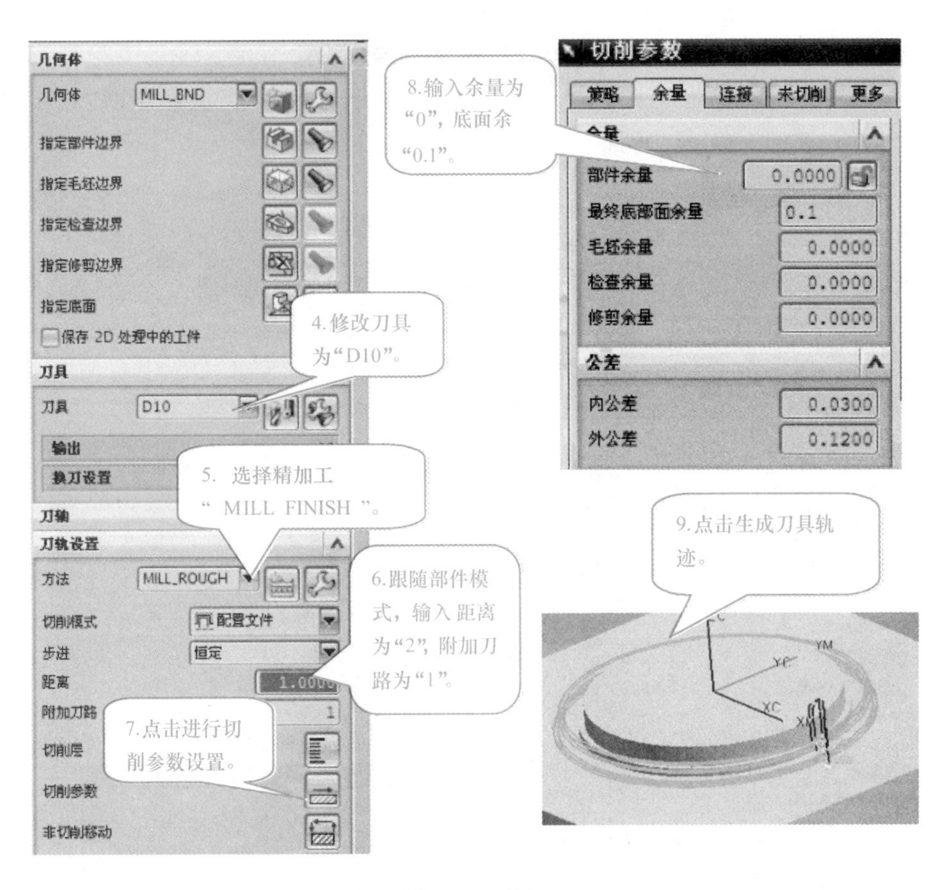

8.输入余量为“0”，底面余“0.1”。
4.修改刀具为“D10”。
5. 选择精加工“ MILL FINISH ”。
6.跟随部件模式，输入距离为“2”，附加刀路为“1”。
7.点击进行切削参数设置。
9.点击生成刀具轨迹。
几何体
几何体 MILL_BND
指定部件边界
指定毛坯边界
指定检查边界
指定修剪边界
指定底面
保存 2D 处理中的工件
刀具
刀具 D10
输出
换刀设置
刀轴
刀轨设置
方法 MILL_ROUGH
切削模式 配置文件
步进 恒定
距离 1.0000
附加刀路 1
切削层
切削参数
非切削移动
切削参数
策略 余量 连接 未切削 更多
余量
部件余量 0.0000
最终底部面余量 0.1
毛坯余量 0.0000
检查余量 0.0000
修剪余量 0.0000
公差
内公差 0.0300
外公差 0.1200
YM
YC
XC

图 4-10（续）

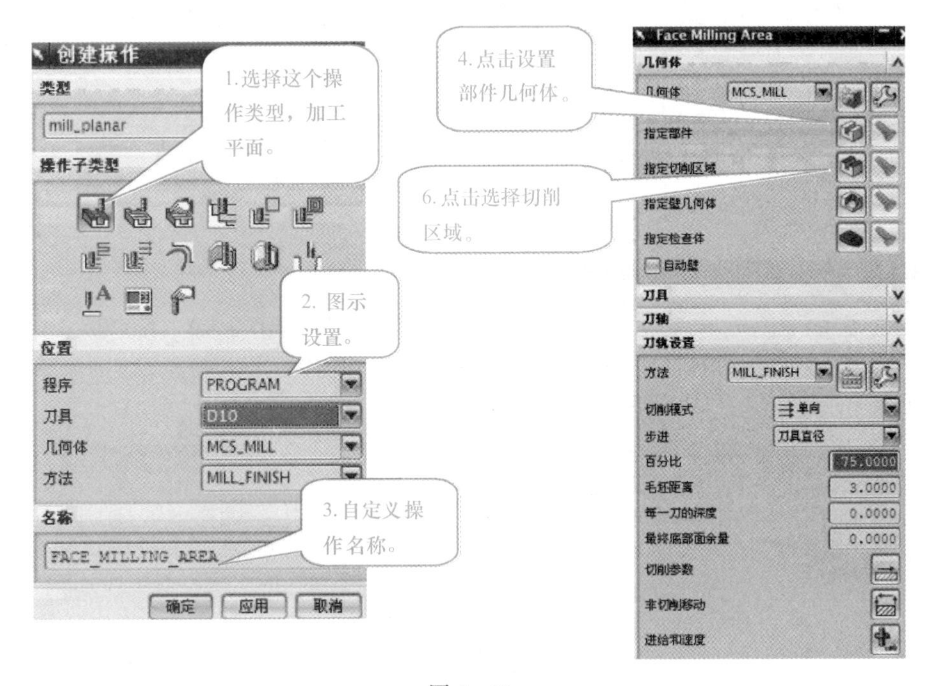

1.选择这个操作类型，加工平面。
2. 图示设置。
3.自定义操作名称。
4.点击设置部件几何体。
6.点击选择切削区域。
创建操作
类型
mill_planar
操作子类型
位置
程序 PROGRAM
刀具 D10
几何体 MCS_MILL
方法 MILL_FINISH
名称
FACE_MILLING_AREA
确定 应用 取消
Face Milling Area
几何体
几何体 MCS_MILL
指定部件
指定切削区域
指定壁几何体
指定检查体
自动壁
刀具
刀轴
刀轨设置
方法 MILL_FINISH
切削模式 单向
步进 刀具直径
百分比 75.0000
毛坯距离 3.0000
每一刀的深度 0.0000
最终底部面余量 0.0000
切削参数
非切削移动
进给和速度

图 4-11

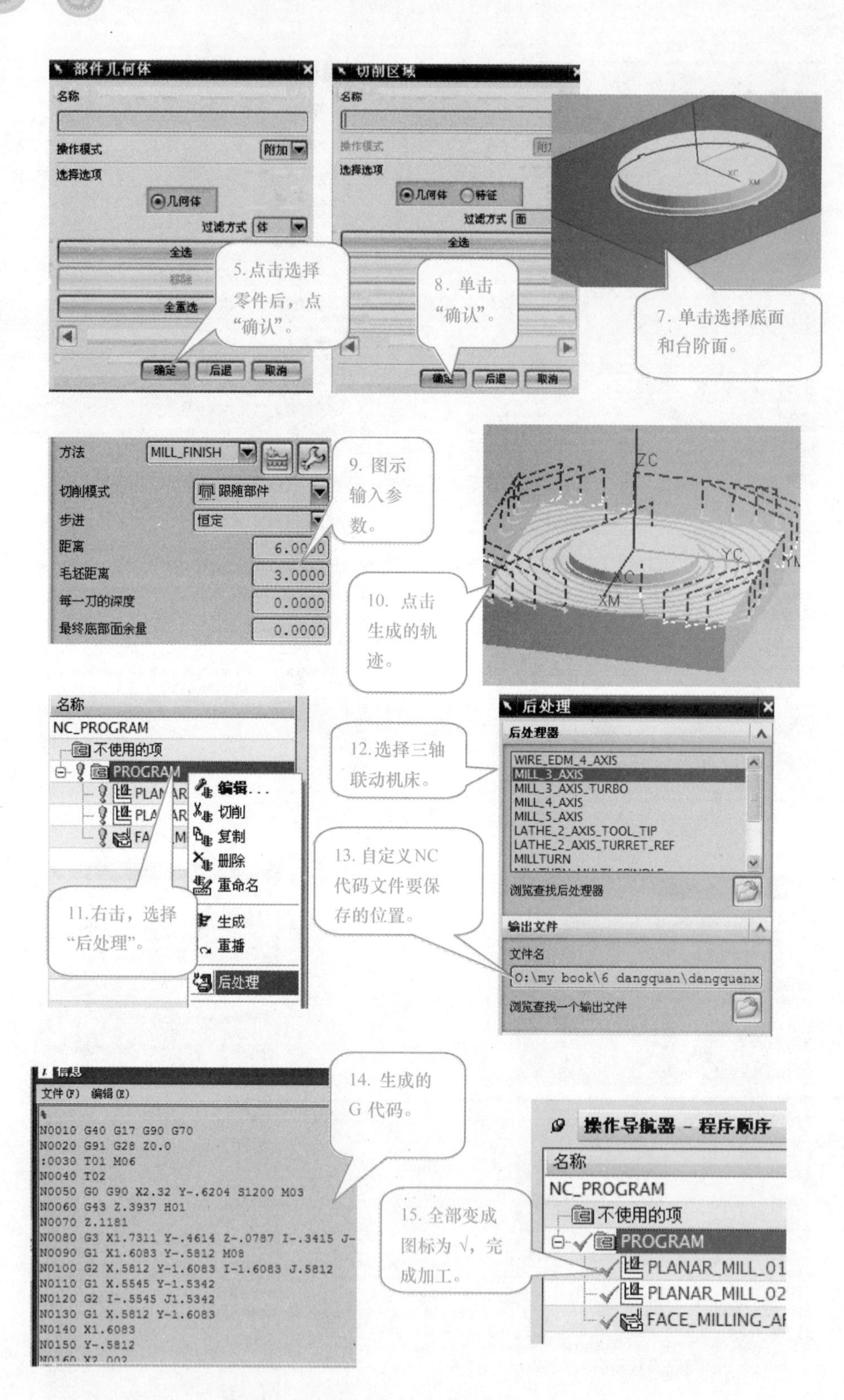
部件几何体
名称
操作模式
附加
选择选项
几何体
过滤方式
体
全选
移除
全重选
确定
后退
取消
5. 点击选择零件后，点“确认”。
切削区域
名称
操作模式
选择选项
几何体
特征
过滤方式
面
全选
8. 单击“确认”。
确定
后退
取消
7. 单击选择底面和台阶面。
方法
MILL_FINISH
切削模式
跟随部件
步进
恒定
距离
6.0000
毛坯距离
3.0000
每一刀的深度
0.0000
最终底部面余量
0.0000
9. 图示输入参数。
ZC
YC
YM
XC
XM
10. 点击生成的轨迹。
名称
NC_PROGRAM
不使用的项
PROGRAM
编辑...
切削
复制
删除
重命名
生成
重播
后处理
11. 右击，选择“后处理”。
12. 选择三轴联动机床。
后处理
后处理器
WIRE_EDM_4_AXIS
MILL_3_AXIS
MILL_3_AXIS_TURBO
MILL_4_AXIS
MILL_5_AXIS
LATHE_2_AXIS_TOOL_TIP
LATHE_2_AXIS_TURRET_REF
MILLTURN
浏览查找后处理器
13. 自定义NC代码文件要保存的位置。
输出文件
文件名
O:\my book\6 dangquan\dangquanx
浏览查找一个输出文件
信息
文件(F) 编辑(E)
%
N0010 G40 G17 G90 G70
N0020 G91 G28 Z0.0
:0030 T01 M06
N0040 T02
N0050 G0 G90 X2.32 Y-.6204 S1200 M03
N0060 G43 Z.3937 H01
N0070 Z.1181
N0080 G3 X1.7311 Y-.4614 Z-.0787 I-.3415 J-
N0090 G1 X1.6083 Y-.5812 M08
N0100 G2 X.5812 Y-1.6083 I-1.6083 J.5812
N0110 G1 X.5545 Y-1.5342
N0120 G2 I-.5545 J1.5342
N0130 G1 X.5812 Y-1.6083
N0140 X1.6083
N0150 Y-.5812
14. 生成的G代码。
操作导航器 - 程序顺序
名称
NC_PROGRAM
不使用的项
PROGRAM
PLANAR_MILL_01
PLANAR_MILL_02
15. 全部变成图标为√，完成加工。

图 4－11（续）

相关知识

1. 创建平面铣加工操作步骤。

（1）选择“开始”→“加工”命令，进入加工模块。

（2）创建平面铣加工操作首先要设置4个父节点对象，包括程序、几何体、刀具和加工方法，并且需要设定加工操作的名称。

（3）在“平面铣”对话框内设定几何体对象，包括部件、毛坯、检查几何体、加工底面控制等。

（4）设定切削方式。

（5）设定步进控制方法。

（6）设定进退刀方法。

（7）设定切削参数控制，包括加工策略、加工余量分配等。

（8）设定切削深度控制方法。

（9）设定拐角控制方法。

（10）设定避让控制方法。

（11）设定进给率。

（12）设定机床控制参数。

（13）设定刀轨控制方法。

（14）生成加工操作。

（15）对加工轨迹进行仿真。

2. 切削方式。

在UG NX 5中提供的各种加工切削方式如下：

（1）往复式走刀，创建一系列往返方向的平行线，这种加工方法能够有效地减少刀具在横向跨越的空刀距离，提高加工的效率，但往复式走刀方式在加工过程中要交替变换顺铣、逆铣的加工方式，所以比较适合粗铣表面加工，如图4－12所示。

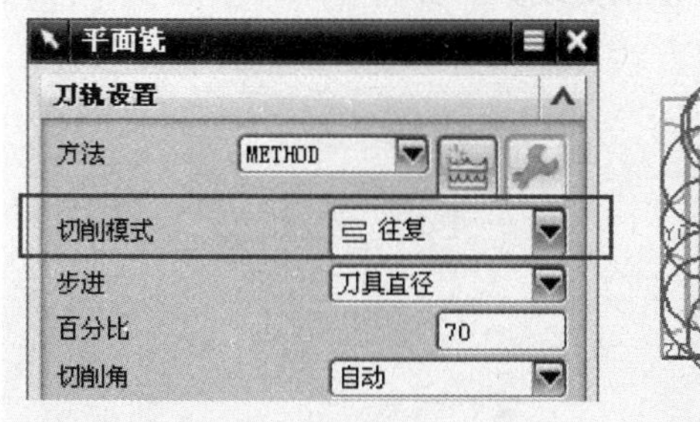

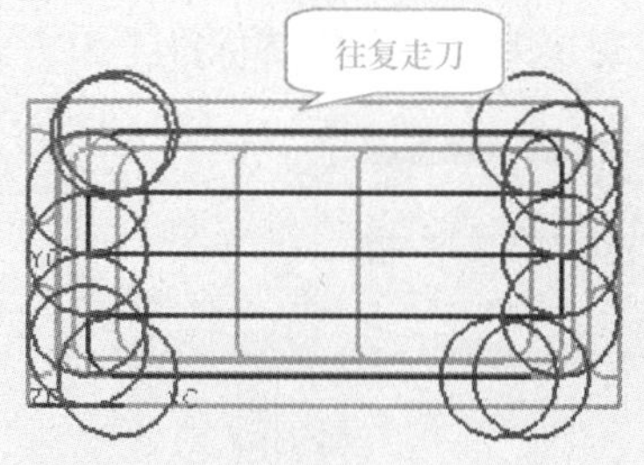

图4－12

（2）单向式走刀的加工方法能够保证在整个加工过程中保持同一种加工方式，顺铣或逆铣，比较适合精铣表面加工，如图4－13所示。

（3）跟随周边走刀的切削方式是沿切削区域轮廓产生一系列同心线来创建刀具轨迹路径。该方式在横向进刀的过程中一直保持切削状态，如图 4－14 所示。

图 4－13　　　　图 4－14

（4）跟随部件走刀的切削方式是沿零件几何产生一系列同心线来创建刀具轨迹路径。该方式可以保证刀具沿所有零件几何进行切削，对于有孤岛的型腔域，建议采用跟随部件走刀的切削方式，如图 4－15 所示。

（5）单向带轮廓铣走刀方式能够沿着部件的轮廓创建单向的走刀方式，能够保证使用顺铣或逆铣加工方式完成整个加工操作，顺铣/逆铣取决于第一条走刀轨迹路径，如图 4－16 所示。

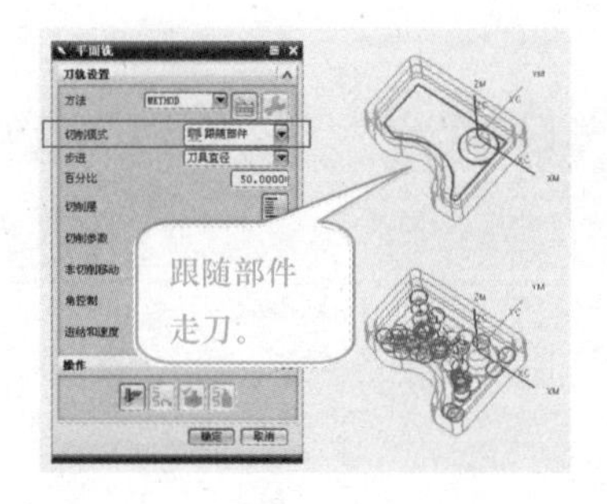

图 4－15

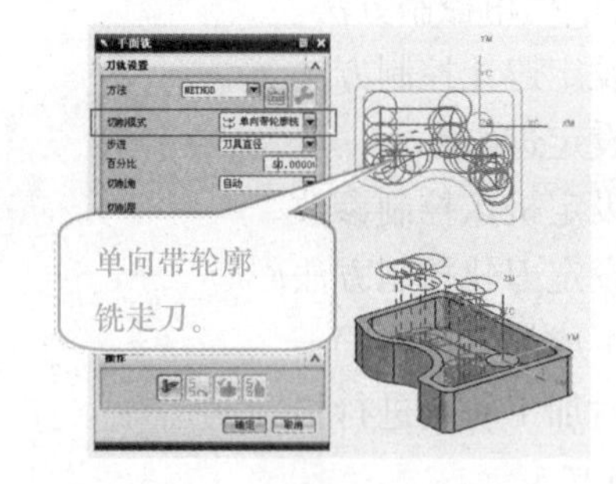

图 4－16

（6）轮廓走刀方式可以沿切削区域的轮廓创建一条或多条切削轨迹，轮廓走刀的方法可以在狭小的区域内创建不相交的刀位轨迹，能够避免产生过切现象，如图 4－17 所示。

（7）标准走刀方式是平面铣加工特有的走刀方式。这种方式能够创建与轮廓走刀相似的刀具轨迹路径，但该方法容易产生刀轨自相交现象，并且容易产生切伤零件现象。一般情况下，使用轮廓走刀方式来代替标准走刀方式，如图 4－18 所示。

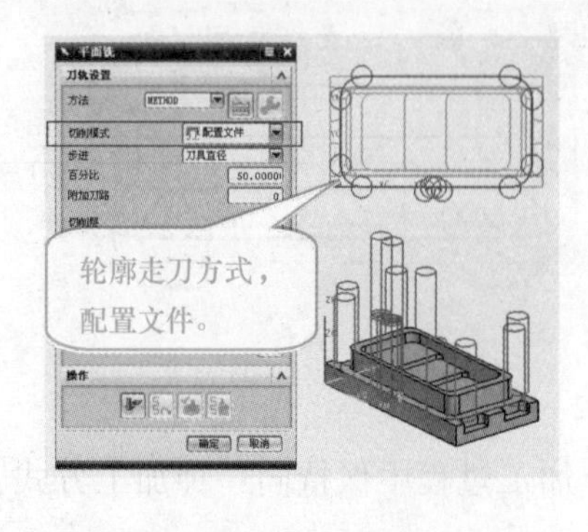

图 4－17

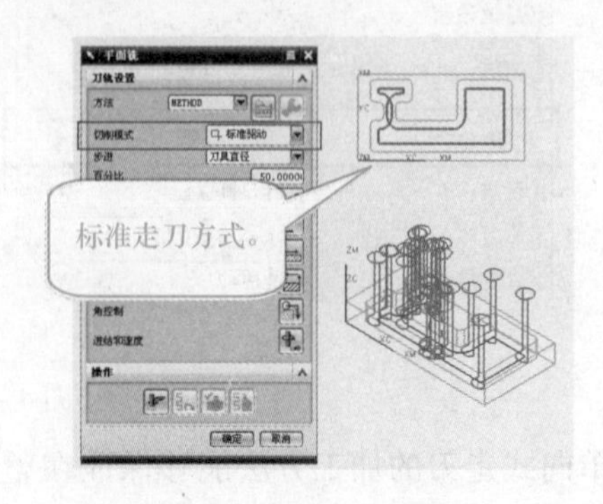

图 4－18

3. 数控编程一般步骤。

数控编程是指系统根据用户指定的加工刀具、加工方法、加工几何体和加工顺序等信息来创建数控程序，然后把这些程序输入到相应的数控机床中。数控程序将控制数控机床自动加工生成零件。因此在编程数控程序之前，用户需要根据图纸的加工要求和零件的几何形状确定加工刀具、加工方法和加工顺序。

数控编程一般包括：

（1）图纸分析和零件几何形状的分析。

（2）创建零件的模型。

（3）根据模型确定加工类型、加工刀具、加工方法和加工顺序。

（4）生成刀具轨迹。

（5）后置处理。

思考和练习

（6）输出数控程序。

1. 零件的造型中阵列方法怎么做？

2. 试试修改一下平面铣操作中的一些参数，看看有哪些区别，以及各个参数的意义。

3. 将已经加工的零件进行仿真，看看仿真加工的功能。

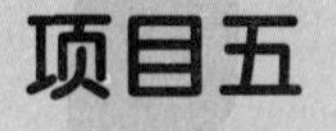

项目五　网罩的造型、分模与加工

任务一　网罩的造型

操作视频

一、任务目标

1. 巩固 UG 三维造型方法，会使用软件对零件进行造型。
2. 重点是学会变换命令，绕直线旋转，引用几何体。

二、任务分析

首先在 UG 建模环境下，根据零件图 5－1 所示的尺寸要求，完成工件的建模造型。

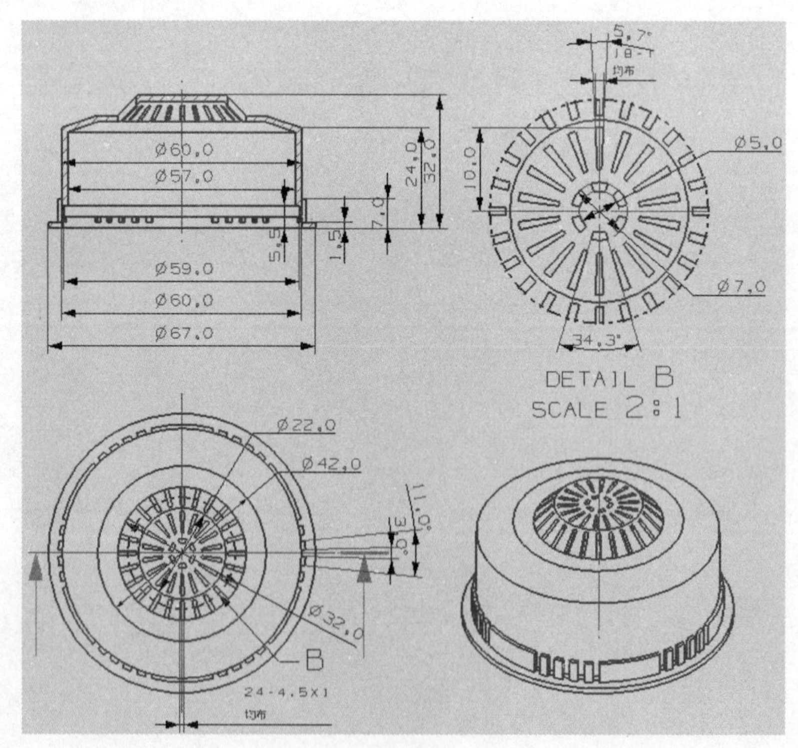

图 5－1

图5－2中对零件的三维造型进行了分析，使用UG的草图功能在平面内完成截面外形的创建，然后使用成型特征中旋转操作完成特征实体。其中要用到变换命令，完成零件的三维建模。

图5－2

三、操作过程

1. 新建文件，在“新建部件文件”对话框中输入要建立的文件名称。新建草图。在XY平面内建立以下草图，如图5－3所示。

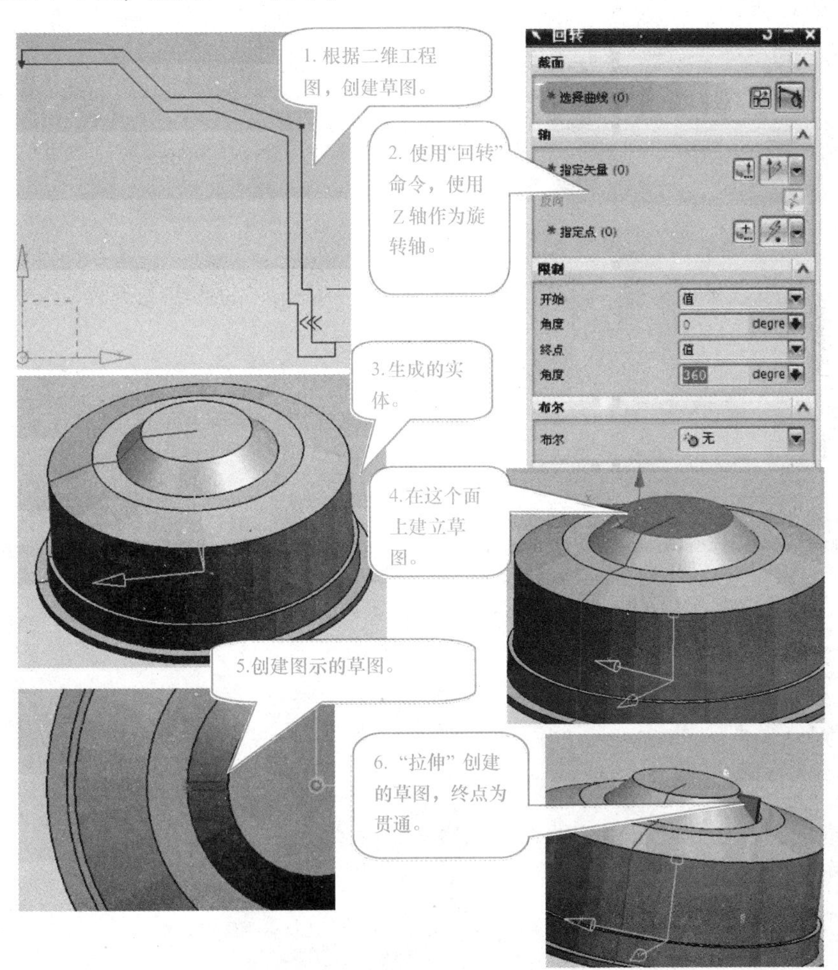

图5－3

2. 使用“引用几何体”命令复制特征，进行求差，完成零件上部两圈挖空特征的造型，如图 5－4 所示。

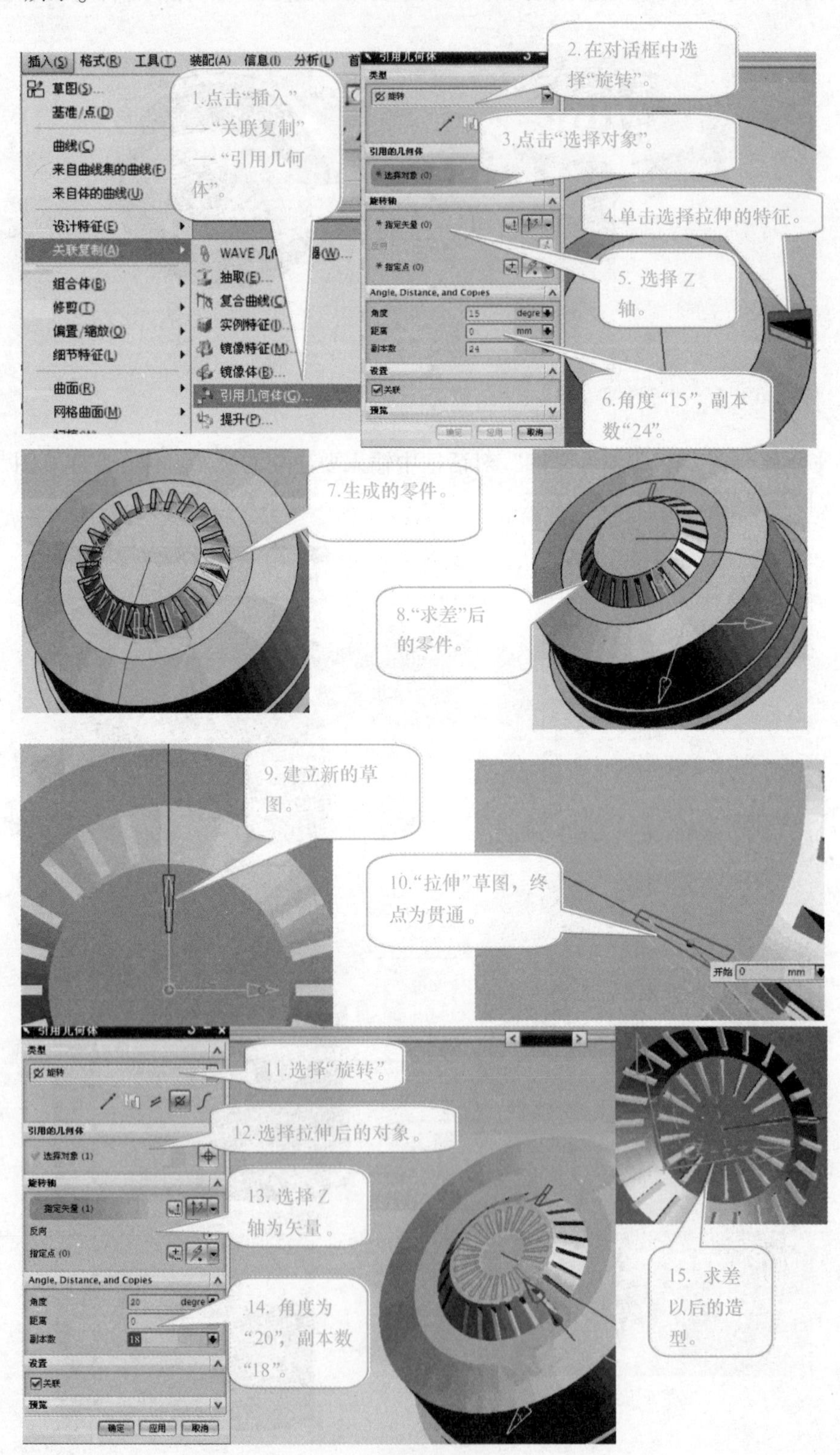

图 5－4

3. 中心部分 6 个挖空的特征的造型，具体操作如图 5－5 所示。

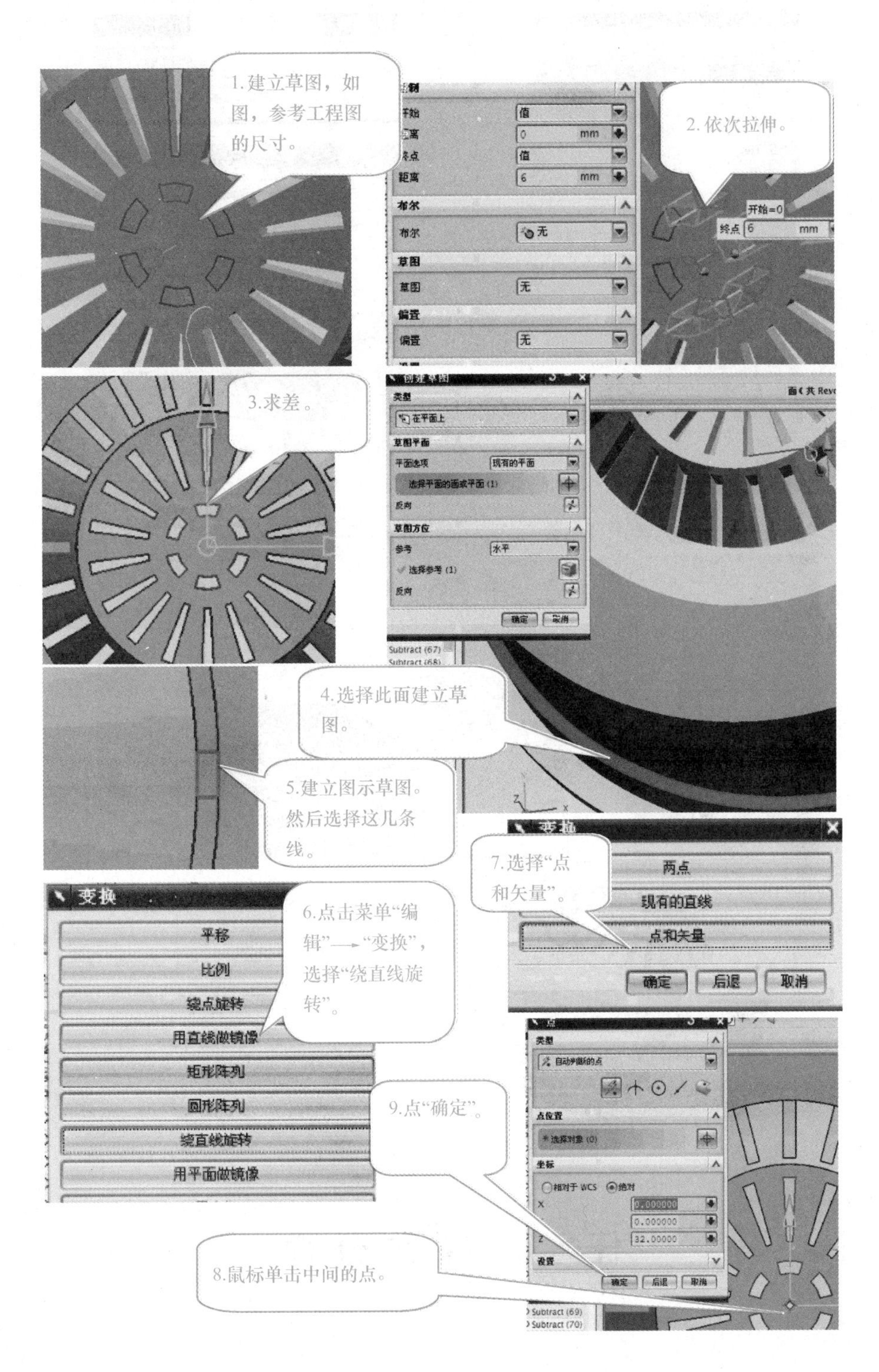

图 5－5

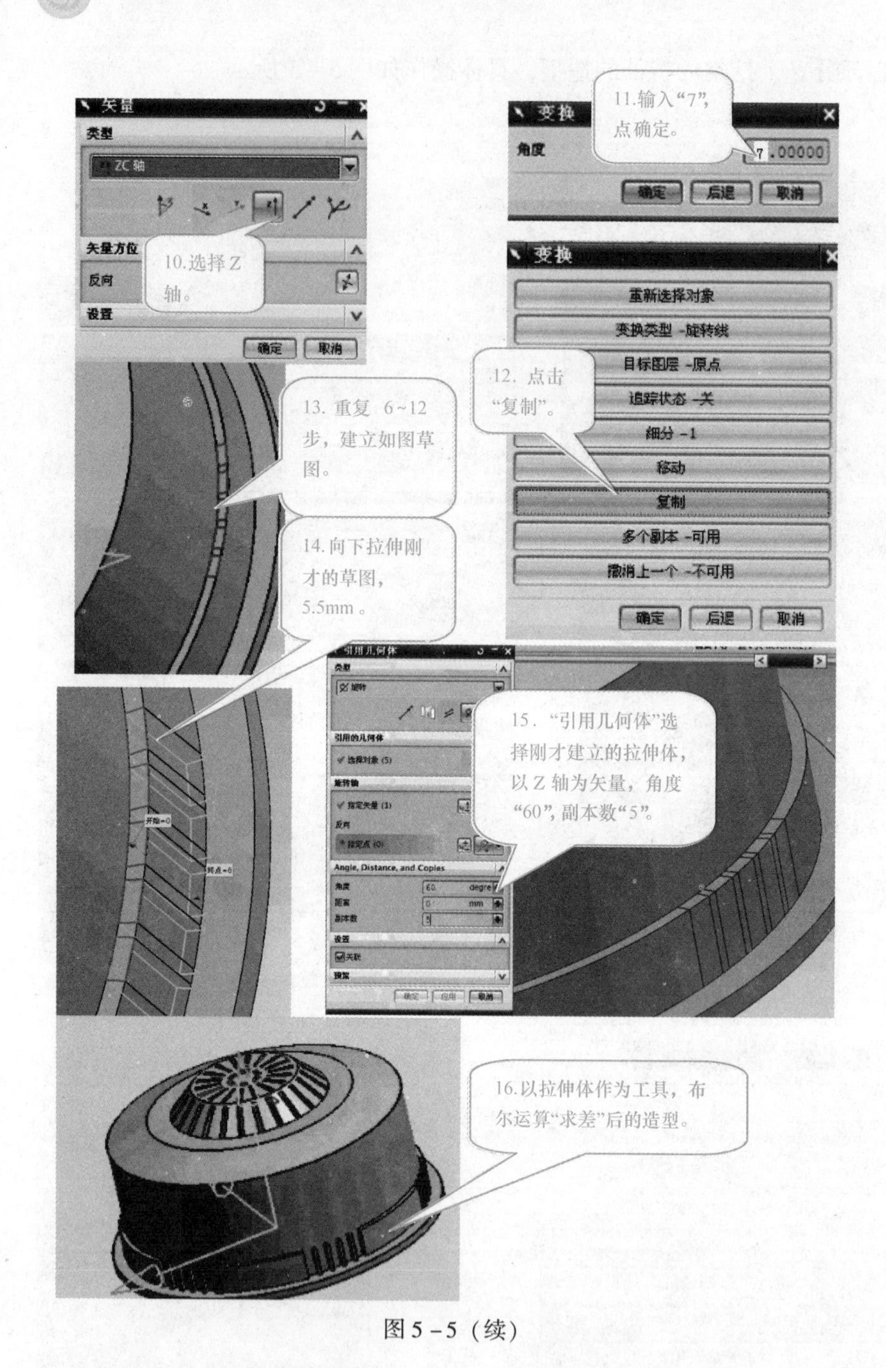

图5－5（续）

任务二 零件分模

一、任务目标

1. 会在Mold Wizard环境下进行塑料零件的分模，使用模具工具进行补破孔，分型面生成等命令。

2. 会自动生成型腔和型芯。

二、任务分析

网罩零件的材料是工程塑料 ABS。分模后的效果如图 5－6 所示，采用 Mold Wizard 进行型腔和型芯的创建思路是：首先进行模具初始化设计，判断模具坐标系在模型上的位置，并确定模具坐标系。为了创建分型面，使用模具工具进行补面。然后进行模具分型，通过定义型腔/型芯区域，抽取分型线，对破孔进行修补，最后通过创建后的分型面完成型芯和型腔的创建。

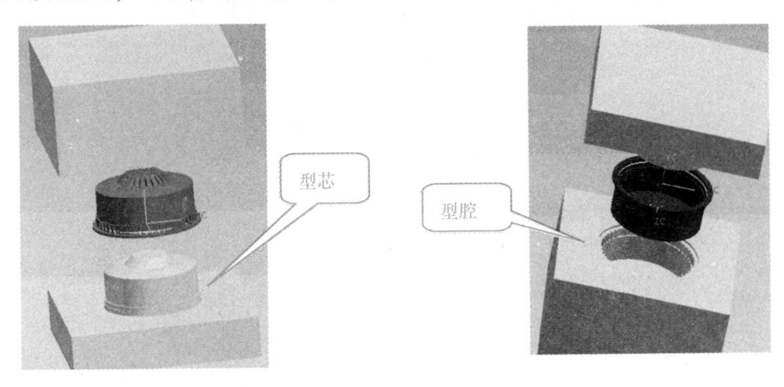

图 5－6

三、操作过程

1. 开始分模操作，打开网罩的造型文件，点击菜单“开始”→“所有应用模块”→“注塑模向导”。在出现的文件对话框中选择刚才建立的网罩零件造型文件，如图 5－7 所示。

图 5－7

2. 点击“注塑模向导”工具条上的“工件”按钮，默认选项确定，建立模具工件毛坯，准备进行分型。点击“注塑模向导”上的“分型”，出现分型管理器对话框，具体操作如图 5－8 所示。

3. 进行补孔和补片曲面的创建，如图 5－9 所示。

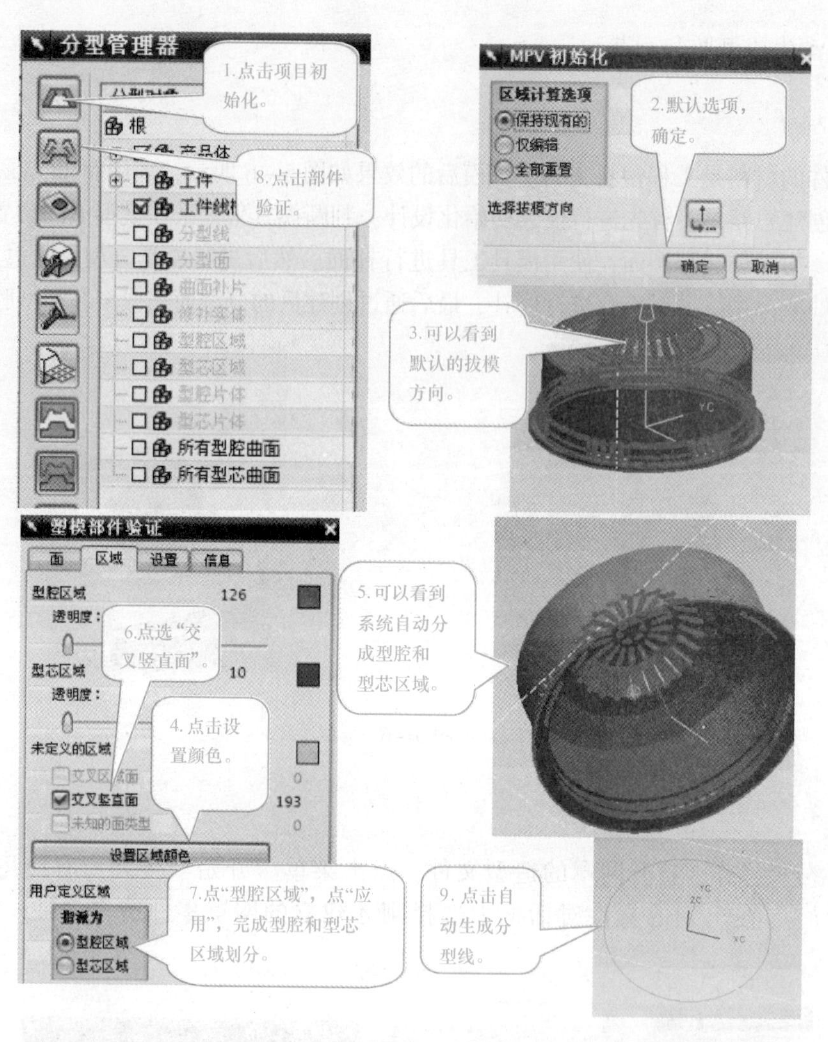
分型管理器
1.点击项目初始化。
8.点击部件验证。
根
产品体
工件
工件线框
分型线
分型面
曲面补片
修补实体
型腔区域
型芯区域
型腔片体
型芯片体
所有型腔曲面
所有型芯曲面
MPV 初始化
区域计算选项
保持现有的
仅编辑
全部重置
2.默认选项，确定。
选择拔模方向
确定
取消
3.可以看到默认的拔模方向。
塑模部件验证
面
区域
设置
信息
型腔区域
126
透明度：
6.点选"交叉竖直面"。
型芯区域
10
4.点击设置颜色。
未定义的区域
交叉区域面
0
交叉竖直面
193
未知的面类型
0
设置区域颜色
用户定义区域
指派为
型腔区域
型芯区域
7.点"型腔区域"，点"应用"，完成型腔和型芯区域划分。
5.可以看到系统自动分成型腔和型芯区域。
9.点击自动生成分型线。

图 5－8

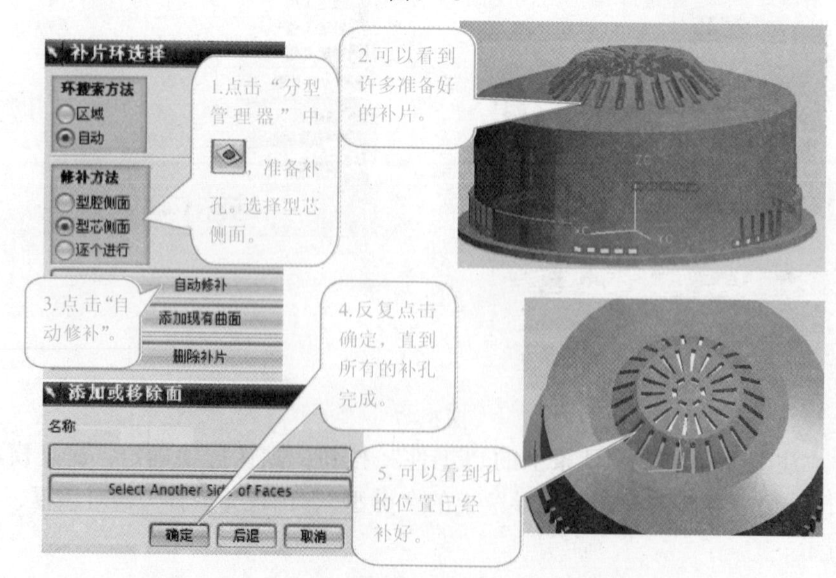
补片环选择
环搜索方法
区域
自动
修补方法
型腔侧面
型芯侧面
逐个进行
1.点击"分型管理器"中 ，准备补孔。选择型芯侧面。
2.可以看到许多准备好的补片。
自动修补
添加现有曲面
删除补片
3.点击"自动修补"。
4.反复点击确定，直到所有的补孔完成。
添加或移除面
名称
Select Another Side of Faces
确定
后退
取消
5.可以看到孔的位置已经补好。

图 5－9

4. 创建分型面，进行型腔和型芯的自动分模，如图 5－10 所示。

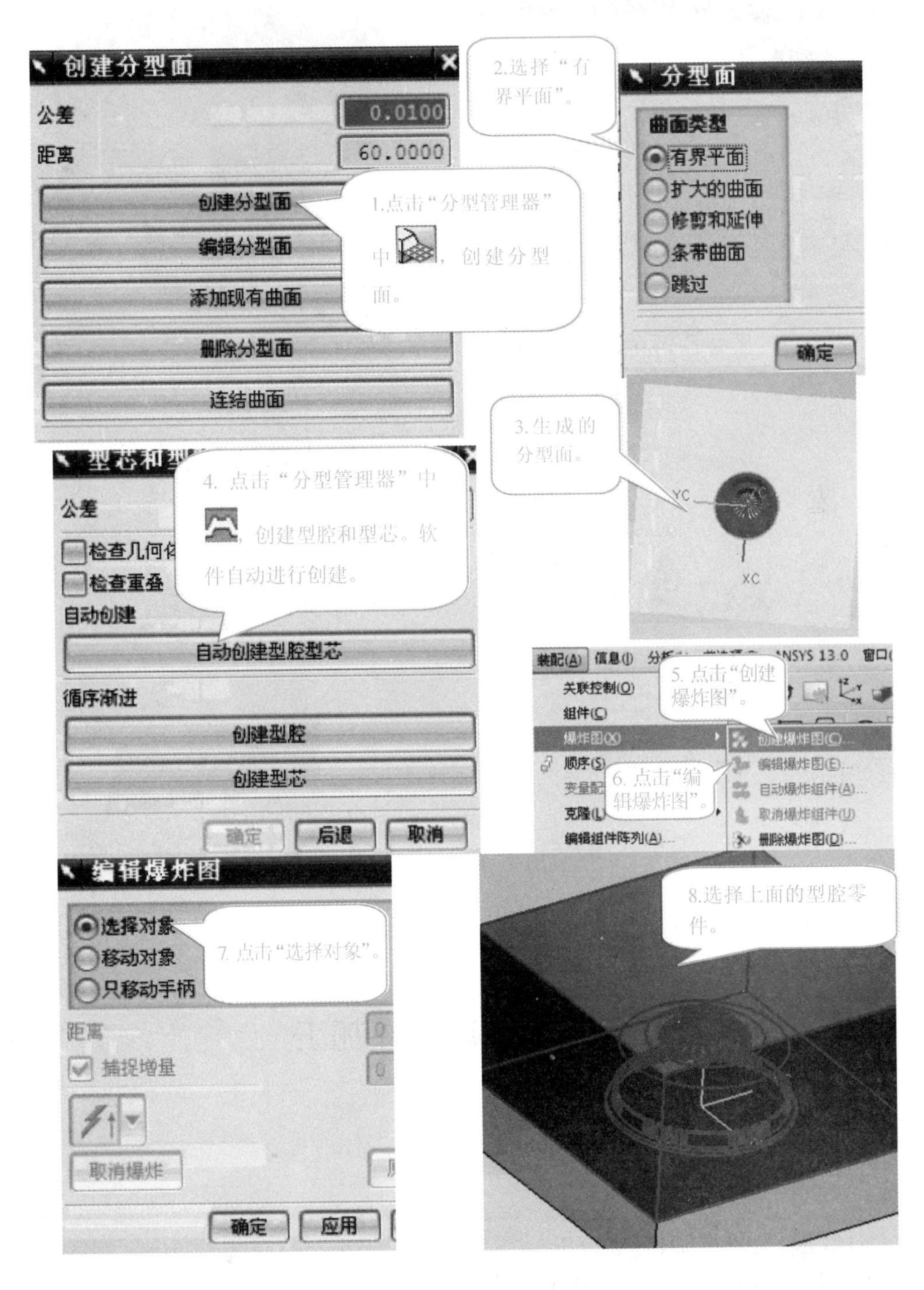

图 5－10

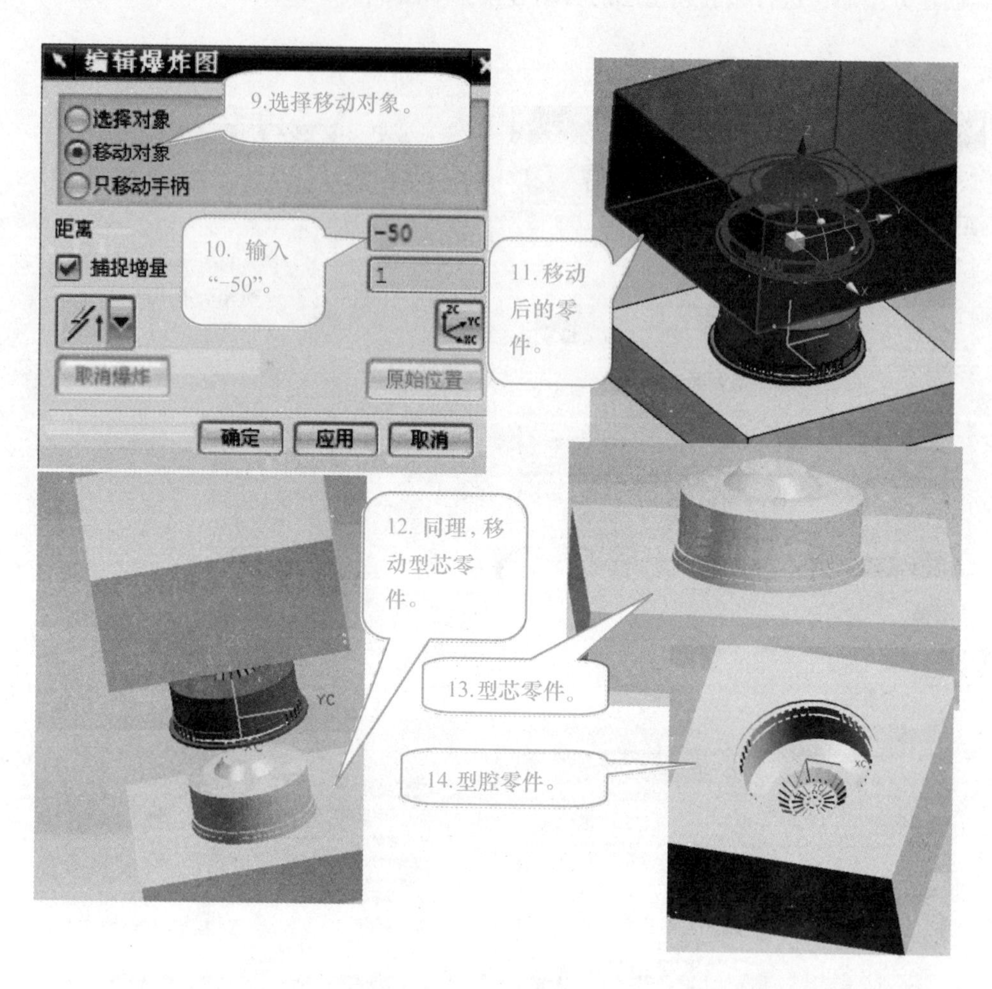

图 5－10（续）

任务三　型芯零件加工

一、任务目标

1. 会对型芯零件进行加工工艺分析。

2. 会使用 UG 加工模块（UG CAM）中型腔加工操作粗、精加工，生成刀具路径并进行后处理，产生数控机床的 NC 程序。

二、任务分析

根据网罩分模后的型腔零件，分析型芯零件的造型，使用数控铣床可以进行加工。

型芯零件在加工之前，毛坯为一块方料，一般模具材料硬度为 HRC45，不需要进行退火处理，加工性能比较好。毛坯几何面都要进行粗加工，并保持各个面间的直角。

型芯零件结构比较简单，本零件采用的加工步骤是粗加工→半精加工→精加工→清根加工。

加工方案如下：

（1）粗加工：使用 $\phi 20$ 的立铣刀，型腔铣操作方法进行分层切削，每层铣削厚度2 mm，余量 0. 25 mm。

（2）半精加工：使用 $\phi 20$ 的立铣刀，型腔铣操作方法进行轮廓加工，余量 0. 1 mm。

（3）精加工：使用 $\phi 20$ 的立铣刀，使用曲面，型腔铣操作精加工操作方法。

（4）清根加工，使用 D10R5 的球头铣刀，使用等高轮廓铣进行斜面的清根加工。

具体加工方案见表 5 – 1。

表 5 – 1　加工工艺方案

序号	操作方法	刀具直径	刀具材料	加工余量
1	型腔铣粗加工	D20	高速钢	0. 25
2	型腔铣半精加工	D20	高速钢	0. 1
3	型腔铣精加工	D20	高速钢	0
4	等高轮廓加工	D10R5	球头铣刀	0

三、操作过程

1. 打开型芯零件，对型芯零件进行加工。点击“格式”→“WCS”→“原点”，在模型上点击图 5 – 11 所示位置，确定新的坐标系原点位置。

2. 坐标系和安全平面创建完后，开始创建工件毛坯，也就是加工型芯前段毛坯几何体，如图 5 – 12 所示。

3. 创建加工所需要的刀具，如图 5 – 13 所示。

4. 开始按照工序创建加工操作，如图 5 – 14 所示。

5. 继续创建半精加工操作。首先选择创建操作按钮，具体操作如图 5 – 15 所示。

6. 继续创建精加工操作，如图 5 – 16 所示。

7. 最后进行型芯零件的清根加工，如图 5 – 17 所示。

8. 整个加工操作工序完成，可以进行全部程序的仿真和后处理，如图 5 – 18 所示。

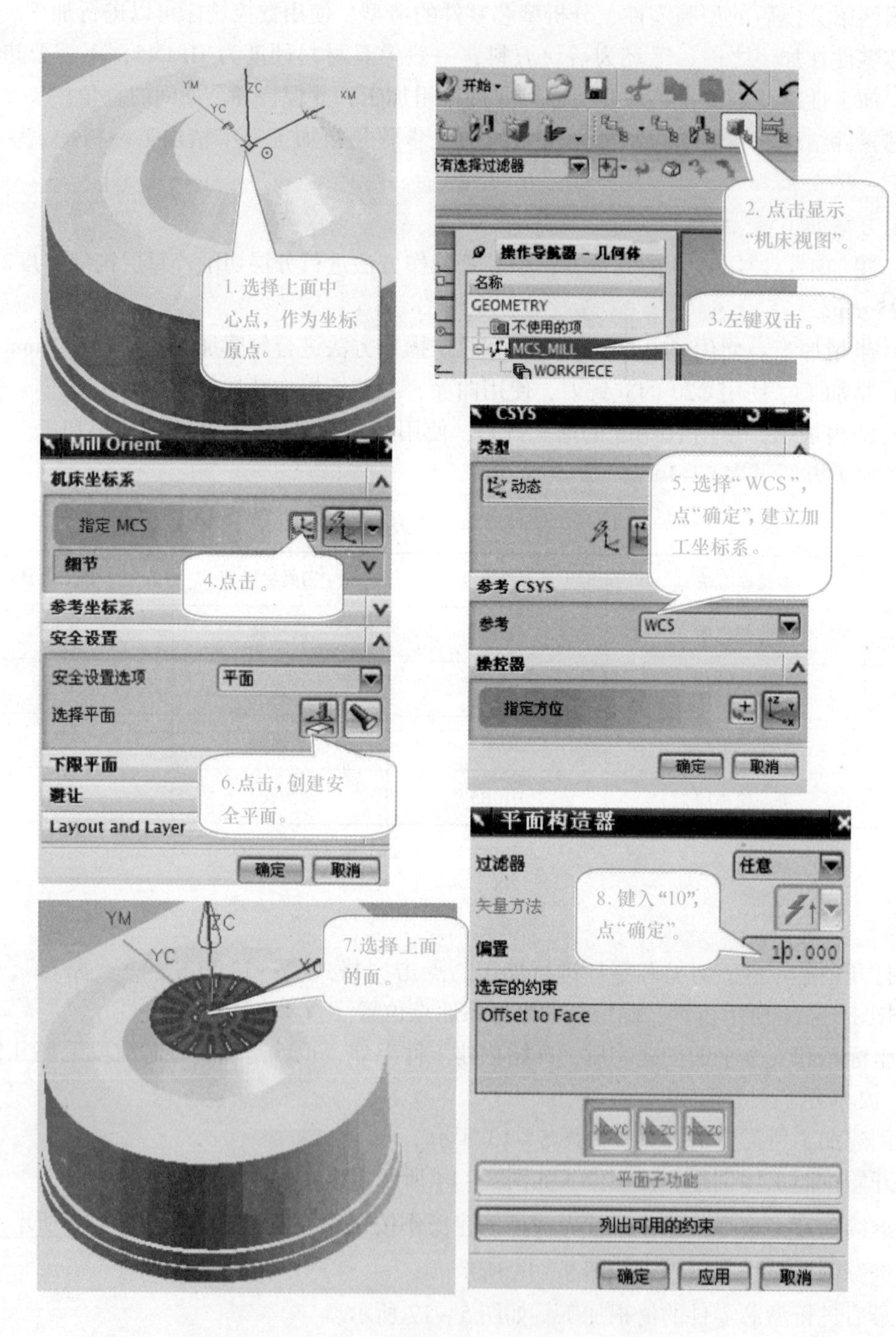
1. 选择上面中心点，作为坐标原点。
2. 点击显示“机床视图”。
3.左键双击。
4.点击。
5. 选择“WCS”，点“确定”，建立加工坐标系。
6.点击，创建安全平面。
7.选择上面的面。
8. 键入“10”，点“确定”。
Mill Orient
机床坐标系
指定 MCS
细节
参考坐标系
安全设置
安全设置选项
平面
选择平面
下限平面
避让
Layout and Layer
确定
取消
开始
操作导航器 - 几何体
名称
GEOMETRY
不使用的项
MCS_MILL
WORKPIECE
CSYS
类型
动态
参考 CSYS
参考
WCS
操控器
指定方位
平面构造器
过滤器
任意
矢量方法
偏置
10.000
选定的约束
Offset to Face
平面子功能
列出可用的约束
应用

图 5－11

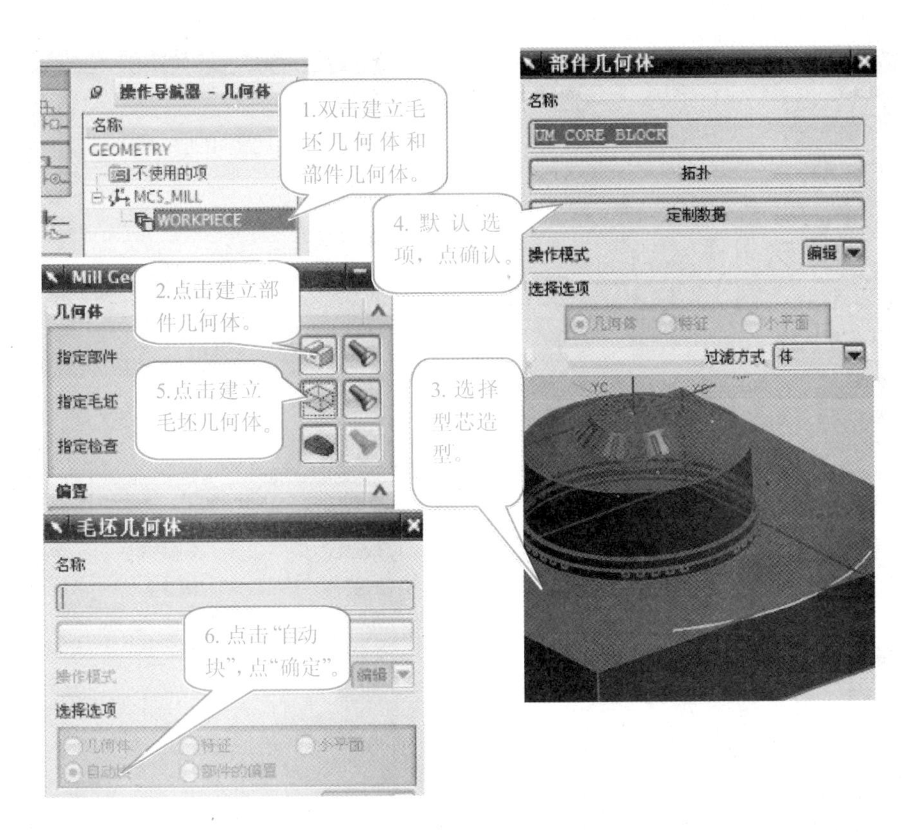
操作导航器 - 几何体
名称
GEOMETRY
不使用的项
MCS_MILL
WORKPIECE
1.双击建立毛坯几何体和部件几何体。
部件几何体
名称
UM_CORE_BLOCK
拓扑
定制数据
4.默认选项，点确认。
操作模式
编辑
选择选项
几何体
特征
小平面
过滤方式
体
Mill Geo
2.点击建立部件几何体。
几何体
指定部件
指定毛坯
指定检查
5.点击建立毛坯几何体。
3.选择型芯造型。
偏置
毛坯几何体
名称
6.点击“自动块”，点“确定”。
操作模式
编辑
选择选项
几何体
特征
小平面
自动块
部件的偏置

图 5－12

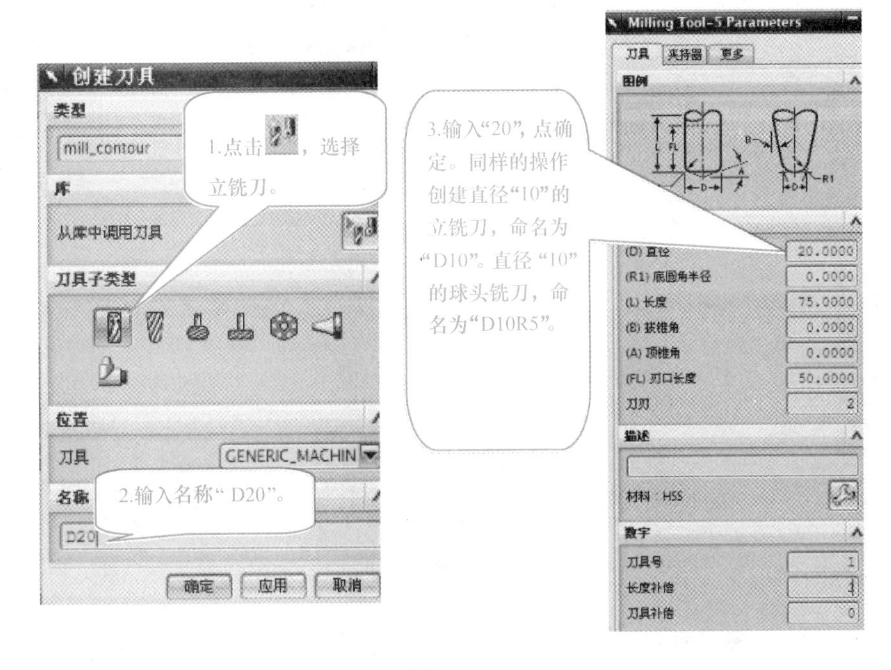
创建刀具
类型
mill_contour
1.点击 ，选择立铣刀。
库
从库中调用刀具
刀具子类型
位置
刀具
GENERIC_MACHIN
名称
2.输入名称“D20”。
D20
确定
应用
取消
3.输入“20”，点确定。同样的操作创建直径“10”的立铣刀，命名为“D10”。直径“10”的球头铣刀，命名为“D10R5”。
Milling Tool-5 Parameters
刀具
夹持器
更多
图例
(D) 直径
20.0000
(R1) 底圆角半径
0.0000
(L) 长度
75.0000
(B) 拔锥角
0.0000
(A) 顶锥角
0.0000
(FL) 刃口长度
50.0000
刀刃
2
描述
材料：HSS
数字
刀具号
1
长度补偿
1
刀具补偿
0

图 5－13

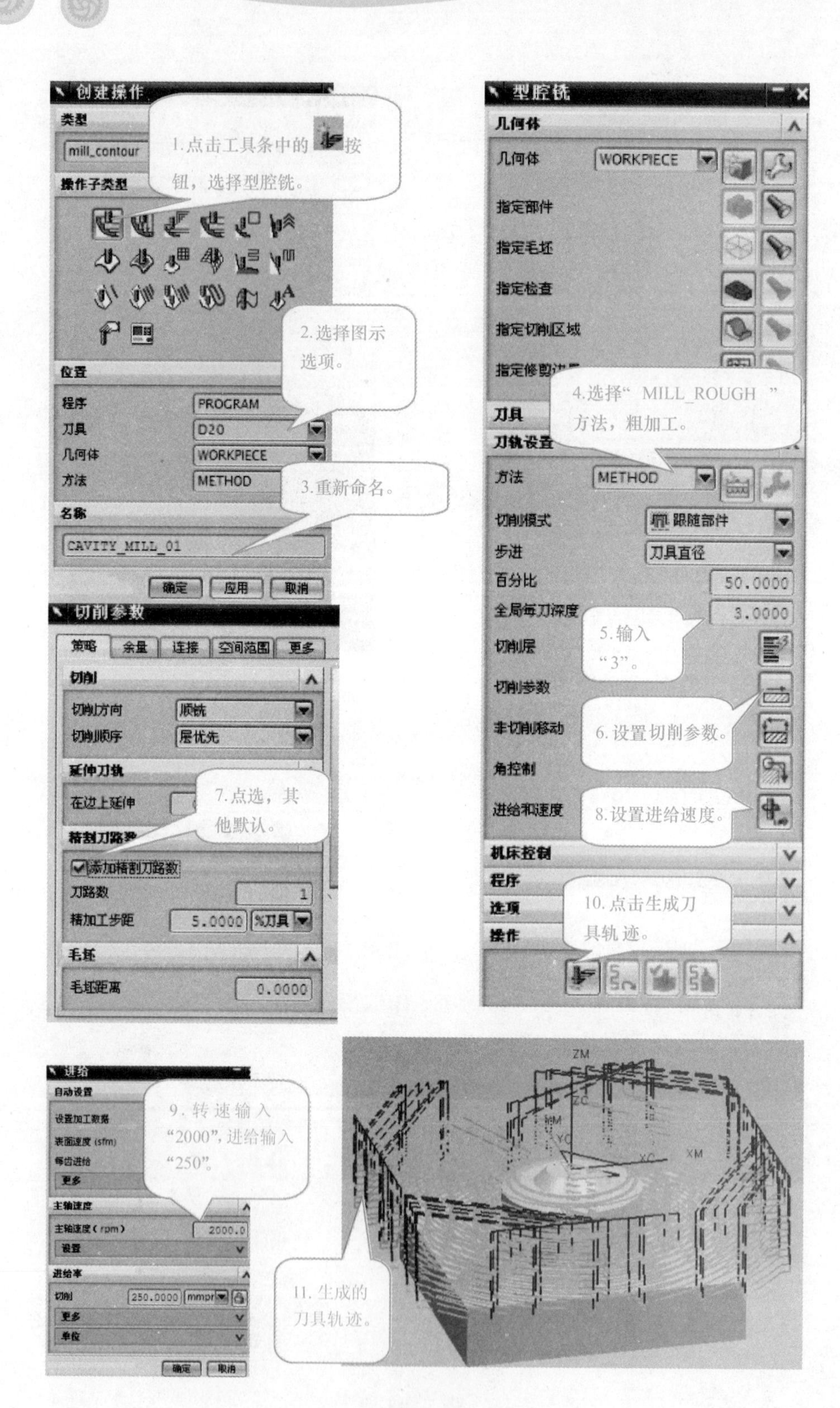
1.点击工具条中的按钮，选择型腔铣。
2.选择图示选项。
3.重新命名。
4.选择"MILL_ROUGH"方法，粗加工。
5.输入"3"。
6.设置切削参数。
7.点选，其他默认。
8.设置进给速度。
9.转速输入"2000"，进给输入"250"。
10.点击生成刀具轨迹。
11.生成的刀具轨迹。

图 5－14

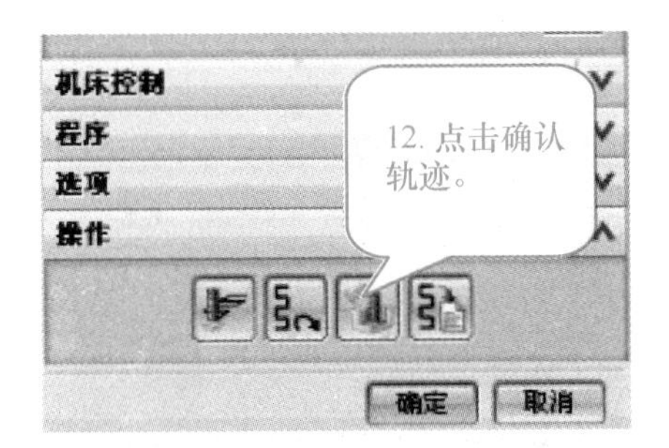
机床控制
程序
选项
操作
12. 点击确认轨迹。
确定
取消

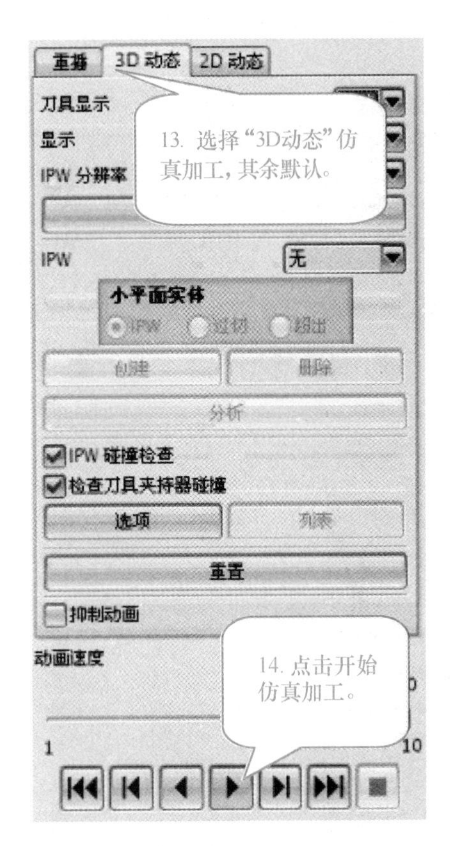
重播
3D 动态
2D 动态
刀具显示
显示
IPW 分辨率
13. 选择“3D动态”仿真加工，其余默认。
IPW
无
小平面实体
IPW
过切
超出
创建
删除
分析
IPW 碰撞检查
检查刀具夹持器碰撞
选项
列表
重置
抑制动画
动画速度
14. 点击开始仿真加工。
1
10

15. 粗加工仿真加工的结果。
ZC

图 5－14（续）

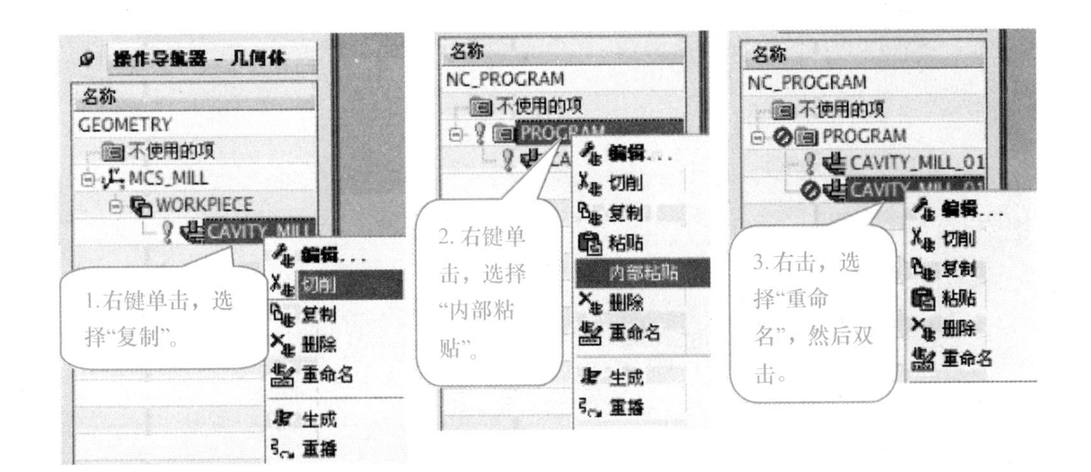
操作导航器 - 几何体
名称
GEOMETRY
不使用的项
MCS_MILL
WORKPIECE
CAVITY_MILL
编辑...
切削
复制
删除
重命名
生成
重播
1.右键单击，选择“复制”。
名称
NC_PROGRAM
不使用的项
PROGRAM
编辑...
切削
复制
粘贴
内部粘贴
删除
重命名
生成
重播
2. 右键单击，选择“内部粘贴”。
名称
NC_PROGRAM
不使用的项
PROGRAM
CAVITY_MILL_01
编辑...
切削
复制
粘贴
删除
重命名
3.右击，选择“重命名”，然后双击。

图 5－15

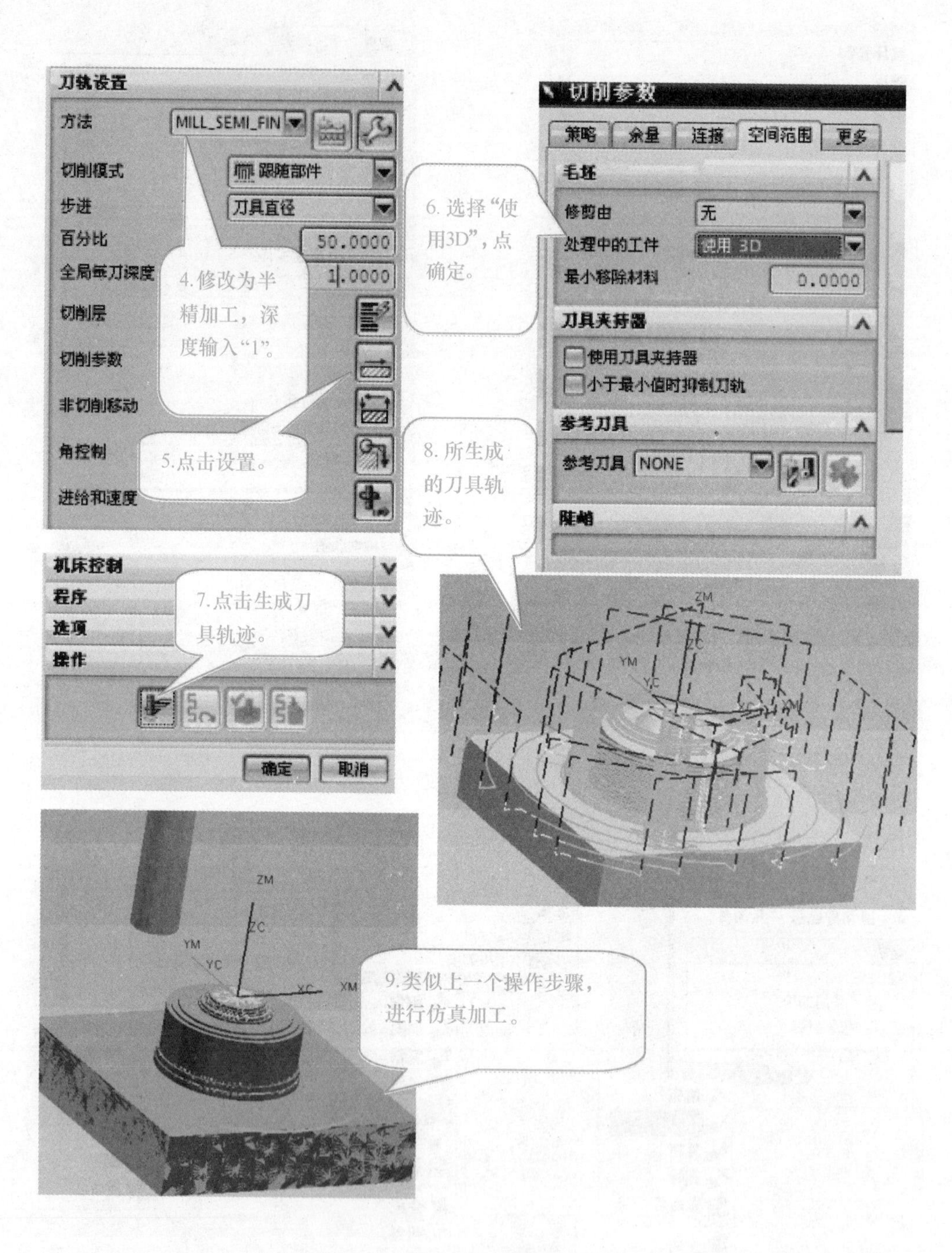
刀轨设置
方法
MILL_SEMI_FIN
切削模式
跟随部件
步进
刀具直径
百分比
50.0000
全局每刀深度
1.0000
切削层
切削参数
非切削移动
角控制
进给和速度
4.修改为半精加工，深度输入“1”。
5.点击设置。
切削参数
策略
余量
连接
空间范围
更多
毛坯
修剪由
无
处理中的工件
使用 3D
最小移除材料
0.0000
刀具夹持器
使用刀具夹持器
小于最小值时抑制刀轨
参考刀具
参考刀具
NONE
陡峭
6. 选择“使用3D”，点确定。
机床控制
程序
选项
操作
确定
取消
7.点击生成刀具轨迹。
8. 所生成的刀具轨迹。
ZM
ZC
YM
YC
XC
XM
9.类似上一个操作步骤，进行仿真加工。

图 5－15（续）

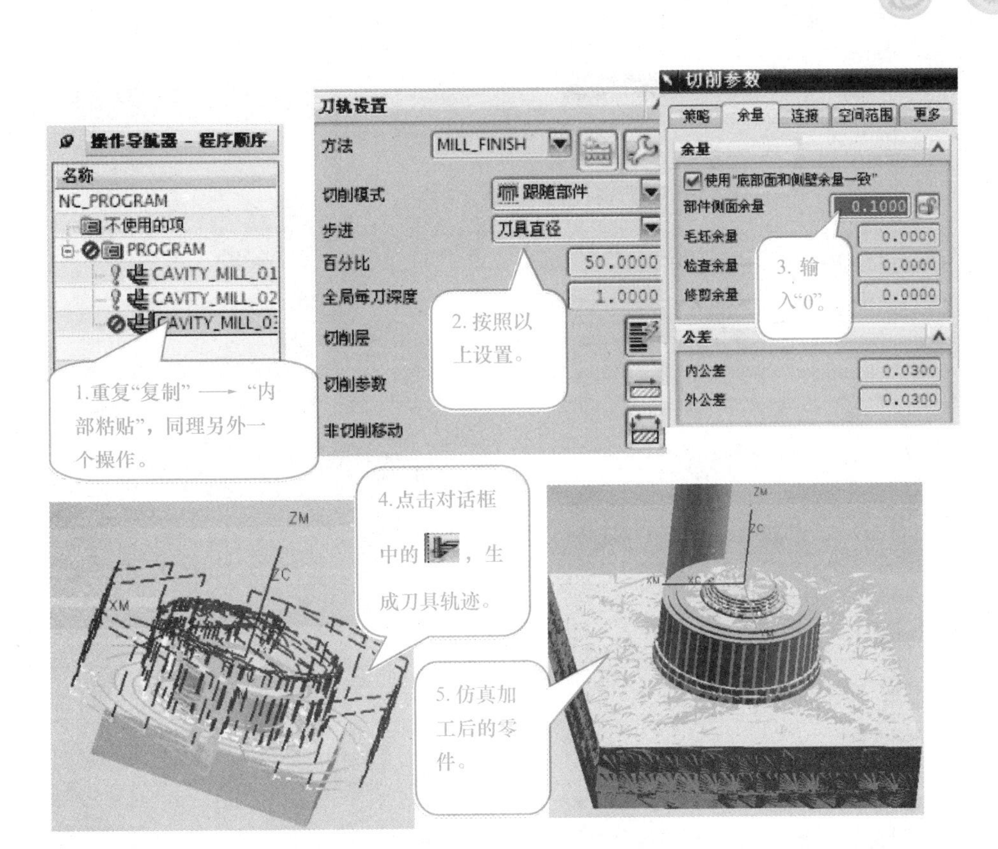
操作导航器 - 程序顺序
名称
NC_PROGRAM
不使用的项
PROGRAM
CAVITY_MILL_01
CAVITY_MILL_02
1.重复“复制”——“内部粘贴”，同理另外一个操作。
刀轨设置
方法
MILL_FINISH
切削模式
跟随部件
步进
刀具直径
百分比
50.0000
全局每刀深度
1.0000
切削层
切削参数
非切削移动
2. 按照以上设置。
切削参数
策略
余量
连接
空间范围
更多
使用“底部面和侧壁余量一致”
部件侧面余量
0.1000
毛坯余量
0.0000
检查余量
0.0000
修剪余量
0.0000
3. 输入“0”。
公差
内公差
0.0300
外公差
0.0300
4.点击对话框中的，生成刀具轨迹。
5. 仿真加工后的零件。

图 5－16

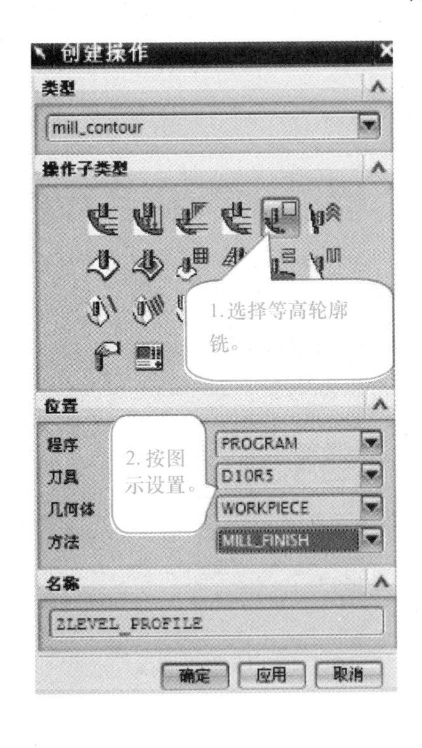
创建操作
类型
mill_contour
操作子类型
1.选择等高轮廓铣。
位置
程序
PROGRAM
刀具
D10R5
几何体
WORKPIECE
方法
MILL_FINISH
2. 按图示设置。
名称
ZLEVEL_PROFILE
确定
应用
取消

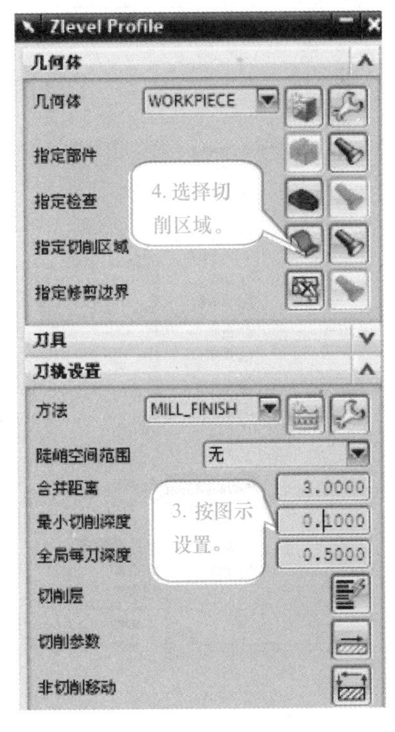
Zlevel Profile
几何体
几何体
WORKPIECE
指定部件
指定检查
指定切削区域
指定修剪边界
4. 选择切削区域。
刀具
刀轨设置
方法
MILL_FINISH
陡峭空间范围
无
合并距离
3.0000
最小切削深度
0.1000
全局每刀深度
0.5000
3. 按图示设置。
切削层
切削参数
非切削移动

图 5－17

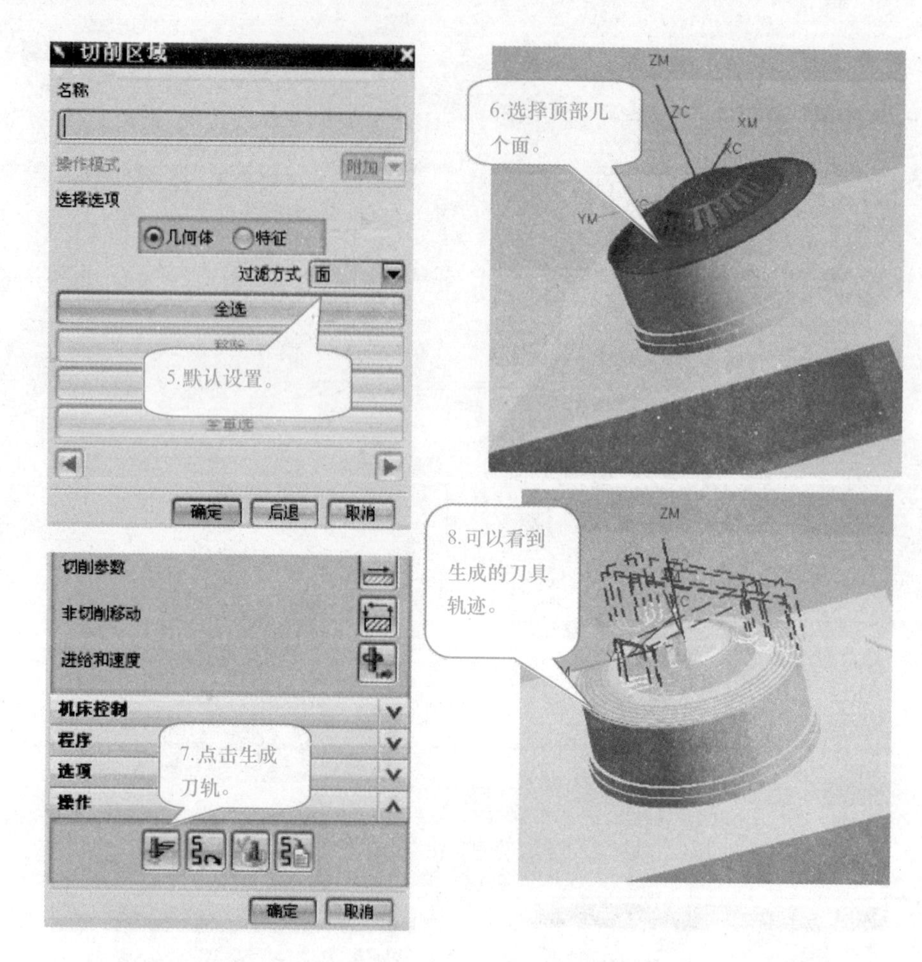

切削区域
名称
操作模式
附加
选择选项
几何体
特征
过滤方式
面
全选
5.默认设置。
确定
后退
取消
6.选择顶部几个面。
切削参数
非切削移动
进给和速度
机床控制
程序
选项
操作
7.点击生成刀轨。
确定
取消
8.可以看到生成的刀具轨迹。

图 5－17（续）

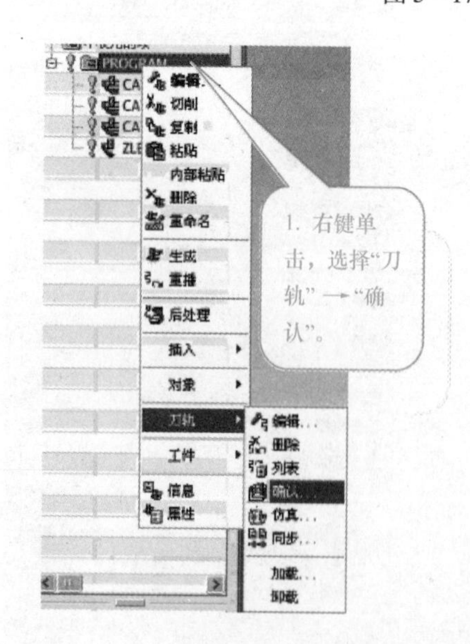

PROGRAM
编辑
剪切
复制
粘贴
内部粘贴
删除
重命名
生成
重播
后处理
插入
对象
刀轨
工件
信息
属性
1. 右键单击，选择“刀轨”→“确认”。
编辑...
删除
列表
确认...
仿真...
同步...
加载...
卸载

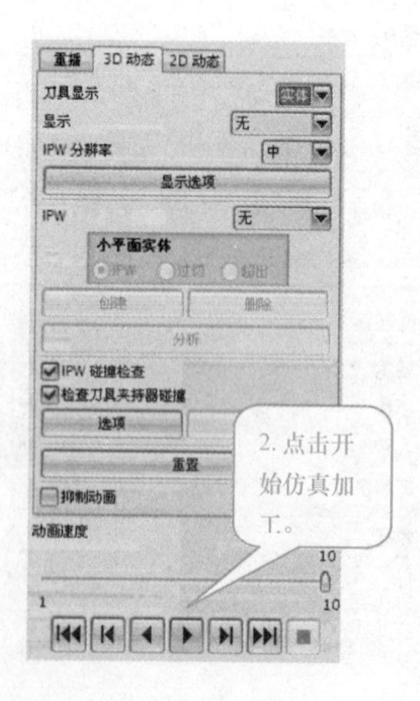

重播
3D 动态
2D 动态
刀具显示
显示
无
IPW 分辨率
中
显示选项
IPW
无
小平面实体
创建
删除
分析
IPW 碰撞检查
检查刀具夹持器碰撞
选项
重置
抑制动画
动画速度
2. 点击开始仿真加工。

图 5－18

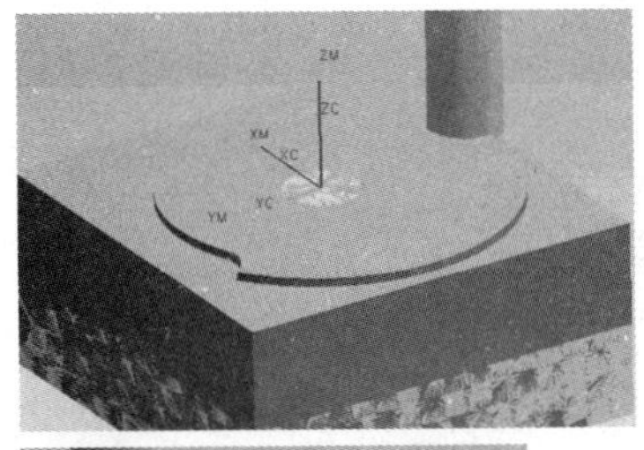

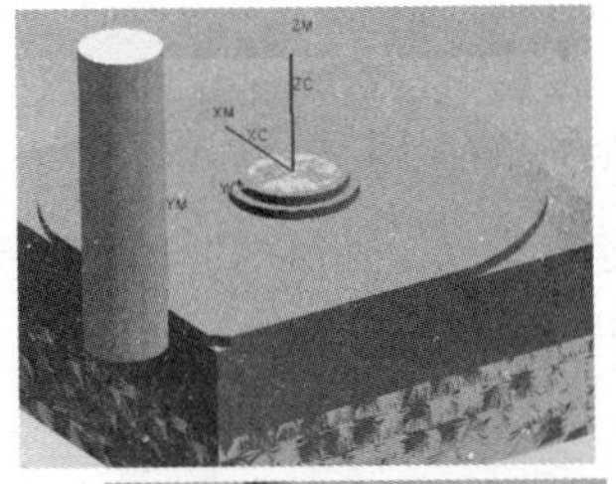

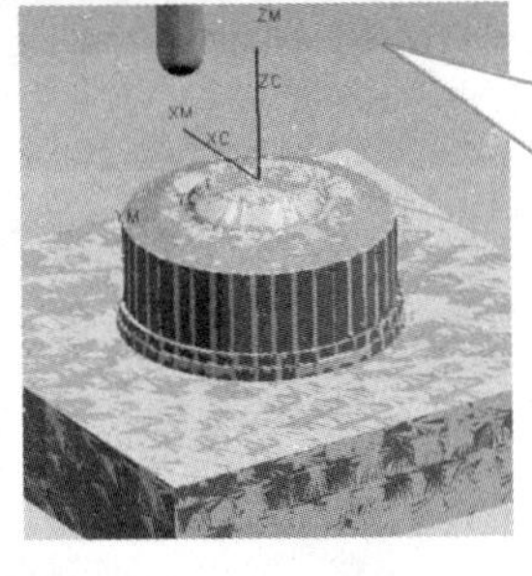

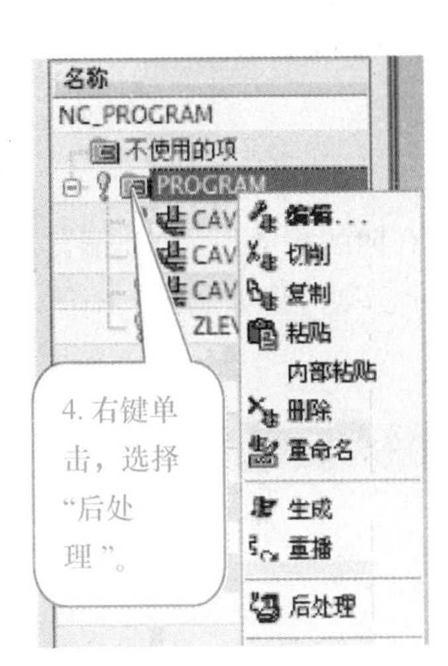

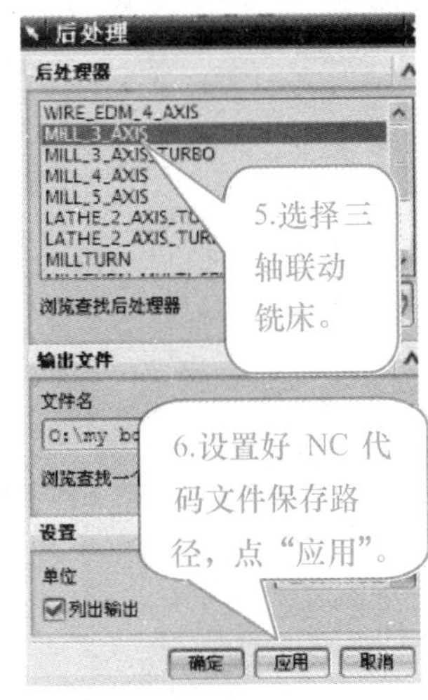

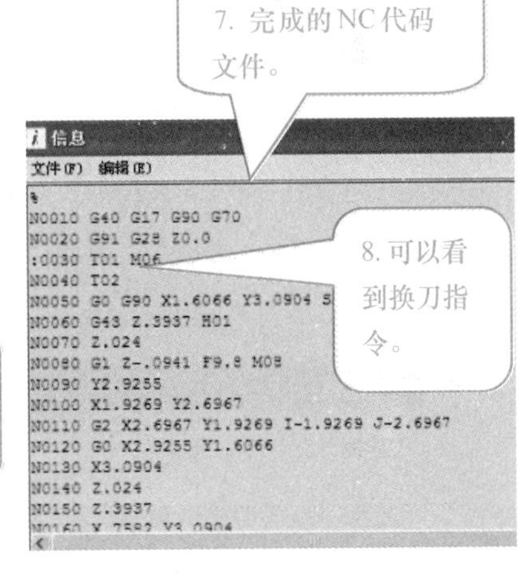

图 5-18（续）

项 目 小 结

本项目介绍了网罩零件的造型、分模、型芯的加工操作、后处理生成、模拟加工和 G 代码生成的全过程。通过这个项目的学习，学生要学会曲面造型、特征的旋转复制、型腔铣操作、等高轮廓铣加工操作创建的方法和技巧。有些知识点总结如下：

1. “实例特征” 功能。

点击菜单“插入”→“关联复制”→“实例特征”，如图 5-19 所示，出现实例特征对话框。实例特征功能以存在的特征为依据，采用指针的方式复制特征，引用特征与原来特征相关联。因为一个特征的所有实例是相关的，可以编辑特征的参数，则那些更改将反映到特

征的每个实例上。

使用实例阵列可以：

- 快速地创建特征的图样，例如螺孔圆。
- 创建许多相似特征并用一个步骤就可将它们添加到模型中。
- 使用一个步骤编辑所有实例化的特征。

1）矩形阵列。

矩形阵列是将特征平行于 XC 轴和 YC 轴进行阵列，如图 5－19 所示，在“实例”对话框中单击“矩形阵列”按钮。

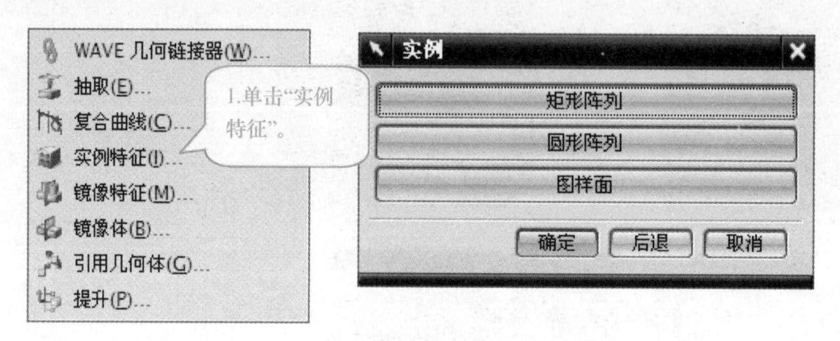

图 5－19

阵列的方法有 3 种：“常规”、“简单”和“相同的”。输入“XC 向的数量”、“XC 偏置”、“YC 向的数量”、“YC 偏置”，单击“确定”按钮，如图 5－20 所示，则可得如图 5－21 所示结果。

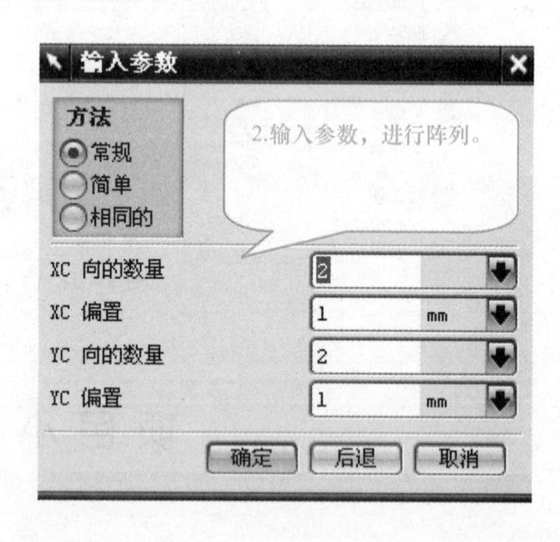

图 5－20

①“常规”阵列：从已存在特征建立一引用特征并确认所有几何体，允许特征越过实体面的边缘。可以从一个表面跨越到另一个表面。

②“简单”阵列：类似于“常规”阵列，但可消除额外的数据确认和优化操作，取消阵列前特征的一些参数，占用内存少，加速阵列的建立。

③“相同的”阵列：较前两种方法，“相同的”阵列是建立引用阵列最快的方法，阵列

过程中只进行最少量的数据确认，然后复制平移主特征的所有表面和边缘，每一个引用都是原特征的精确复制。

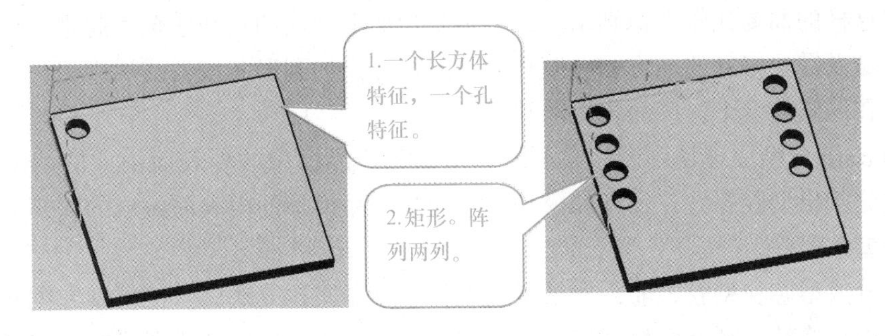

图 5－21

2）环形阵列。

环形阵列是将所选特征绕指定的轴线，分布在回转半径上。在“实例”对话框上单击“环形阵列”按钮，单击“确定”按钮会弹出所示的“输入参数”对话框，阵列的方法有 3 种：“常规”、“简单”和“相同的”，与“矩形阵列”相同。输入“数量”和“角度”，单击“确定”按钮，在弹出的“回转轴”选择对话框中选择，选择回转轴有 2 种方式：“基准轴”和“点和方向”，选择回转轴后单击“确定”按钮，则可得到图5－22所示结果。

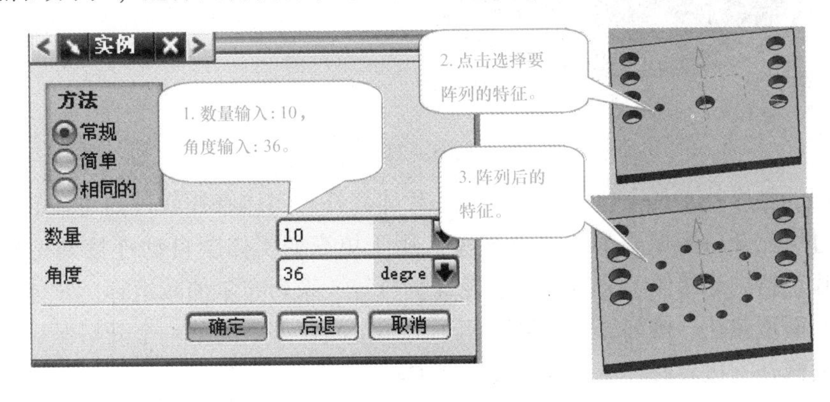

图 5－22

3）引用几何体命令。

引用几何体可创建对象副本。可以复制体、面、边、曲线、点、基准平面和基准轴。可以在镜面、线性、圆形和不规则图样中以及沿相切连续截面创建副本。这是一个可供用户重复使用设计的强大工具。通过它，可以轻松地复制几何体和基准，并保持引用与其原始体之间的关联性。当图样关联时，编辑父对象可以重新放置引用。

2. 补片的概念。

Mold Wizard 是运行在 UG 软件基础上的一个智能化、参数化的注塑模具设计模块。它为设计模具提供了方便、快捷的设计途径，最终可以生成与产品参数相关的、可用于数控加工的三维模具，能自动进行高难度的、复杂的模具设计任务。它能够帮助用户节省设计的时间，同时能提供完整的 3D 模型用来加工。如果产品设计发生变更，也不会再浪费多余的时间，因为产品模型的变更是同模具设计完全相关的。在注塑模具三维设计中，其技术关键是

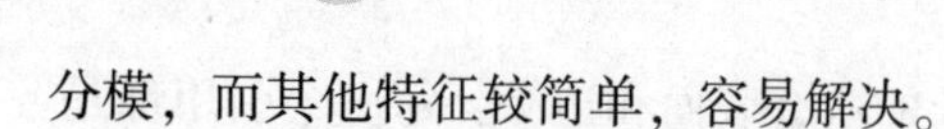

分模，而其他特征较简单，容易解决。

分模的过程就是设计一个平面或者曲面作为分型面，并用此面将工件分割为型芯和型腔两部分，但这样的面要让软件识别出来，必须要把面上开放的孔和槽覆盖起来，那些需要覆盖的开放区域及需要修补的地方。一般将修补的部分添加到型芯或者滑块中去，使用相应的运动机构，在注塑前合上，产品顶出前移开。

Mold Wizard 分型原理是用产品模型的分型面和产品模型的外表面组成的切割面去分割工件，从而分割出型腔零件；用产品模型分型面与产品模型的内表面做成的切割面去分割工件，分割出型芯零件。

工件被分成型芯和型腔之前，如果零件模型上存在通孔或缺口，使得型腔侧和型芯侧相连，如果不进行修补，则分型片体将无法分割工件，系统无法识别通孔或缺口应属于型腔侧还是型芯侧，所以必须对通孔或缺口进行修补，称为“补片”，如图 5－23 所示。

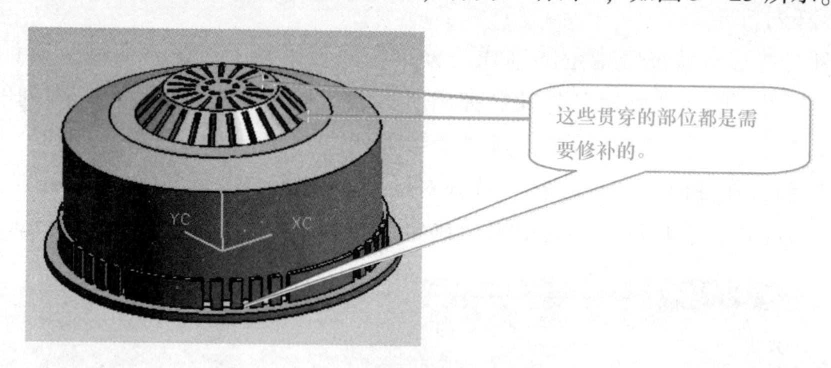

图 5－23

补片使用的是修补工具，包括实体补片和片体修补。实体修补就是创建新的实体修补开放区域，通过填充开口区域来简化产品模型。用于填充的实体会自动连接到型腔和型芯组件。实体补片包括创建箱体、分割实体、轮廓拆分等一系列布尔加减运算。片体修补是使用厚度为零的曲面覆盖孔、槽等开放区域，用于封闭产品模型中的某一个开口区域，其中片体修补包括曲面修补、边界修补、自动修补等工具。

3. 型腔铣操作加工。

该操作是最常用的加工操作方法。以后还会详细地讲解使用方法。

型腔铣加工操作能够以固定刀轴快速建立三轴粗加工刀位轨迹，以分层切削的方式加工出零件的大概形状，在每个切削层上都沿着零件的轮廓建立切削轨迹。型腔铣加工操作主要建立的是粗加工操作，此方法非常适合建立模具的凸模和凹模粗加工刀位轨迹。

一般型腔铣加工操作是用于大量去除加工余量的三轴加工方法，尤其适合加工零件侧壁与底面不垂直的槽腔加工，以及不规则的凸面粗加工。

ZLEVEL _ PROFILE 等高轮廓铣加工是一种固定刀轴的加工模板，通过切削多个等高度的轮廓层来加工零件的实体轮廓和表面轮廓。在等高轮廓铣加工模板中，除了可以指定零件几何体还可以指定切削表面作为零件几何体。如果没有定义切削表面，则系统将整个部件几何体定义为切削区域。在生成刀位轨迹的过程中，系统将跟踪几何体，检测陡峭区域，生成加工轨迹。在等高轮廓铣模板中可以指定陡峭角度来定义是否加工非陡峭区域，若打开陡峭选项则系统只加工陡峭区域，若关闭此选项则加工整个部件几何体，如图 5－24 所示。

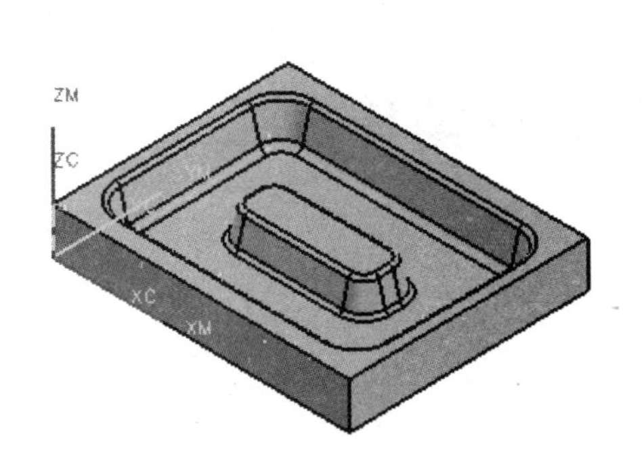

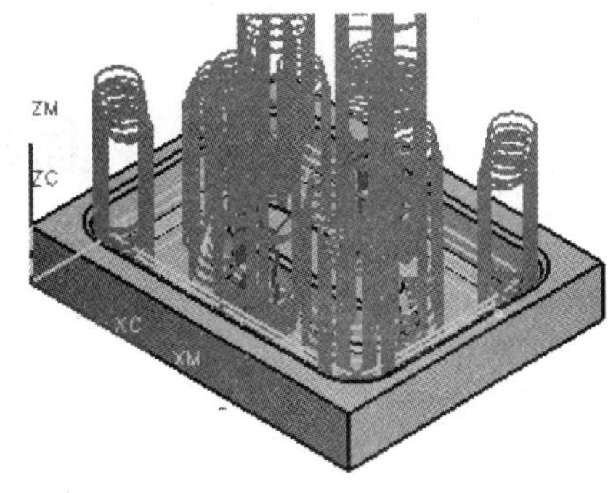

图 5－24

思考和练习

1. 零件的造型使用阵列方法怎么做?
2. 试试修改一下型腔铣操作中的一些参数，看看有哪些区别，以及各个参数的意义。
3. 修改工艺过程，重新用其他方式加工，看看效果。

项目六　面板的造型与加工

任务一　面板的造型

操作视频

一、任务目标

1. 巩固 UG 三维造型方法，会使用软件对零件进行造型。
2. 重点是复习拉伸命令，布尔运算求差命令。
3. 快速准确地进行造型。

二、任务分析

首先在 UG 建模环境下，根据零件图 6－1 所示的尺寸要求，完成工件的建模造型。图 6－2 中对零件的三维造型进行了分析，使用 UG 的草图功能在平面内完成截面外形的创建，然后使用旋转、拉伸、求差命令完成零件的三维建模。

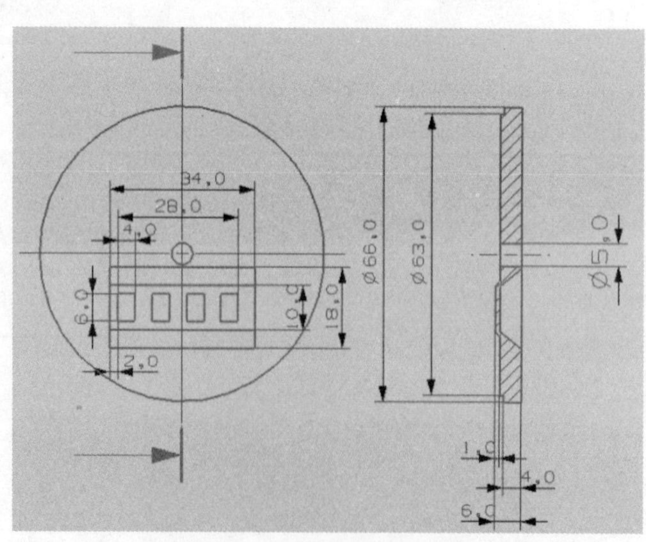

图 6－1

图6－2

三、操作过程

1. 新建文件，在“新建部件文件”对话框中输入要建立的文件名称。新建草图。在ZY平面内建立草图。点击草图按钮，具体操作如图6－3所示。

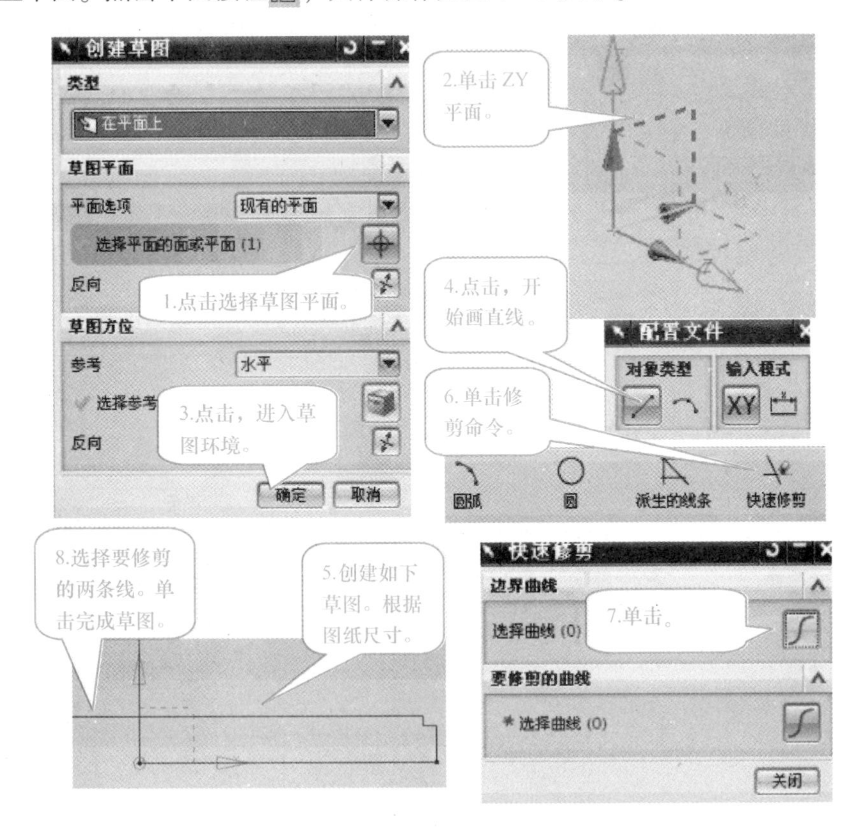

图6－3

2. 旋转草图曲线，生成实体。单击旋转按钮，其他操作如图6－4所示。

3. 创建中间的凹槽部分，进行修剪，具体如图6－5所示。

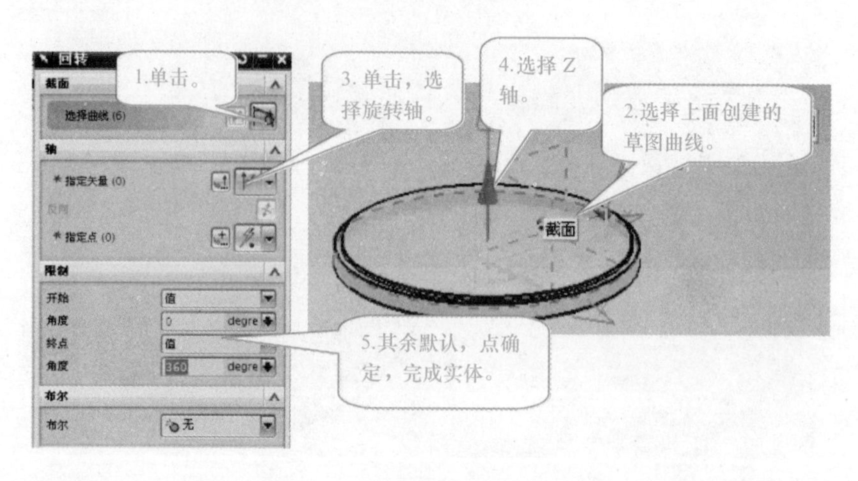

图 6－4

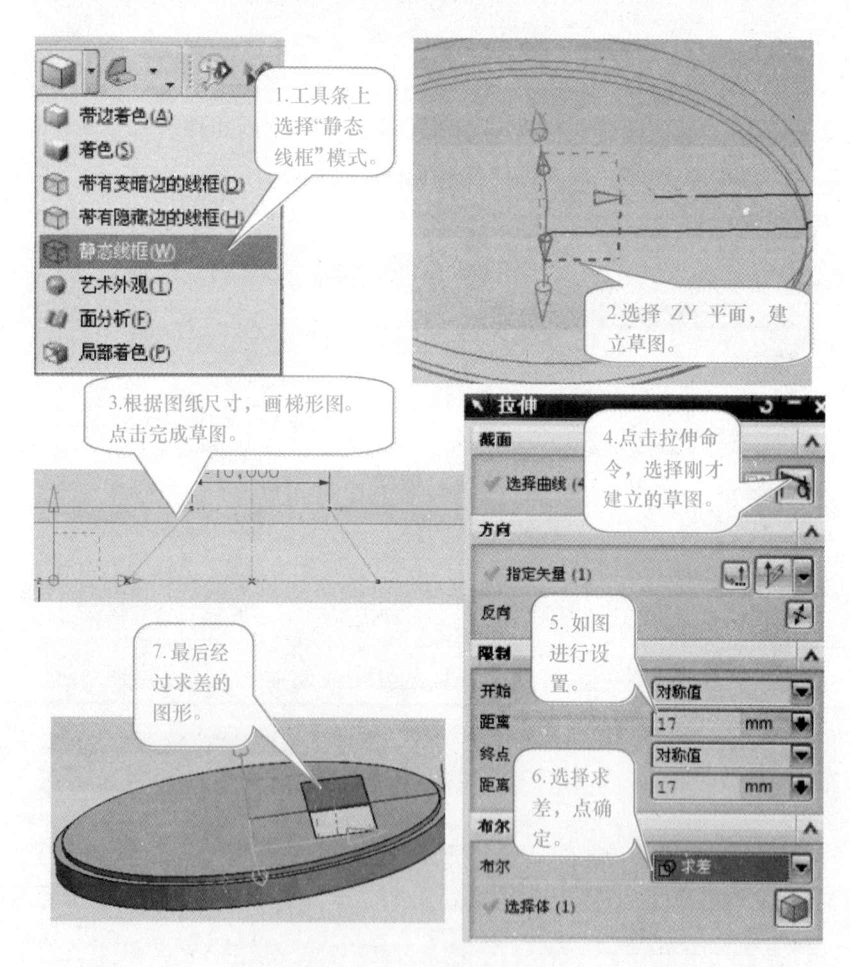

图 6－5

4. 继续完善图形造型，操作如图 6－6 所示。

5. 创建中间的孔，点击工具条上的孔按钮。具体操作如图 6－7 所示。

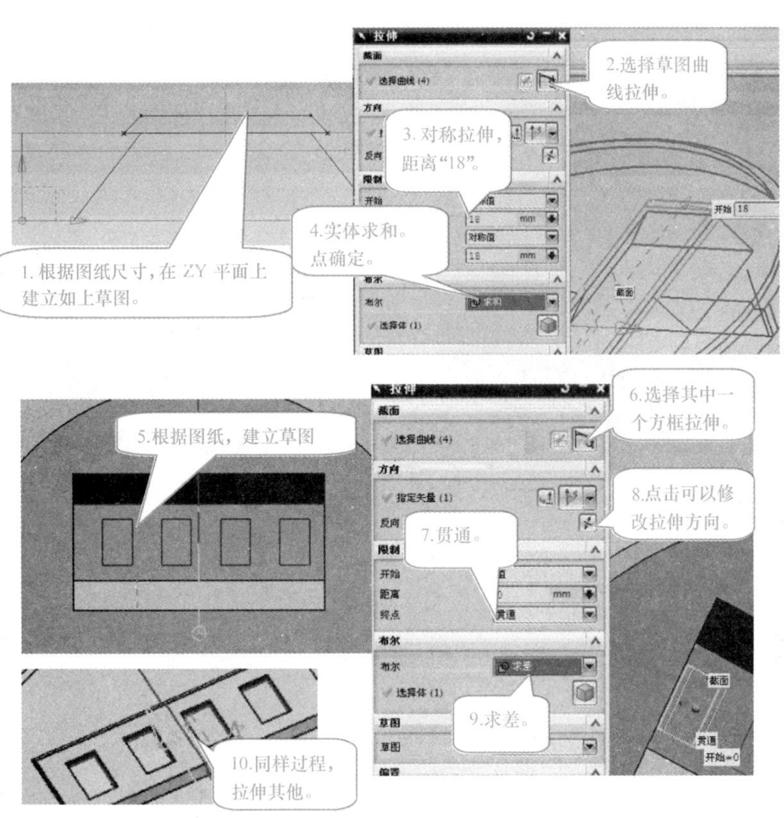

2.选择草图曲线拉伸。
3.对称拉伸，距离“18”。
4.实体求和。点确定。
1.根据图纸尺寸，在ZY平面上建立如上草图。
5.根据图纸，建立草图
6.选择其中一个方框拉伸。
8.点击可以修改拉伸方向。
7.贯通。
9.求差。
10.同样过程，拉伸其他。

图6－6

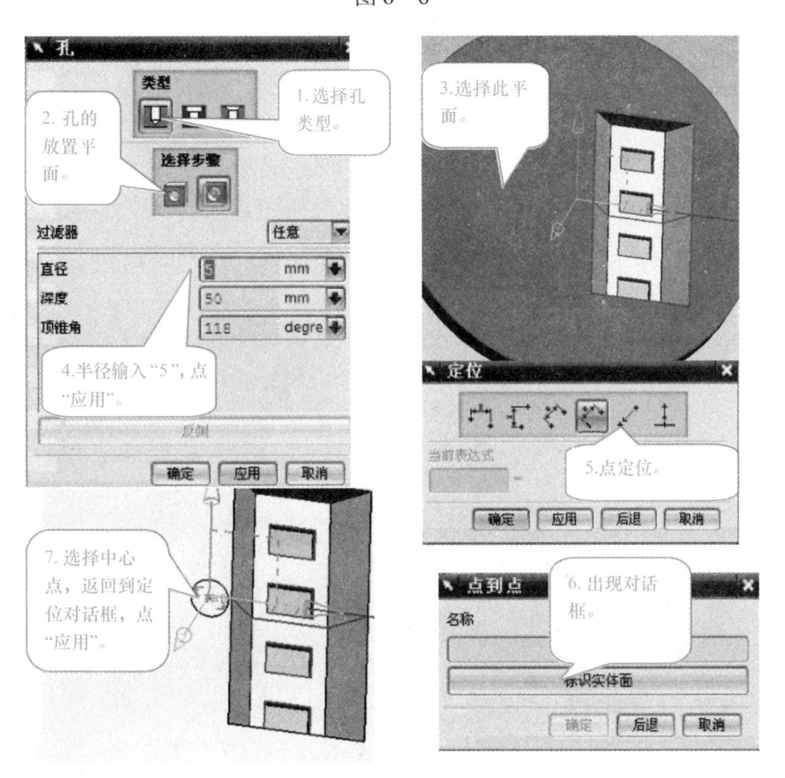

1.选择孔类型。
2.孔的放置平面。
3.选择此平面。
4.半径输入“5”，点“应用”。
5.点定位。
6.出现对话框。
7.选择中心点，返回到定位对话框，点“应用”。

图6－7

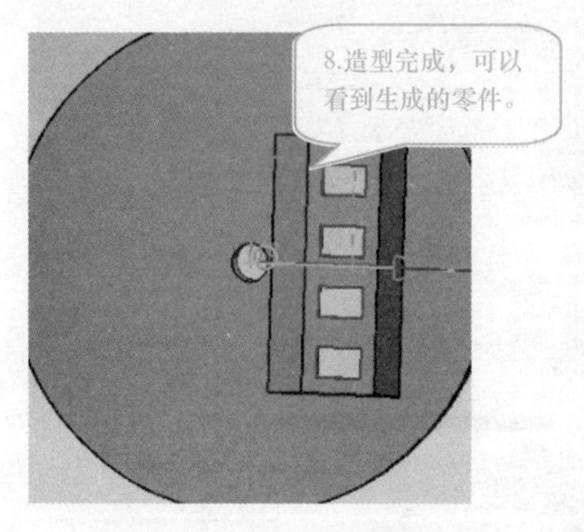

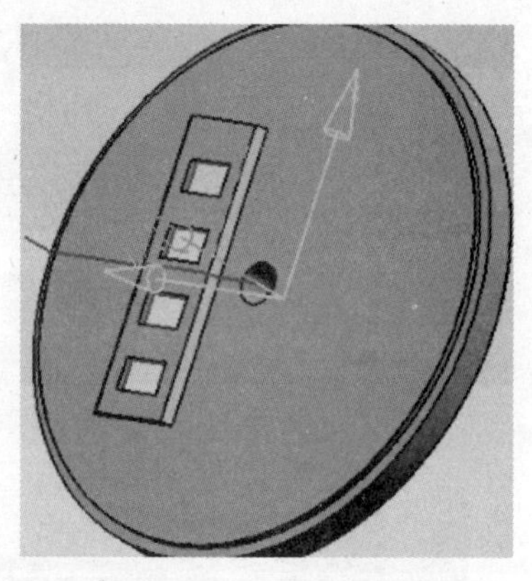

图6-7（续）

任务二 零 件 分 模

一、任务目标

1. 会在 Mold Wizard 环境下进行塑料零件的分模，生成型腔和型芯零部件。
2. 会自动生成型腔和型芯。

二、任务分析

面板零件的材料是工程塑料 ABS。分模后的效果如图6-8所示，采用 Mold Wizard 进行型腔和型芯的创建的主要思路是：首先进行模具初始化设计，判断模具坐标系在模型上的位

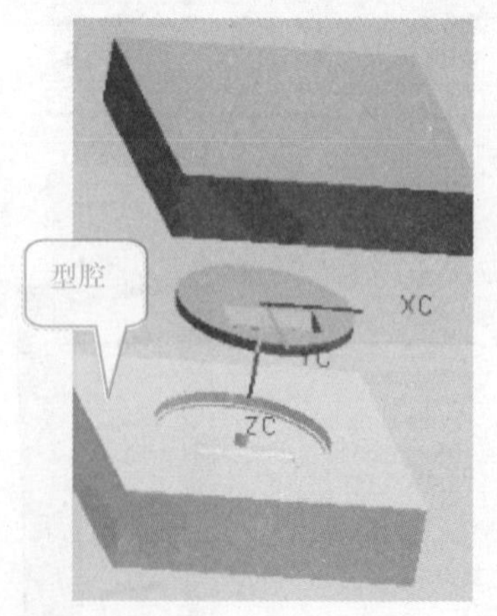

图6-8

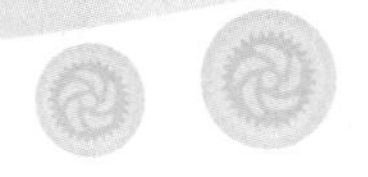

置，并确定模具坐标系。使用模具工具进行补面，以创建分型面。最后通过创建后的分型面完成型芯和型腔的创建。

三、操作过程

造型结束后，可以进行分模，产生型芯和型腔，单击菜单“开始”→“所有应用模块”→“注塑模向导”。出现“注塑模向导”工具条，在工具条上点击项目初始化按钮。选择上面创建面板造型文件。具体操作如图 6-9 所示。

图 6-9

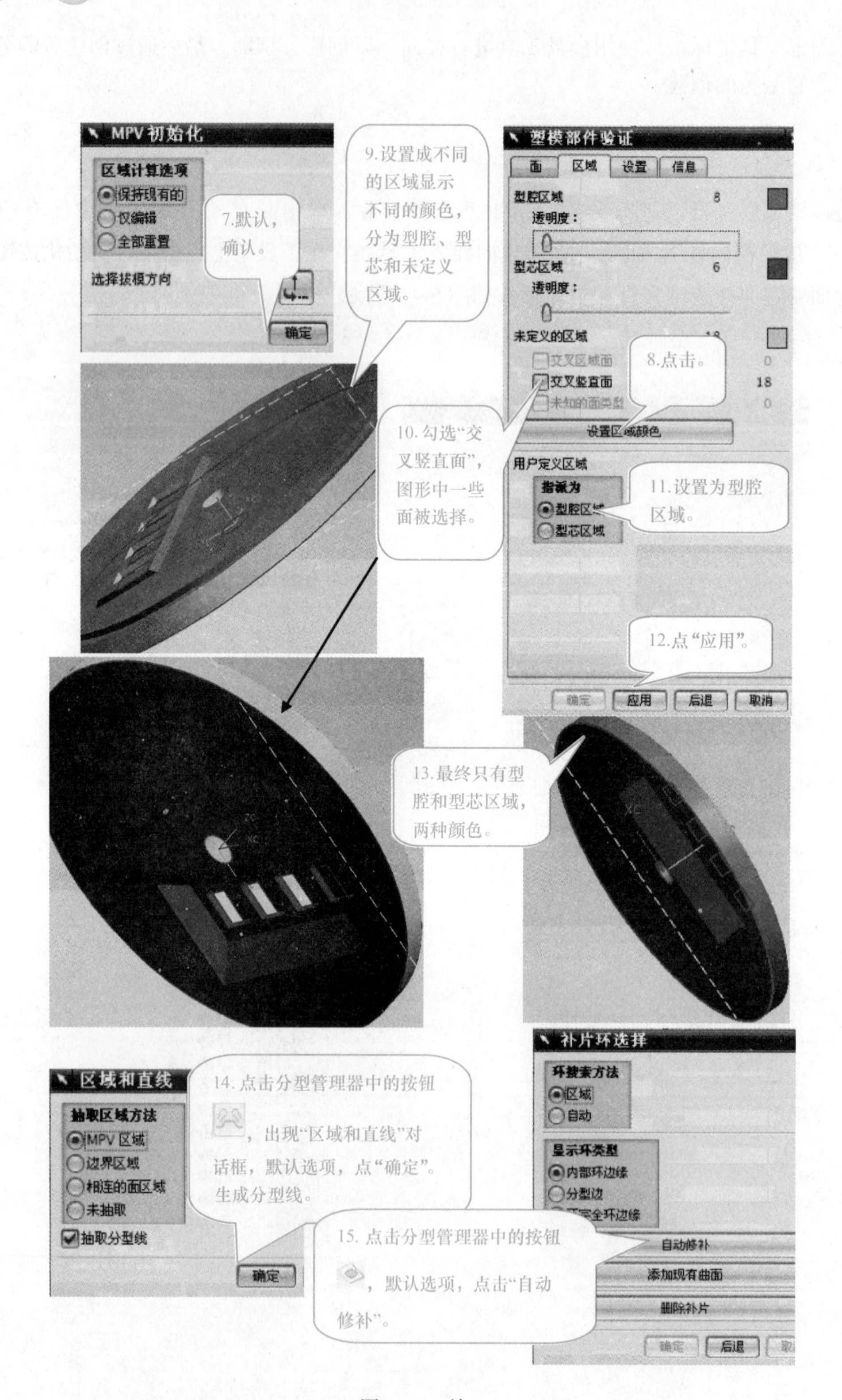
MPV 初始化
区域计算选项
保持现有的
仅编辑
全部重置
选择拔模方向
确定
7.默认，确认。
9.设置成不同的区域显示不同的颜色，分为型腔、型芯和未定义区域。
塑模部件验证
面
区域
设置
信息
型腔区域
8
透明度：
型芯区域
6
透明度：
未定义的区域
交叉区域面
0
交叉竖直面
18
未知的面类型
0
8.点击。
设置区域颜色
10.勾选“交叉竖直面”，图形中一些面被选择。
用户定义区域
指派为
型腔区域
型芯区域
11.设置为型腔区域。
12.点“应用”。
确定
应用
后退
取消
13.最终只有型腔和型芯区域，两种颜色。
区域和直线
抽取区域方法
MPV 区域
边界区域
相连的面区域
未抽取
抽取分型线
确定
14.点击分型管理器中的按钮
，出现“区域和直线”对话框，默认选项，点“确定”。生成分型线。
补片环选择
环搜索方法
区域
自动
显示环类型
内部环边缘
分型边
自动修补
添加现有曲面
删除补片
确定
后退
15.点击分型管理器中的按钮
，默认选项，点击“自动修补”。

图6－9（续）

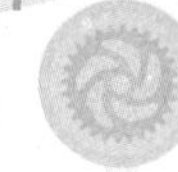

任务三　型腔零件加工

一、任务目标

1. 会对型腔零件进行加工工艺分析。

2. 会使用 UG 加工模块中型腔加工操作粗精加工。生成刀具路径并进行后处理，产生数控机床的 NC 程序。

二、任务分析

型腔零件在加工之前，毛坯为一块方料，一般模具材料硬度为 HRC45，不需要进行退火处理，加工性能比较好。毛坯几何面都要进行粗加工，并保持各个面间的直角。

型腔零件结构比较简单，本零件采用的加工步骤是粗加工→精加工→清根加工。

加工方案如下：

（1）粗加工：使用 ϕ20 的立铣刀，型腔铣操作方法分层切削，每层铣削厚度 2 mm，余量 0.25 mm。

（2）精加工：使用 ϕ10 的立铣刀，使用曲面，型腔铣操作精加工操作方法。

（3）清根加工，使用 ϕ5 的立铣刀，使用等高轮廓铣进行凹槽的清根加工。

具体加工方案见表 6－1。

表 6－1　加工工艺方案

序号	操作方法	刀具直径	刀具材料	加工余量
1	型腔铣粗加工	D20	高速钢	0. 25
2	型腔铣精加工	D10	高速钢	0
3	固定轴轮廓加工	D5	高速钢立铣刀	0

三、操作过程

1. 打开型腔文件，开始对型腔零件进行加工操作。根据加工工艺方案，首先做加工前的准备。首先单击“格式”→“WCS”→“旋转（R）”，如图 6－10 所示。

2. 点击菜单“开始”→“加工”，进入加工模块，如图 6－11 所示。

3. 创建几何体，工件几何体和毛坯几何体，如图 6－12 所示。

4. 创建刀具，共三把刀具，直径分别为 20 mm、10 mm 和 5 mm。单击工具条上的创建刀具按钮，操作过程如图 6－13 所示。

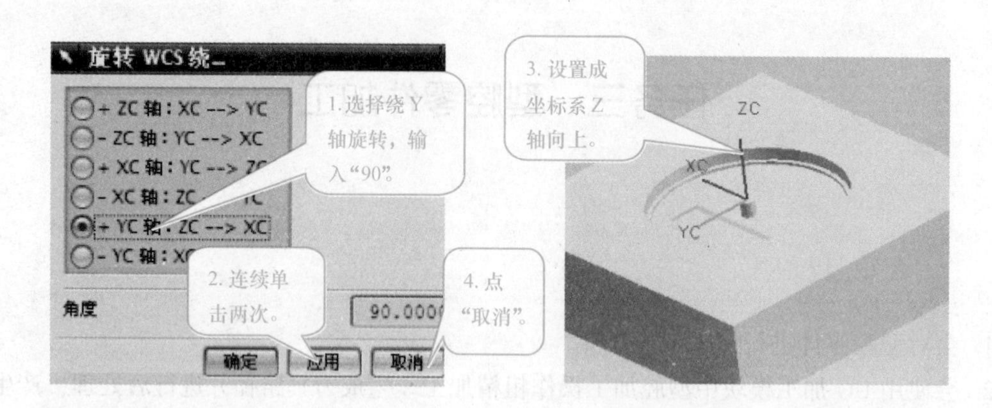
旋转 WCS 绕...
+ ZC 轴 : XC --> YC
- ZC 轴 : YC --> XC
+ XC 轴 : YC --> ZC
- XC 轴 : ZC
+ YC 轴 : ZC --> XC
- YC 轴 : X
1.选择绕 Y 轴旋转，输入“90”。
2. 连续单击两次。
角度
90.0000
确定
应用
取消
4. 点“取消”。
3. 设置成坐标系 Z 轴向上。
ZC
XC
YC

图 6－10

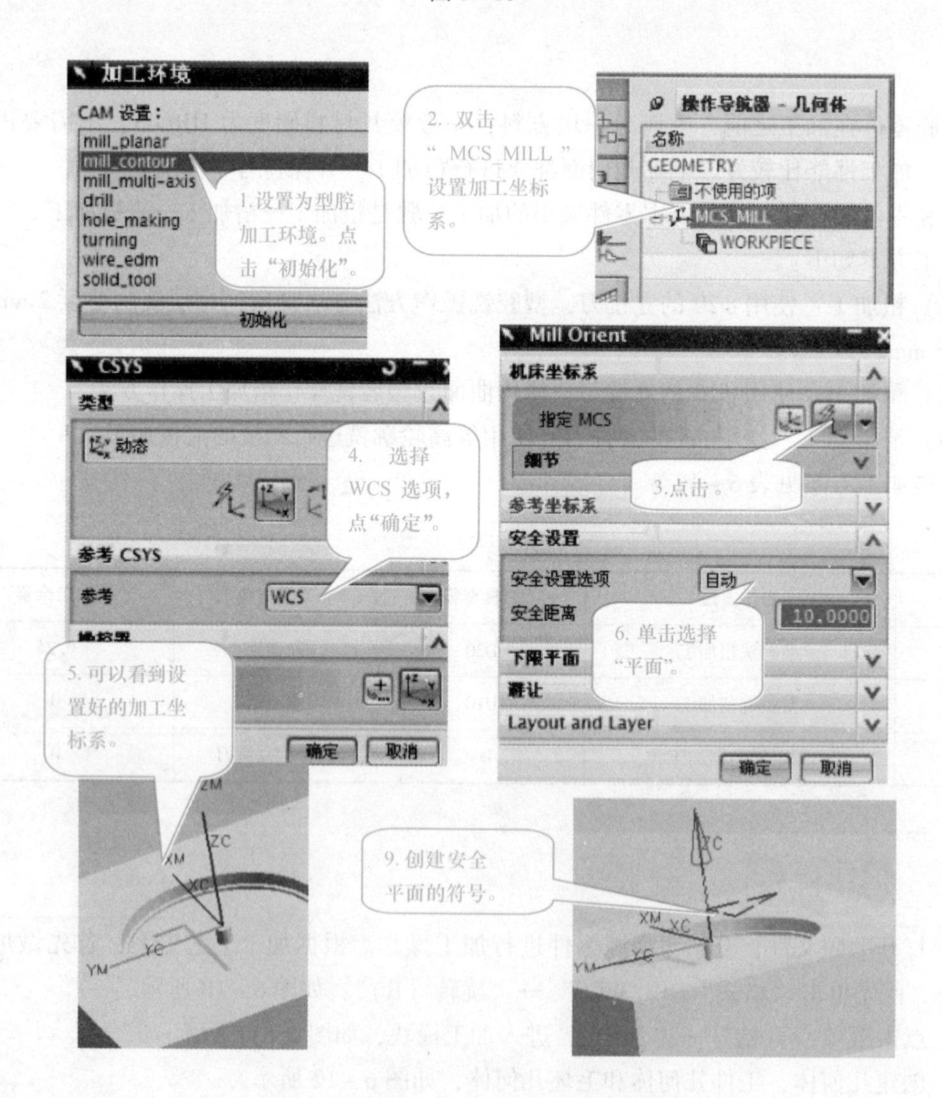
加工环境
CAM 设置：
mill_planar
mill_contour
mill_multi-axis
drill
hole_making
turning
wire_edm
solid_tool
初始化
1.设置为型腔加工环境。点击“初始化”。
2. 双击“MCS_MILL”设置加工坐标系。
操作导航器 - 几何体
名称
GEOMETRY
不使用的项
MCS_MILL
WORKPIECE
CSYS
类型
动态
4. 选择 WCS 选项，点“确定”。
参考 CSYS
参考
WCS
5. 可以看到设置好的加工坐标系。
确定
取消
Mill Orient
机床坐标系
指定 MCS
细节
3.点击。
参考坐标系
安全设置
安全设置选项
自动
安全距离
10.0000
6. 单击选择“平面”。
下限平面
避让
Layout and Layer
确定
取消
ZM
ZC
XM
XC
YC
YM
9. 创建安全平面的符号。

图 6－11

平面构造器
过滤器
任意
矢量方法
偏置
选定的约束
Offset to Face
平面子功能
列出可用的约束
确定
应用
取消
8.输入“10”，作为偏移值。
7. 单击上平面。
ZM
YC

图 6－11（续）

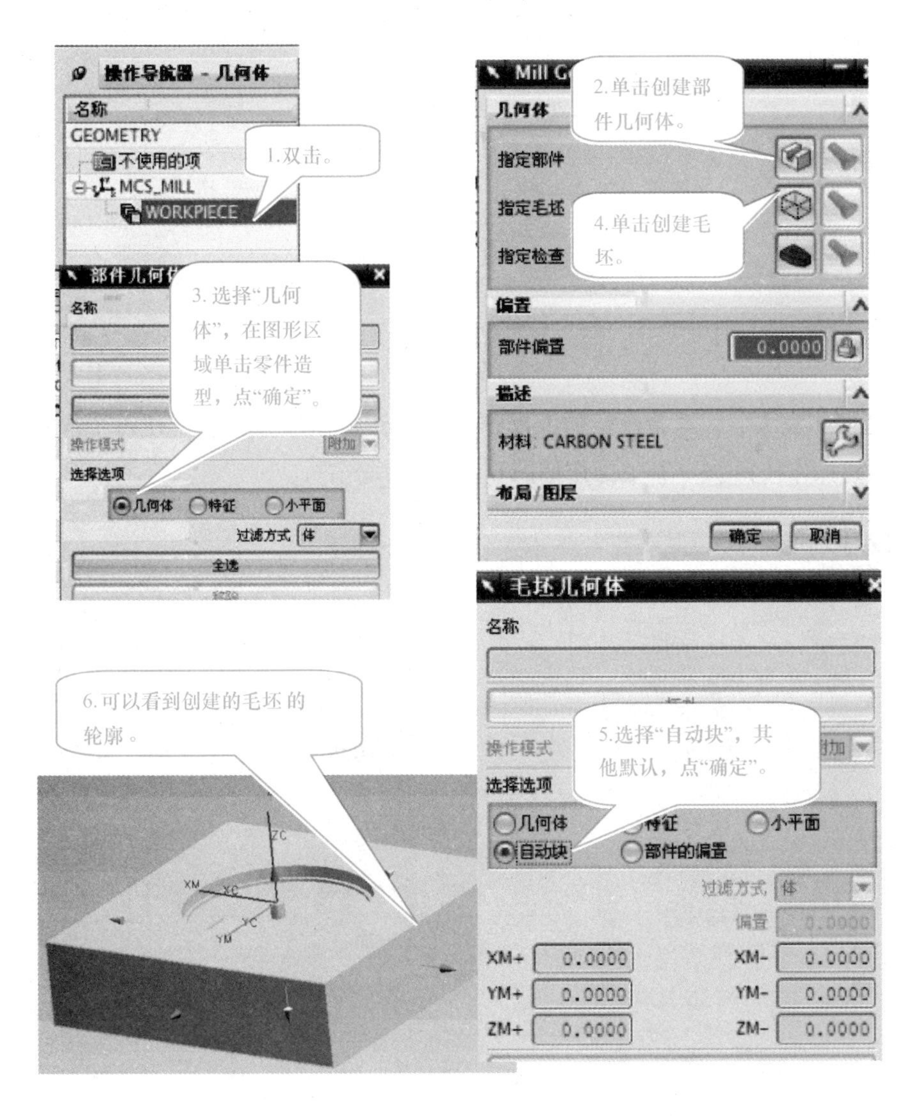

操作导航器 - 几何体
名称
GEOMETRY
不使用的项
MCS_MILL
WORKPIECE
1.双击。
部件几何体
3. 选择“几何体”，在图形区域单击零件造型，点“确定”。
操作模式
附加
选择选项
几何体
特征
小平面
过滤方式
体
全选
2.单击创建部件几何体。
几何体
指定部件
指定毛坯
指定检查
4.单击创建毛坯。
偏置
部件偏置
0.0000
描述
材料: CARBON STEEL
布局/图层
确定
取消
毛坯几何体
名称
操作模式
选择选项
5.选择“自动块”，其他默认，点“确定”。
几何体
特征
小平面
自动块
部件的偏置
过滤方式
体
偏置
XM+
0.0000
XM-
0.0000
YM+
0.0000
YM-
0.0000
ZM+
0.0000
ZM-
0.0000
6.可以看到创建的毛坯的轮廓。
ZC
XM
XC
YC
YM

图 6－12

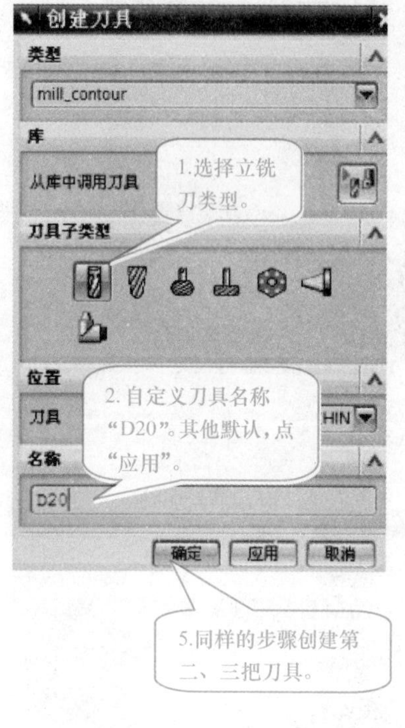

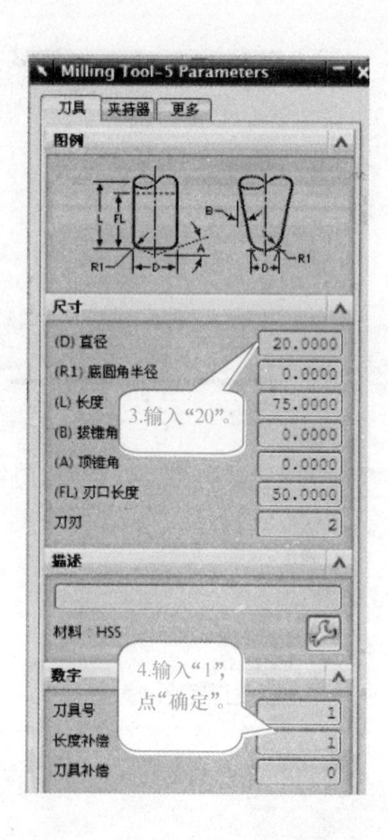

图 6－13

5. 准备工作完成后，开始进行加工操作的创建，根据加工工艺创建每个操作，单击工具条上的创建操作按钮，其他操作如图 6－14 所示。

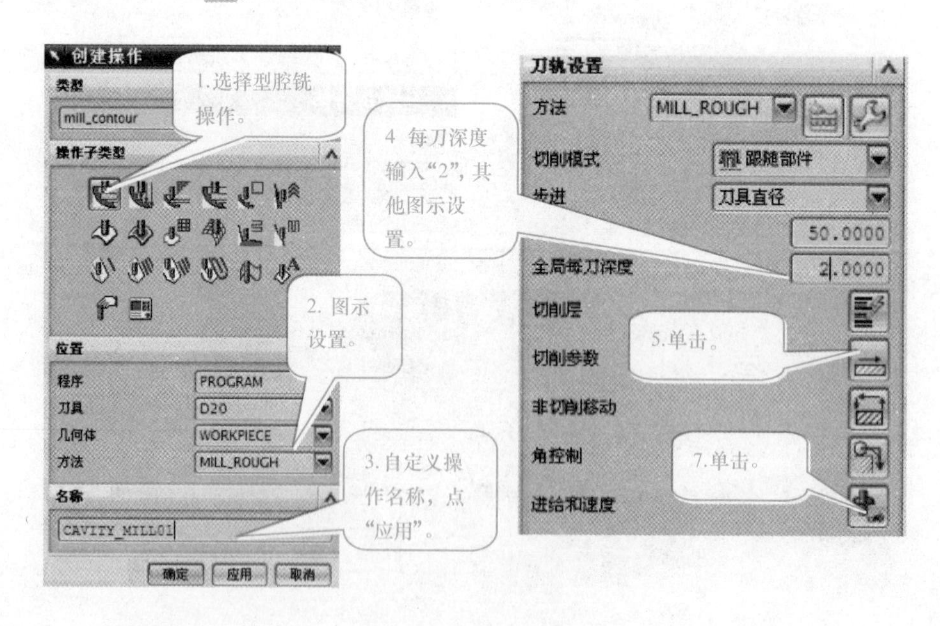

图 6－14

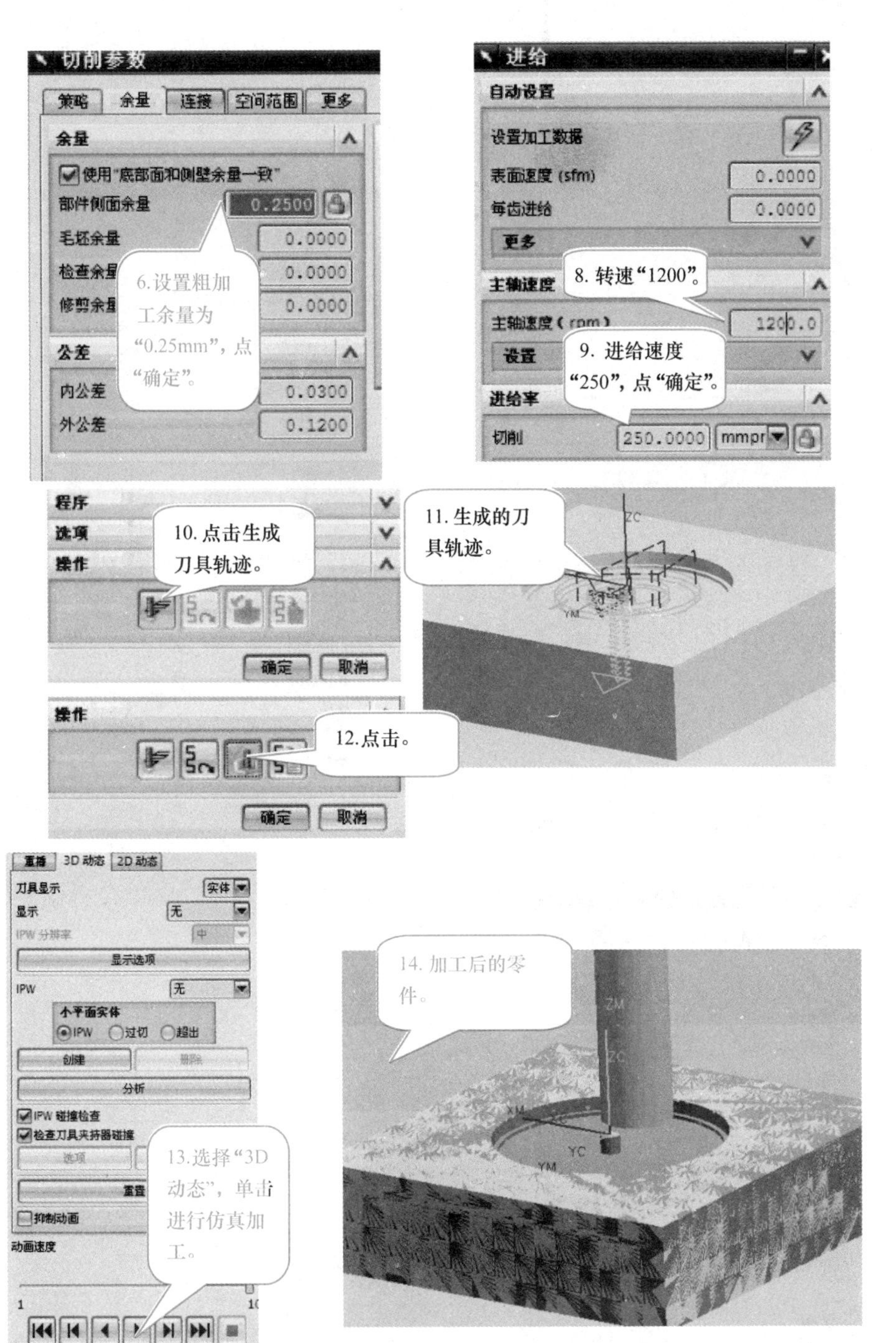

图 6－14（续）

6. 进行第二个加工操作的创建。使用直径 10 mm 的刀具进行精加工，如图 6－15 所示。

7. 第三个加工操作是最后区域内的清根操作，使用的是固定轴轮廓加工，采用边界驱动方式。点击创建加工操作，如图 6－16 所示。

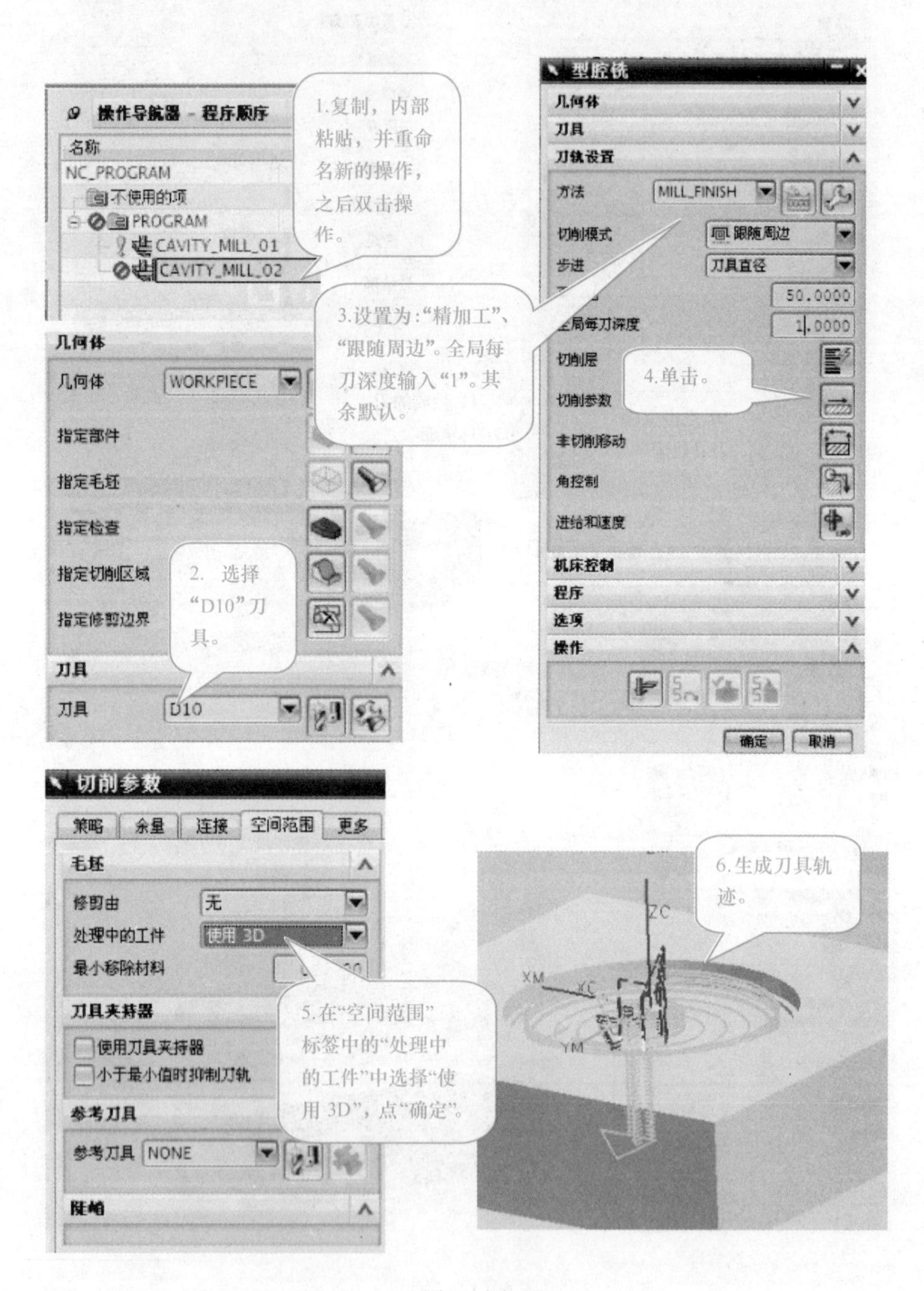
1.复制，内部粘贴，并重命名新的操作，之后双击操作。
2. 选择“D10”刀具。
3.设置为：“精加工”、“跟随周边”。全局每刀深度输入“1”。其余默认。
4.单击。
5.在“空间范围”标签中的“处理中的工件”中选择“使用 3D”，点“确定”。
6.生成刀具轨迹。

图 6－15

操作
确定
取消
7.点击。
重播
3D 动态
2D 动态
显示
比较
生成 IPW
无
8.选择“2D动态”。
小平面实体
创建
删除
IPW 碰撞检查
检查刀具夹持器碰撞
选项
列表
重置
抑制动画
10.加工后的零件结果。
9. 点击开始仿真刀具轨迹。
动画速度
10
1
10

图 6 - 15（续）

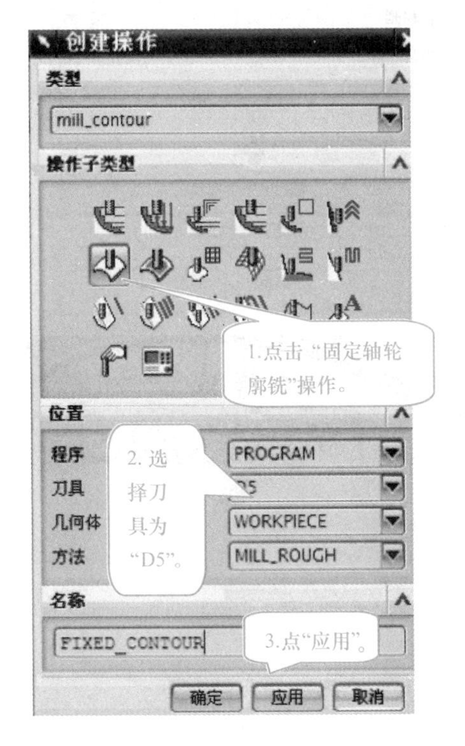
创建操作
类型
mill_contour
操作子类型
1.点击“固定轴轮廓铣”操作。
位置
程序
PROGRAM
刀具
几何体
WORKPIECE
方法
MILL_ROUGH
2. 选择刀具为“D5”。
名称
FIXED_CONTOUR
3.点“应用”。
确定
应用
取消

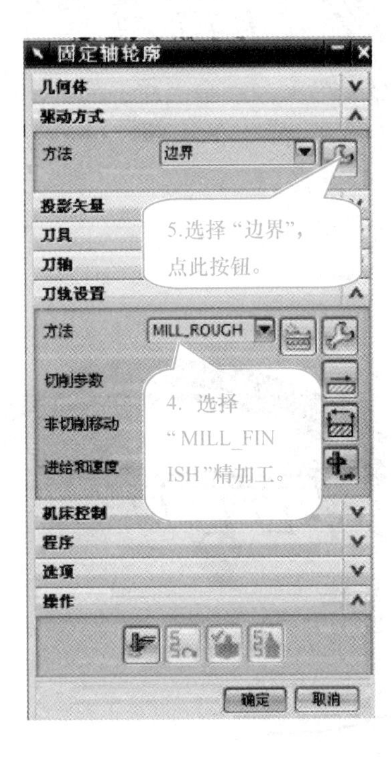
固定轴轮廓
几何体
驱动方式
方法
边界
5.选择“边界”，点此按钮。
投影矢量
刀具
刀轴
刀轨设置
方法
MILL_ROUGH
切削参数
非切削移动
进给和速度
4. 选择“MILL_FINISH”精加工。
机床控制
程序
选项
操作
确定
取消

图 6 - 16

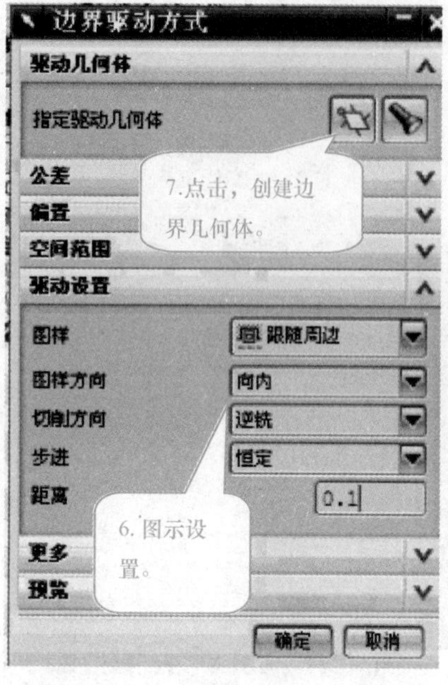

边界驱动方式
驱动几何体
指定驱动几何体
公差
偏置
空间范围
驱动设置
图样
跟随周边
图样方向
向内
切削方向
逆铣
步进
恒定
距离
0.1
更多
预览
确定
取消
7.点击，创建边界几何体。
6.图示设置。

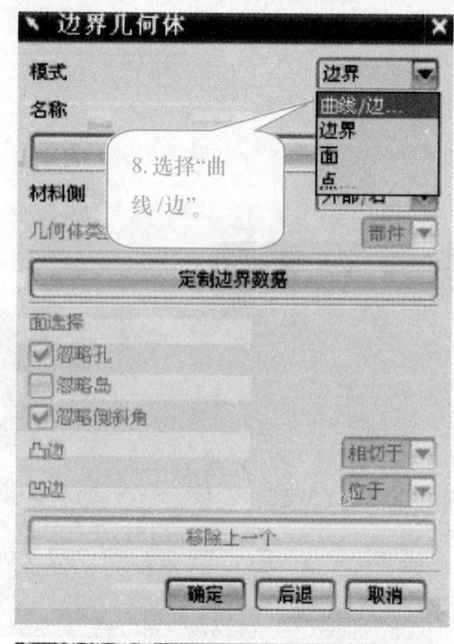

边界几何体
模式
边界
曲线/边...
边界
面
点...
名称
材料侧
几何体类
部件
定制边界数据
面选择
忽略孔
忽略岛
忽略倒斜角
凸边
相切于
凹边
位于
移除上一个
确定
后退
取消
8.选择“曲线/边”。

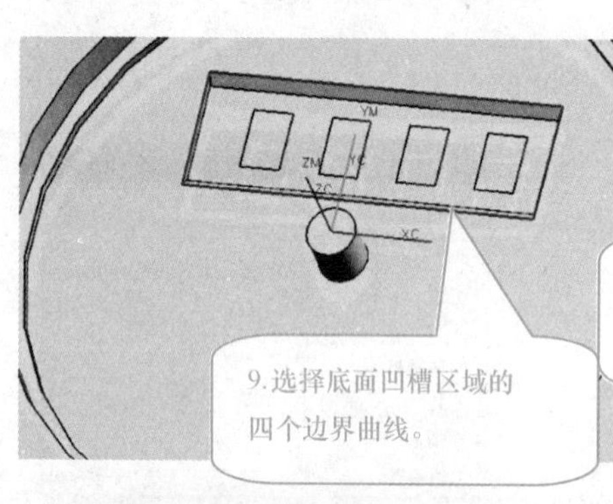

9.选择底面凹槽区域的四个边界曲线。

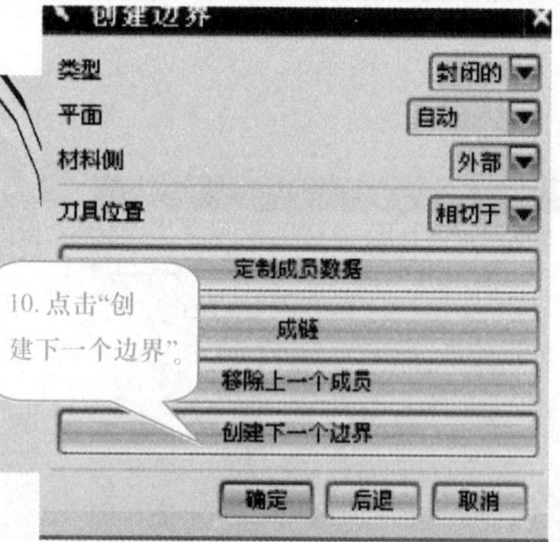

创建边界
类型
封闭的
平面
自动
材料侧
外部
刀具位置
相切于
定制成员数据
成链
移除上一个成员
创建下一个边界
确定
后退
取消
10.点击“创建下一个边界”。

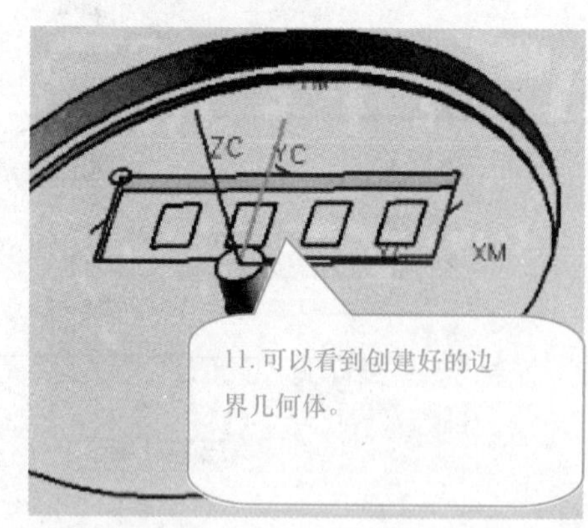

ZC
YC
XM
11.可以看到创建好的边界几何体。

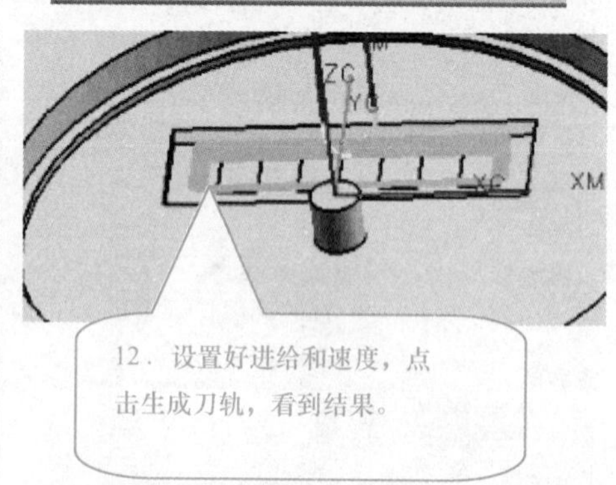

ZC
YC
XC
XM
12．设置好进给和速度，点击生成刀轨，看到结果。

图6－16（续）

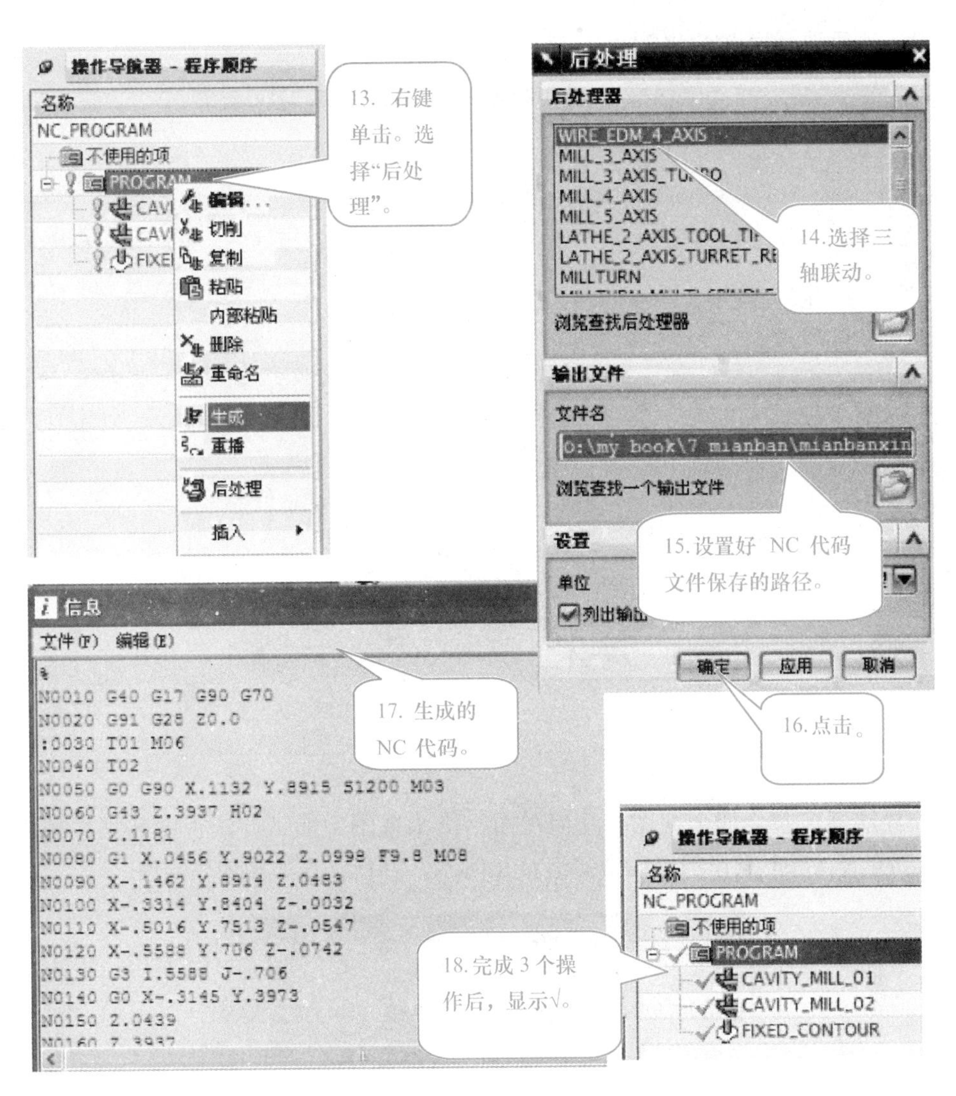

图 6 - 16（续）

项目小结

本项目介绍了面板零件的造型，分模，对型腔的加工操作、后处理生成、模拟加工和 G 代码生成的全过程。通过这个项目的学习，巩固复习造型技术，会使用型腔铣操作、固定轴轮廓铣加工操作创建的方法和技巧。有些知识点总结如下：

数控铣削加工环境的一些概念。

第一次在“加工”应用模块中打开部件时，需要从“加工环境”对话框中选择设置，然后选择初始化。设置包含所有操作以及创建操作的环境，如图 6 - 17 所示。

点击“开始”→“加工”，在“加工环境”对话框中选择要初始化的 CAM 会话设置和

CAM 设置，然后选择“初始化”。

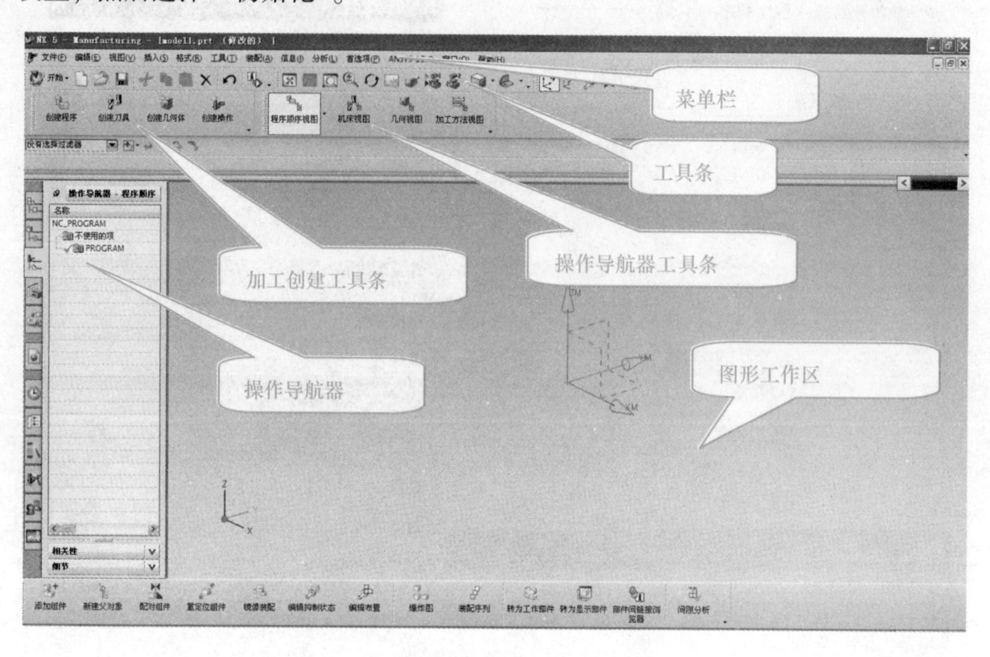

图 6-17

（1）操作导航器。

“操作导航器”包含四个视图：几何视图、机床视图、加工方法视图和程序顺序视图，如图 6-18 所示。每个操作都有四个父组：几何体、刀具、方法和程序顺序。

图 6-18

在这些视图中，可以规划、编辑、查看和操作数据。然而，要创建操作或父组，必须单击相应的“创建”图标，并在相应的对话框中创建操作或父组。创建之后，操作或父组将显示在“操作导航器”中，然后，可以从中编辑、查看和操作以及 NC 程序中已经存在的其他操作和父组。

（2）创建刀具。

单击“加工创建”工具条中的按钮或者选择菜单命令“插入”→“刀具”来进入刀具创建界面，系统将自动弹出“创建刀具”对话框，用户可以利用此对话框完成对刀具的基本定义。每个操作都需要一个刀具来切削刀轨。可以从刀具库中调用刀具（刀具库中含有数百种标准刀具），也可以根据需要创建刀具。刀具可放在夹持器、刀架和转台以及机床上。刀具也具有相应的刀具材料设置，可用于计算加工数据。

单击如图 6-19 所示的“创建刀具”对话框中的按钮，系统将自动弹出软件内置的刀具库，具体刀具类型显示在如图 6-20 所示的“库类选择”对话框中，用户可以根据不同的加工环境与用途选择不同的刀具。刀具的标准化使得用户能够很方便地完成刀具的创建

工作。

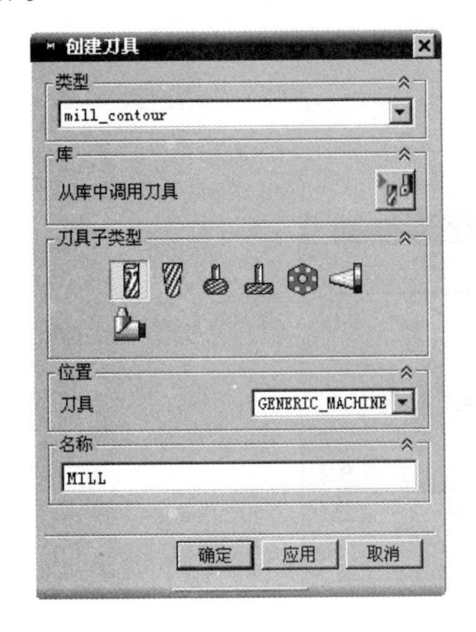

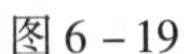

图 6 – 19

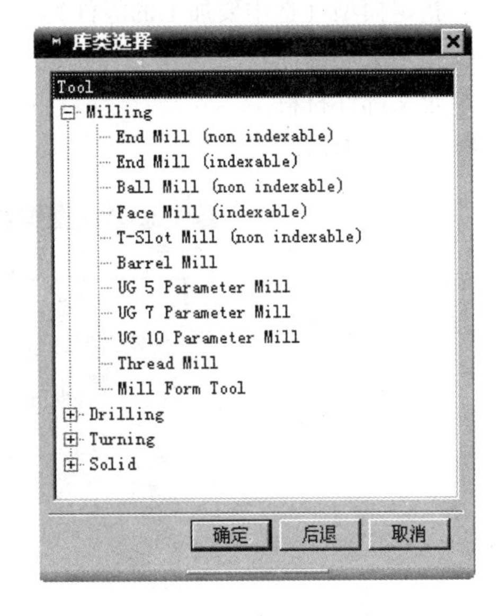

图 6 – 20

“创建刀具”对话框中的“刀具子类型”选项是为用户自定义刀具提供的，选中其中一种类型以后，用户可以根据提示进行下一步的刀具定义过程。

用户可以通过“创建刀具”对话框中的“位置”选项的“刀具”下拉列表来定义刀具所在的目录，此功能需结合如图 6 – 21 所示的“操作导航器 – 机床”树形结构图来使用，其中“名称”选项用于定义刀具的名称。

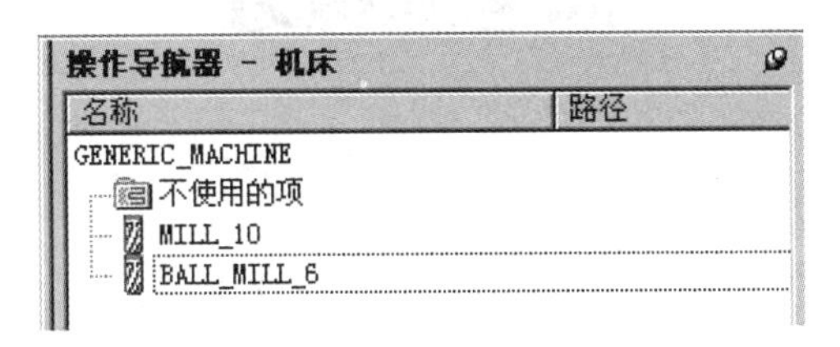

图 6 – 21

(3) 创建几何体。

单击“加工创建”工具条中的按钮或者选择菜单命令“插入”→“几何体”进入创建几何体界面，系统将自动弹出“创建几何体”对话框，如图 6 – 22 所示。

在“创建几何体”对话框中的“几何体子类型”选项提供了多种类型供用户选择，应该注意的是不同几何体类型的子类型是不完全相同的。

在“创建几何体”对话框中的“位置”和“名称”选项是用于指定该几何体在“操作导航器 – 几何体”树形结构图中的位置，其应用也要结合操作导航器来运作。

创建几何体基本步骤：

① 打开“操作导航器 – 几何体”树形结构图，双击 MCS_MILL 选项。

② 打开“Mill Orient”对话框。

③ 选中毛坯上平面，完成加工坐标系的重置。

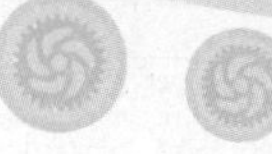

④ 设置“创建几何体”对话框所示的参数。

⑤ 指定模型（选中要加工的零件）。

⑥ 指定毛坯部件。

⑦ 定义部件材料。

⑧ 返回并退出。

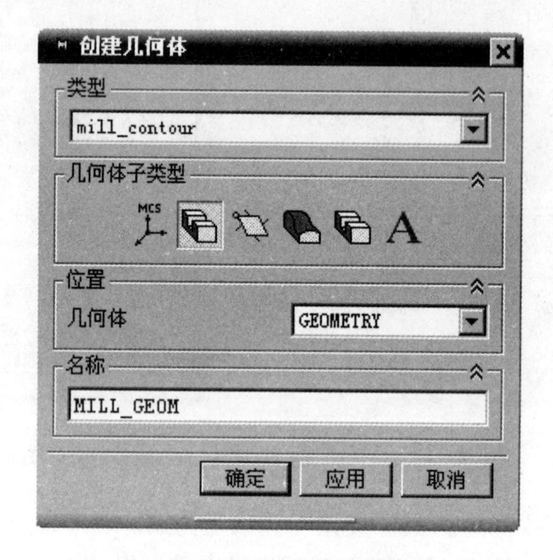

图 6－22

思考和练习

1. 在加工操作中第 3 个固定轴轮廓铣工艺可以改变驱动方式，看看有什么不一样的结果。

2. 试试修改一下型腔铣操作中的一些参数，看看有哪些区别，以及各个参数的意义。

3. 修改工艺过程，重新用其他方式加工，看看效果。

项目七　表盖的造型与加工

任务一　表盖的造型

操作视频

一、任务目标

1. 巩固 UG 三维造型方法，会使用软件对零件进行造型。
2. 复习掌握草图中尺寸约束的操作技能。
3. 会布尔运算的操作。
4. 会建立基准面，快速创建基准。

二、任务分析

首先在 UG 建模环境下，根据零件图 7－1 所示的尺寸要求，完成工件的建模造型。图中对零件的三维造型进行了分析，使用 UG 的草图功能在平面内完成截面外形的创建，然后

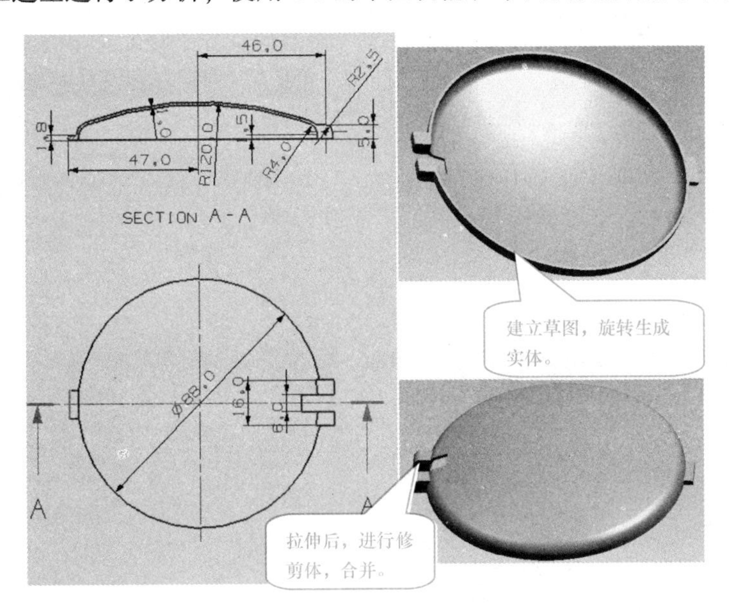

图 7－1

使用成型特征中旋转操作完成特征实体。两侧的部分可以先创建一个拉伸特征，然后使用修剪体命令对其进行修剪，完成零件的三维建模。

三、操作过程

1. 点击菜单“新建文件”，命名为“biaogai. prt”。以 XY 平面为草图平面，建立草图，如图 7－2 所示。

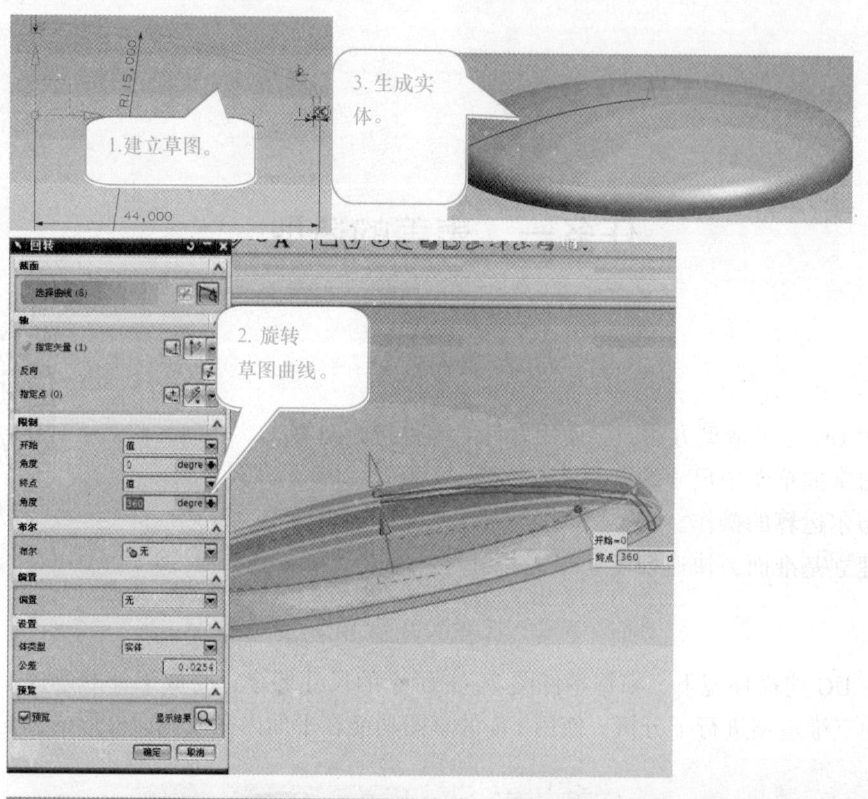

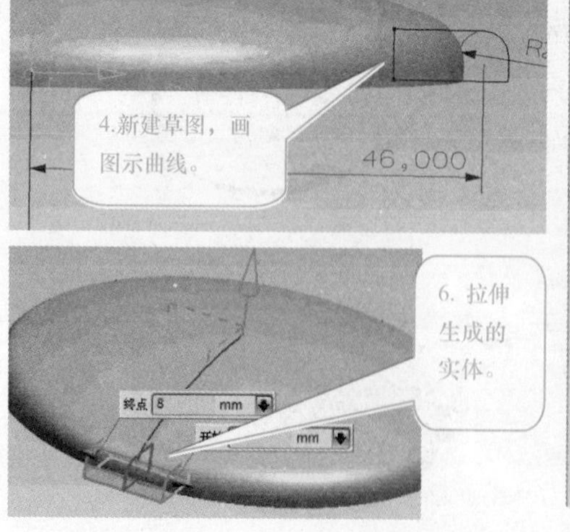

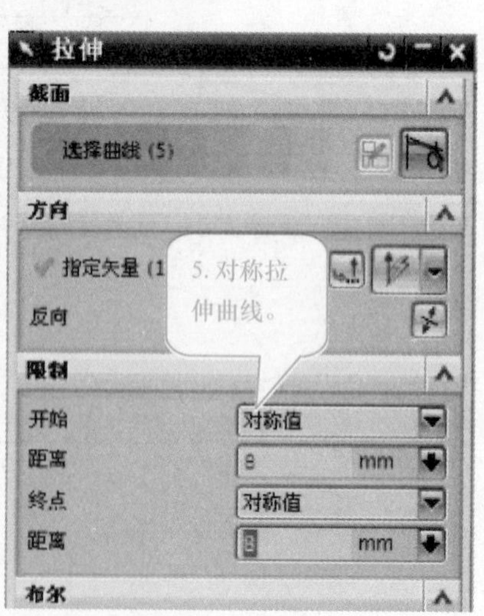

图 7－2

2. 点击菜单中的“插入”→“修剪”→“修剪体”对话框，修剪掉拉伸后的块。然后继续在XY平面内建立草图。具体操作步骤如图7－3所示。

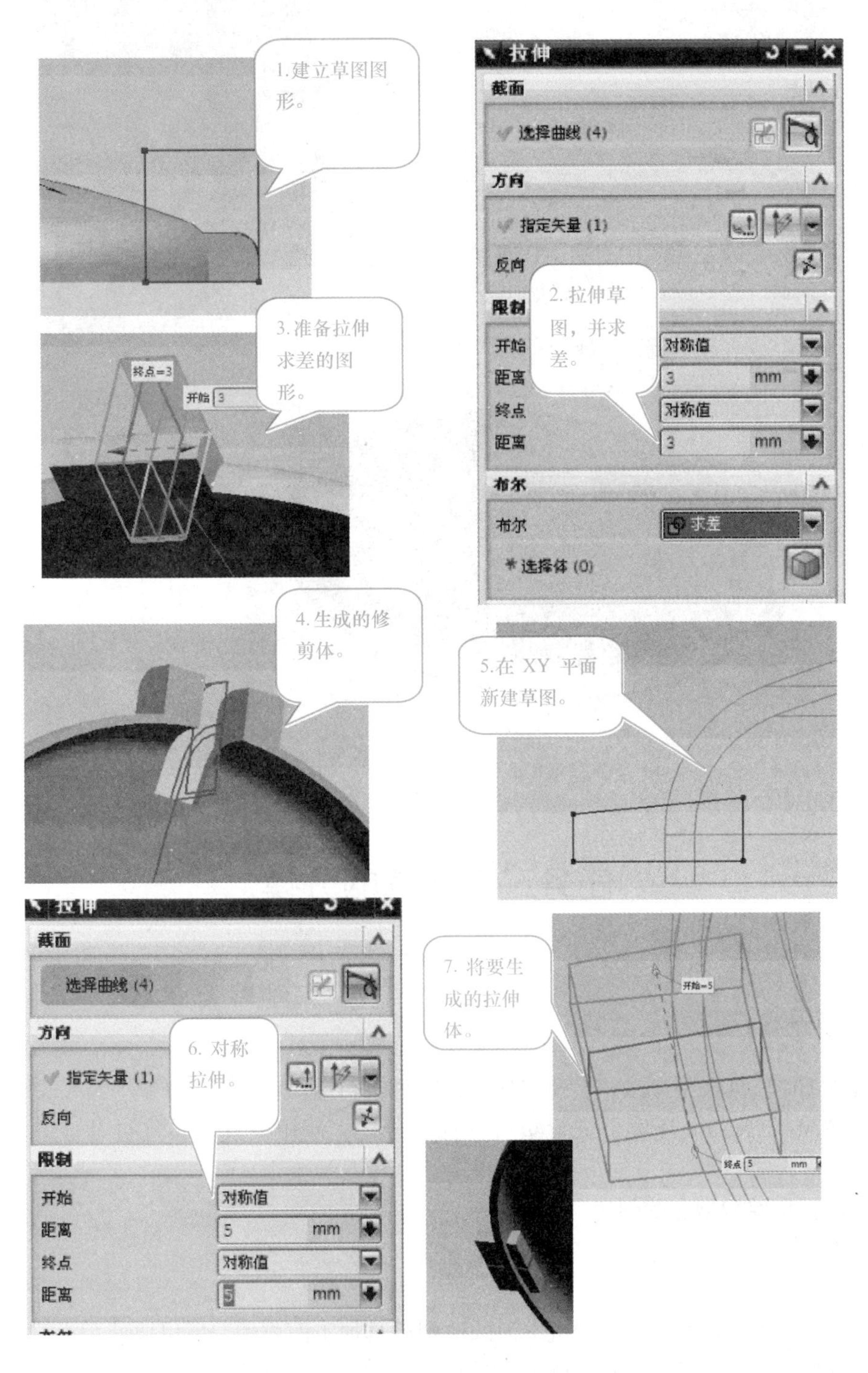

图7－3

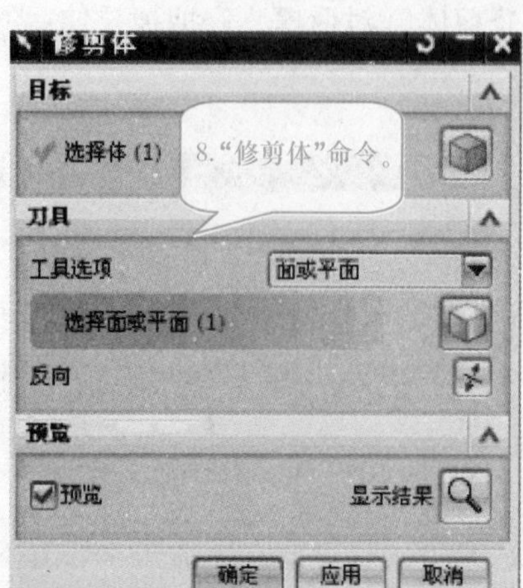

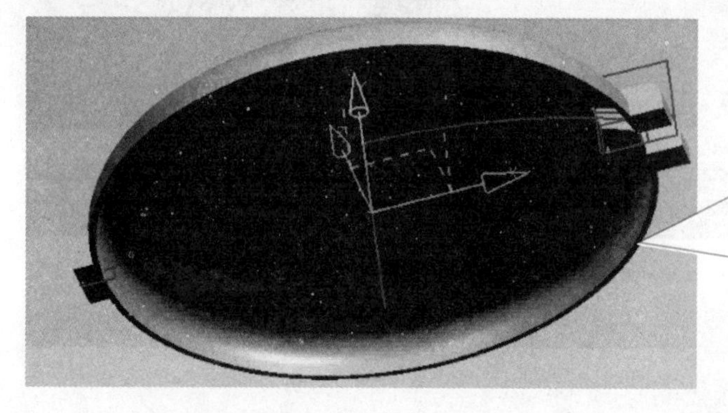

图 7－3（续）

任务二　表盖的分模

一、任务目标

1. 巩固 UG 三维造型方法，会使用软件对零件进行造型。

2. 会在 Mold Wizard 环境下进行塑料零件的分模，使用模具工具进行补破孔，创建分型面。

3. 会进行型腔和型芯的创建。

二、任务分析

表盖是塑料件，是通过在注塑机上面的注塑模具加工而成的，所以要使用模具。分模后的效果如图 7－4 所示，采用 Mold Wizard 进行型腔和型芯的创建的主要思路是：首先进行模具初始化设计，判断模具坐标系在模型上的位置，并确定模具坐标系。使用模具工具进行补面，创建分型面。然后进行模具分型，通过定义型腔/型芯区域，抽取分型线，对破孔进行修补。最后通过创建后的分型面完成型芯和型腔的创建。

图 7－4

三、操作过程

1. 点击“开始”→“所有应用模块”→“注塑模向导”，在工具栏上点击“项目初始化”按钮。操作如图 7－5 所示。

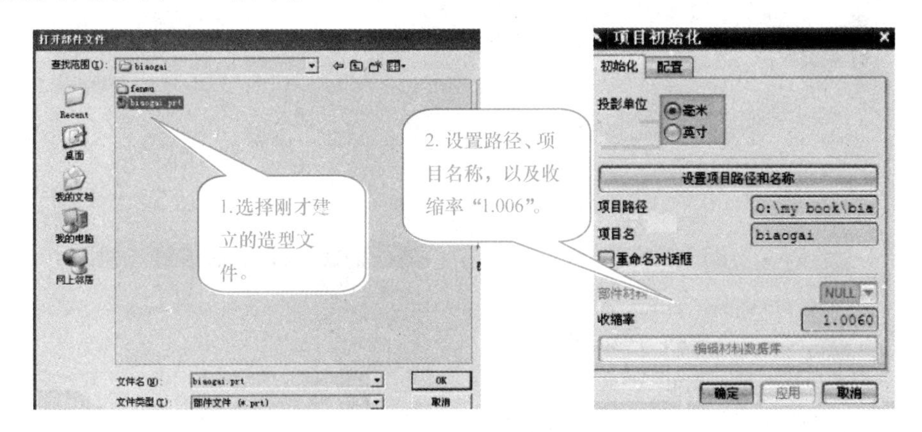

图 7－5

修改坐标系，在菜单中选择“格式”→“WCS”→“旋转”，如图 7－6 所示。

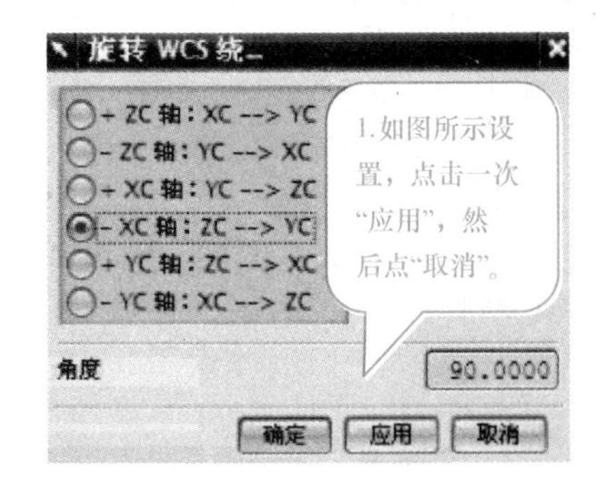

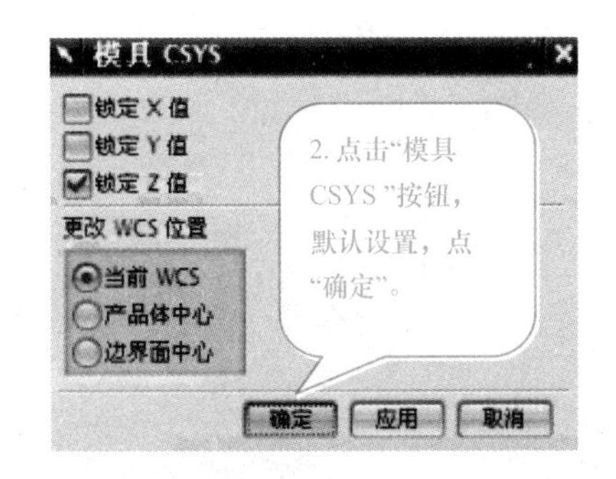

图 7－6

2. 在“注塑模向导”工具栏选择“工件”点击，默认建立工件毛坯，开始进行补破孔，具体如图 7－7 所示。

3. 进行分模操作，点击“注塑模向导”工具条中的“分型”。操作如图 7－8 所示。

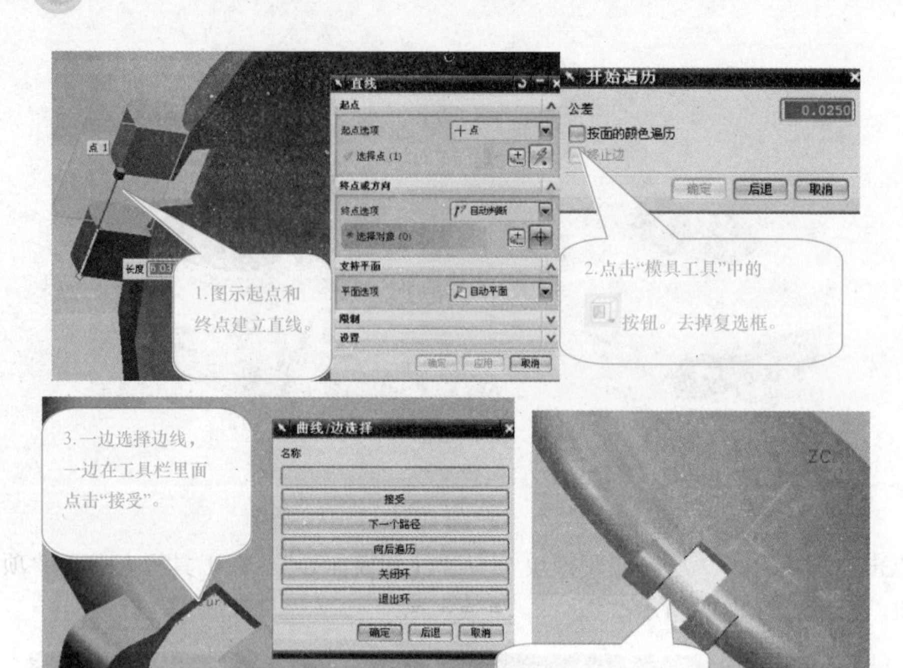
直线
起点
起点选项
十点
选择点 (1)
终点或方向
终点选项
自动判断
选择对象 (0)
支持平面
平面选项
自动平面
限制
设置
确定
应用
取消
点 1
长度
1.图示起点和
终点建立直线。
开始遍历
公差
0.0250
按面的颜色遍历
终止边
确定
后退
取消
2.点击“模具工具”中的
按钮。去掉复选框。
3.一边选择边线，
一边在工具栏里面
点击“接受”。
曲线/边选择
名称
接受
下一个路径
向后遍历
关闭环
退出环
确定
后退
取消
ZC
4.最终修补好的破孔。

图 7－7

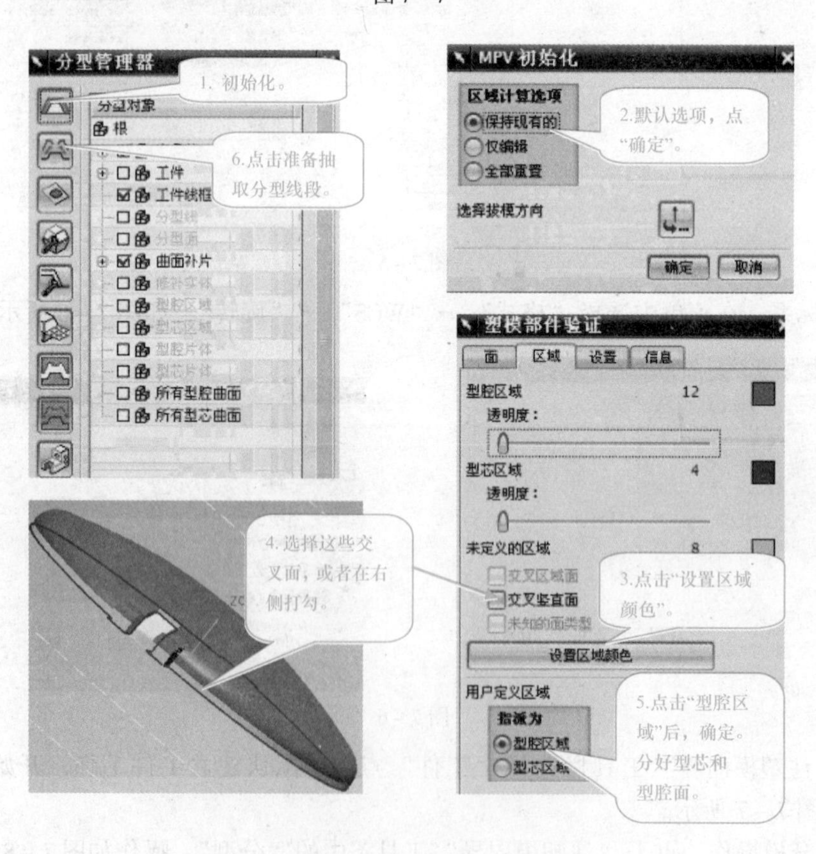
分型管理器
1. 初始化。
分型对象
根
6.点击准备抽
取分型线段。
工件
工件线框
分型线
分型面
曲面补片
修补实体
型腔区域
型芯区域
型腔片体
型芯片体
所有型腔曲面
所有型芯曲面
MPV 初始化
区域计算选项
保持现有的
仅编辑
全部重置
2.默认选项，点
“确定”。
选择拔模方向
确定
取消
塑模部件验证
面
区域
设置
信息
型腔区域
12
透明度：
型芯区域
4
透明度：
未定义的区域
8
交叉区域面
交叉竖直面
未知的面类型
3.点击“设置区域
颜色”。
设置区域颜色
用户定义区域
指派为
型腔区域
型芯区域
5.点击“型腔区
域”后，确定。
分好型芯和
型腔面。
4. 选择这些交
叉面，或者在右
侧打勾。
ZC

图 7－8

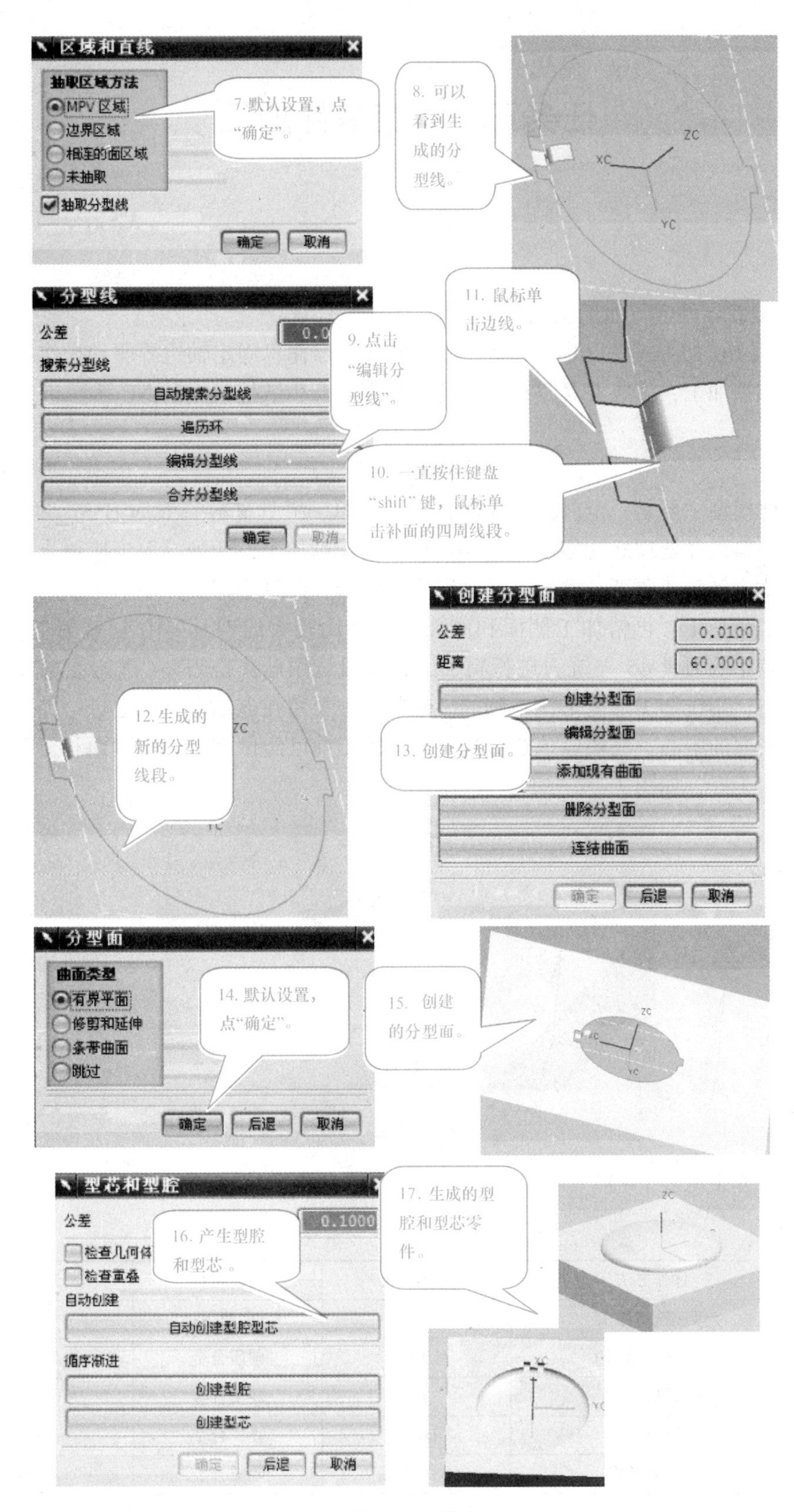
区域和直线
抽取区域方法
MPV 区域
边界区域
相连的面区域
未抽取
抽取分型线
确定
取消
7.默认设置，点“确定”。
8. 可以看到生成的分型线。
ZC
XC
YC
分型线
公差
搜索分型线
自动搜索分型线
遍历环
编辑分型线
合并分型线
确定
取消
9. 点击“编辑分型线”。
11. 鼠标单击边线。
10. 一直按住键盘“shift”键，鼠标单击补面的四周线段。
12. 生成的新的分型线段。
创建分型面
公差
0.0100
距离
60.0000
创建分型面
编辑分型面
添加现有曲面
删除分型面
连结曲面
确定
后退
取消
13. 创建分型面。
分型面
曲面类型
有界平面
修剪和延伸
条带曲面
跳过
确定
后退
取消
14. 默认设置，点“确定”。
15. 创建的分型面。
型芯和型腔
公差
0.1000
检查几何体
检查重叠
自动创建
自动创建型腔型芯
循序渐进
创建型腔
创建型芯
确定
后退
取消
16. 产生型腔和型芯。
17. 生成的型腔和型芯零件。
ZC

图 7－8（续）

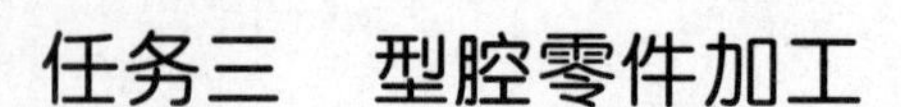

任务三　型腔零件加工

一、任务目标

1. 会对型腔零件进行加工工艺分析。

2. 会使用 UG 加工模块（UG CAM）中型腔加工操作、固定轴边界驱动操作综合对型腔进行粗加工和精加工，生成刀具路径并进行后处理，产生数控机床的 NC 程序。

二、任务分析

型腔零件模型主要是一个曲面，曲面也比较简单，模具材料一般为 H13，硬度 HRC40，毛坯为六面平整已经处理好的零件，该模具材料比较难加工，切削层厚度应该小一点，进给量也比较小，主轴转速要高。型腔主要是圆形的凹槽，并且底部是曲面。可以对该型腔先进行粗加工、半精加工，再精加工侧面和底面。选择比较大的刀具 ϕ10 立铣刀进行粗加工，再用直径比较小的刀具 ϕ5 立铣刀进行精加工，最后选用球头铣刀 ϕ4 进行清根加工。一些比较尖锐的边，用铣加工工艺是达不到的。这些地方要留在电加工机床上进行加工。加工坐标系放在顶平面的中心。毛坯应该在数控机床上加工前已经做好，四个侧面和上下两个面都已经在之前加工好，如图 7－9 所示。

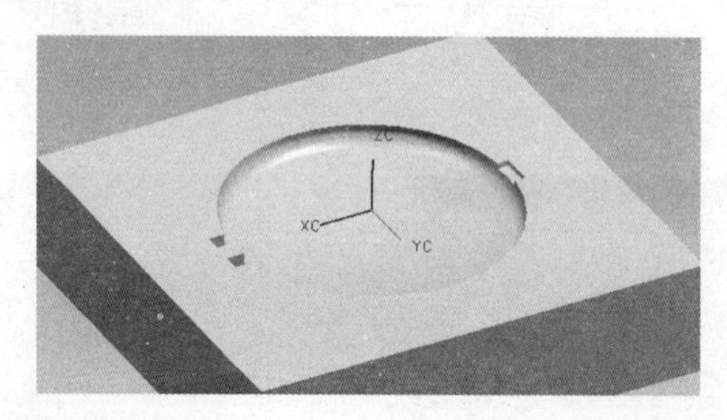

图 7－9

大体加工方案见表 7－1。

表 7－1　加工工艺方案

序号	操作方法	刀具直径	刀具材料	加工余量
1	型腔铣粗加工	D10	高速钢	0.25
2	型腔铣半精加工	D5	硬质合金	0.1
3	型腔铣精加工	D5	硬质合金	0
4	清根加工	D4R2	硬质合金	0
5	固定轴清根	D4R2	硬质合金	0

三、操作过程

1. 通过造型和分模操作，建立了表盖零件的型芯和型腔零件。开始对型腔零件进行加工。首先打开型腔零件文件，点击菜单“开始”→“加工”，进入加工环境。具体操作如图 7－10 所示。

图 7－10

2. 在工具条中选择“创建刀具”按钮，创建操作所需要的 3 把刀具，其中 $\phi10$ 和 $\phi5$ 为立铣刀，还有直径 $\phi4$ 的球头铣刀。刀具的名称分别命名为 D10、D5、D4R2，并建立几何体，如图 7－11 所示。

3. 开始创建加工操作，如图 7－12 所示。

4. 创建半精加工操作。操作过程如图 7－13 所示。

5. 创建精加工操作，使用直径 5 mm 的立铣刀加工。具体操作如图 7－14 所示。

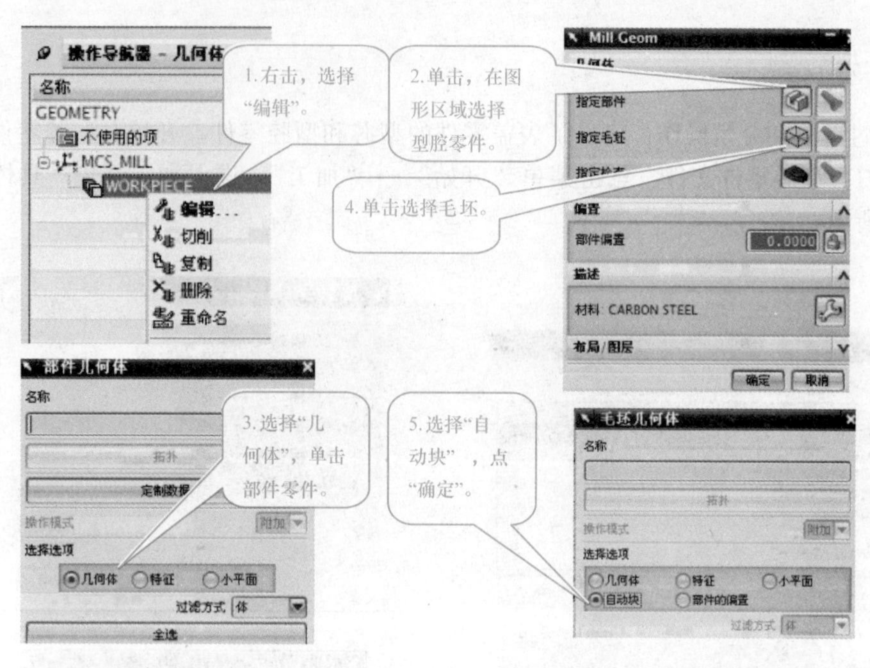
1.右击，选择“编辑”。
2.单击，在图形区域选择型腔零件。
4.单击选择毛坯。
3.选择“几何体”，单击部件零件。
5.选择“自动块”，点“确定”。
操作导航器 - 几何体
名称
GEOMETRY
不使用的项
MCS_MILL
WORKPIECE
编辑...
切削
复制
删除
重命名
Mill Geom
指定部件
指定毛坯
偏置
部件偏置
0.0000
描述
材料: CARBON STEEL
布局/图层
确定
取消
部件几何体
名称
操作模式
附加
选择选项
几何体
特征
小平面
过滤方式
体
全选
毛坯几何体
名称
操作模式
附加
选择选项
几何体
特征
小平面
自动块
部件的偏置
过滤方式

图 7－11

1. 点击“型腔铣”操作子。
2. 图示设置。
3. 输入“2”。
4. 点击“生成”，可以看到刀轨结果。
5. 点刀轨“确认”，模拟刀具轨迹。
创建操作
类型
mill_contour
操作子类型
位置
程序
PROGRAM
刀具
D10
几何体
WORKPIECE
方法
MILL_ROUGH
名称
CAVITY_MILL_01
型腔铣
几何体
几何体
WORKPIECE
指定部件
指定毛坯
指定检查
指定切削区域
指定修剪边界
刀具
刀轨设置
方法
MILL_ROUGH
切削模式
跟随部件
步进
刀具直径
百分比
50.0000
全局每刀深度
2.00000
YM
YC
XC
XM

图 7－12

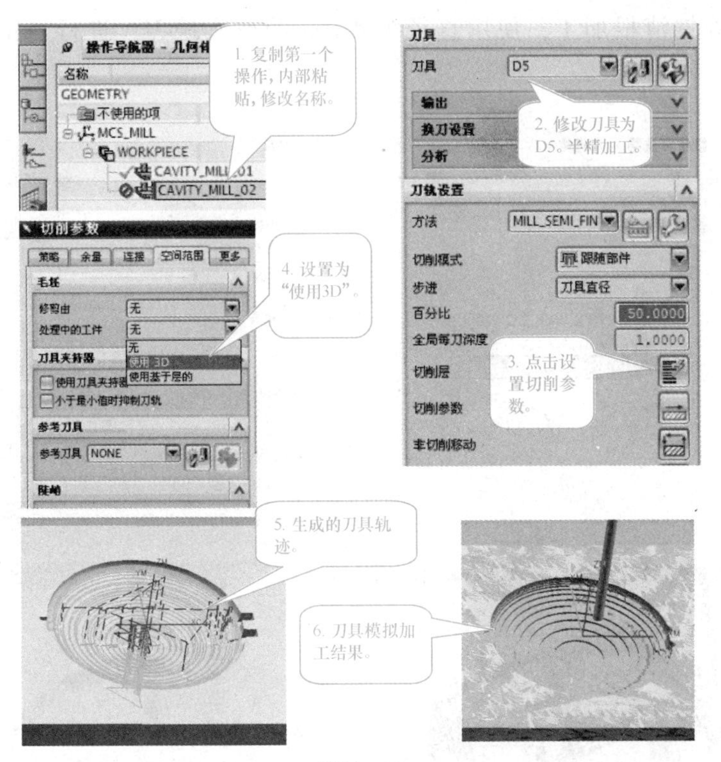
1. 复制第一个操作，内部粘贴，修改名称。
2. 修改刀具为D5，半精加工。
3. 点击设置切削参数。
4. 设置为“使用3D”。
5. 生成的刀具轨迹。
6. 刀具模拟加工结果。

图 7－13

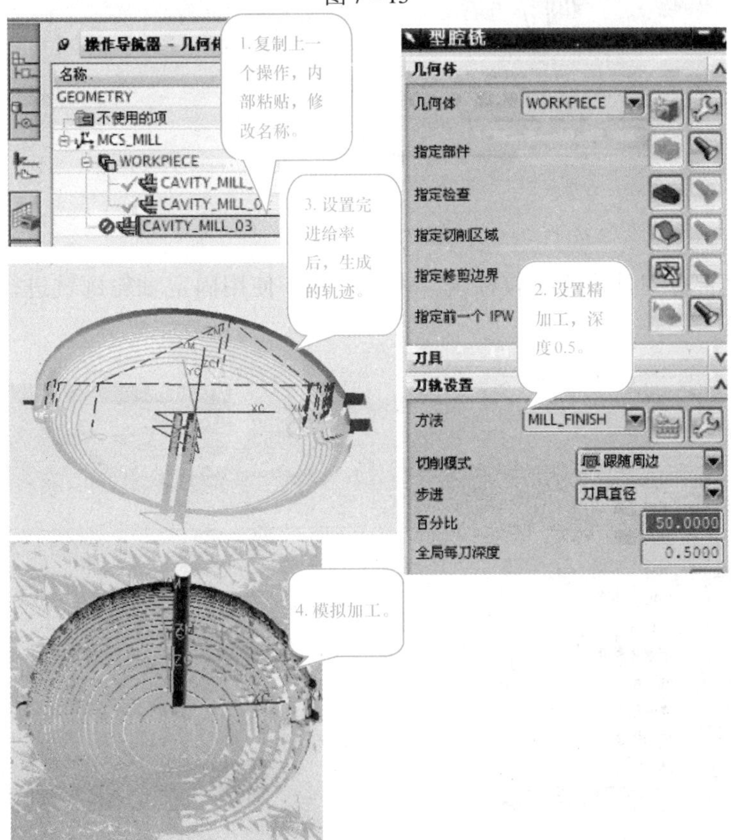
1. 复制上一个操作，内部粘贴，修改名称。
2. 设置精加工，深度0.5。
3. 设置完进给率后，生成的轨迹。
4. 模拟加工。

图 7－14

6. 使用型腔铣清根加工，使用直径为 4 mm 的球头铣刀，进行加工。操作过程如图 7 – 15 所示。

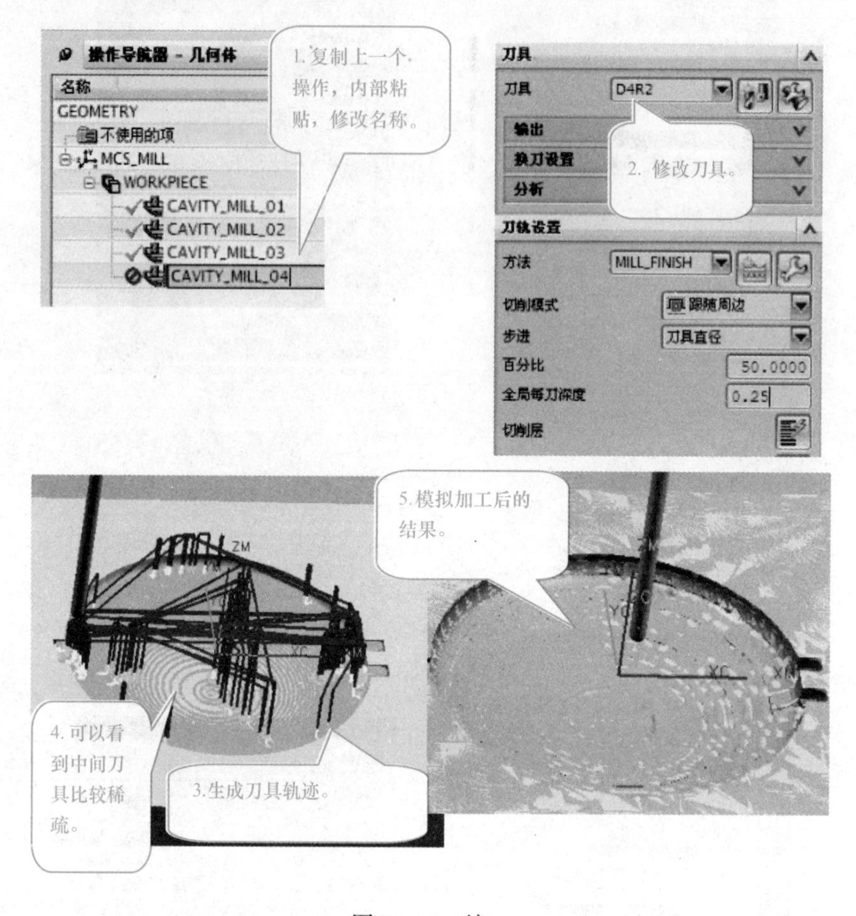

图 7 – 15（续）

7. 针对中间部分刀具轨迹比较稀疏，表面粗糙，使用固定轴轮廓铣进行精加工。具体如图 7 – 16 所示。

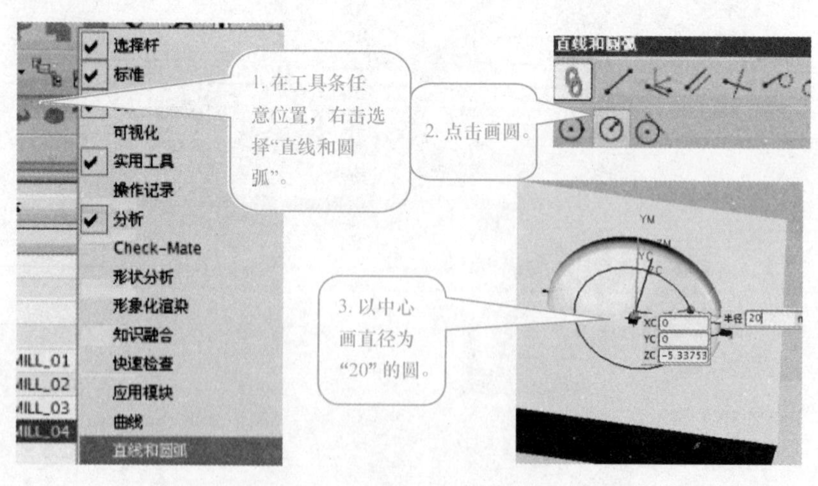

图 7 – 16

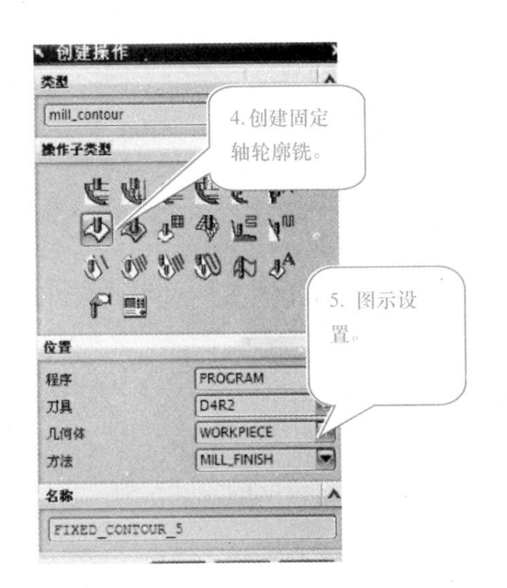

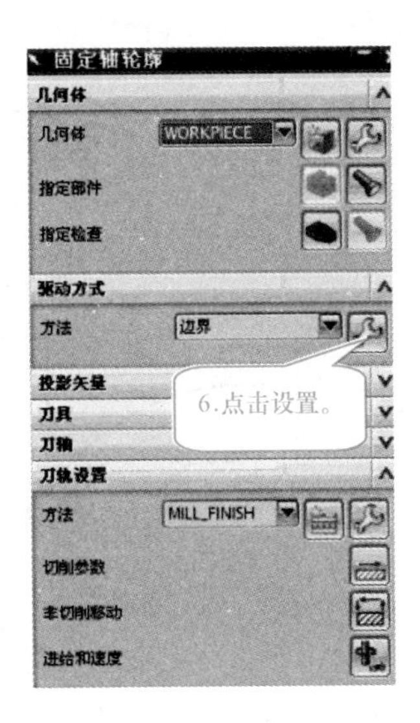

图 7-16（续）

可以在最后进行后处理生成 NC 代码。

项目小结

本项目介绍了表盖零件的造型，加工操作，后处理生成，模拟加工和 G 代码生成后加工的全过程。通过这个项目的学习，学生要会零件造型、型腔铣、固定轴轮廓铣边界驱动加工操作创建的方法和技巧。有些重点和容易错误的地方总结如下：

1. 固定轴轮廓铣。

主要用于半精加工或精加工一个或多个复杂曲面。

（1）基本原理。

先由驱动几何产生驱动点，在每个驱动点处，按投影方向驱动刀具向着加工几何移动，直至刀具接触到加工几何为止，此时得到接触点，最后，系统根据接触点处的曲率半径和刀具半径值，补偿得到刀具定位点，见图 7-17。

得到理想的刀具路径受如下因素影响：

① 加工几何。加工几何选择合适与否，将决定是否得到正确的工件外形。

② 驱动几何。驱动几何的形状、面积、方位不同，产生不同的驱动点，将得到不同的刀具路径。

③ 投影方向。即使选择相同的加工和驱动几何，投影方向不同，将直接影响刀具定位点的位置。

由驱动方法确定选择何种方式的驱动几何和投影方向。可允许不选择加工几何，此时，由驱动点直接得到刀具路径。但是，必须选择其中之一的驱动方法。当不选择加工几何时，无须选择投影方向；当驱动方法为 Flow Cut 时，也无需选择投影方向。

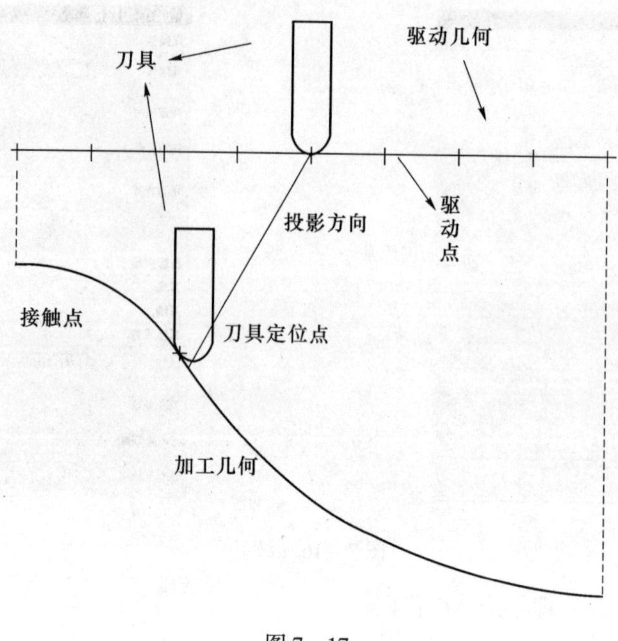

图 7－17

（2）驱动方法。

指定驱动几何和投影方向。由驱动几何产生驱动点并按投影方向投影到加工面上而形成刀具路径。一些驱动方法沿着曲线产生连续的驱动点，而另一些驱动方法则在边界内或曲面上产生矩阵驱动点。确定何种驱动方法应根据加工几何的形状和复杂程度而定。

① 点驱动。选择曲线或点作为驱动几何产生驱动点，并按指定的投影方向投影到加工面上而产生刀具路径的驱动方法。适用于在工件表面上加工筋槽或雕刻字体。

当选择点作为驱动几何时，首先相邻两点依顺序连线，再投影到加工面上。

当选择曲线作为驱动几何时，产生“一串”的、在曲线上的驱动点，再投影到加工面上。曲线既可以是连续的，也可以是断开的；既可以是共面的，也可以是空间的；既可以是开放的，也可以是封闭的。

② 螺旋线驱动。产生从中心向外的、螺旋状的驱动点，并按指定的投影方向投影到加工面上而产生刀具路径的驱动方法。驱动点位于通过螺旋中心并垂直投影方向的平面上。属区域加工，适用于加工圆形的工件。

③ 边界驱动。选择边界或封闭环作为驱动几何产生矩阵式的驱动点，并按指定的投影方向投影到加工面上而产生刀具路径的驱动方法。既可用于整体加工，也可用于局部加工，一种较灵活的区域加工方法，适用于加工各种形状的工件。

驱动边界既可以大于或等于加工面积（通常为加工面投影到垂直于投影方向的平面内的最大面积）——整体加工，也可以小于加工面积——局部加工。当驱动边界比加工面积大且大于刀具半径时，将出现刀具绕加工面边缘跟踪的刀具路段，通常是不必要的。

④ 区域驱动。以加工面的最大外轮廓作为驱动区域（无需选择驱动几何）而产生驱动点，并按刀具轴方向投影到加工面上而产生刀具路径的驱动方法，为优先选用的区域加工方法。

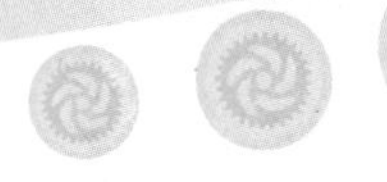

⑤ 面驱动。以曲面的网格点作为驱动点，并按指定的投影方向投影到加工面上而产生刀具路径的驱动方法。如果没有指定加工面，则刀具加工驱动面。驱动面与对应刀具路径的特点如表 7－2 所示。

表 7－2

驱动面的要求	刀具路径特点
驱动面的网格点没有被破坏 多曲面驱动时，相邻曲面需共享相同的边	驱动点为驱动面的风格点 能得到均匀步距的刀具路径

⑥ 刀具路径驱动。以存在的刀具定位源文档（CLSF）的刀具路径作为驱动点，并按指定的投影方向投影到加工面上而产生刀具路径的驱动方法。可通过进给率控制何种类型的刀具定位点参与投影产生新的刀具路径。

⑦ 放射驱动。产生垂直于驱动几何、呈带状的驱动点，并按指定的投影方向投影到加工面上而产生刀具路径的驱动方法。通过带宽控制清根范围，适用于清除加工面上内凹部位的残留余量。

⑧ 清根驱动。在指定的角度范围内并符合双接触点原则的内凹部位处产生驱动点，并由系统产生自认为是最优的切削方向和切削顺序的驱动方法。可根据加工工艺调整切削顺序，适用于清除加工面上内凹部位的残留余量。

2. 后处理。

运用 UG 加工模块编写的刀具路径称为内部刀具路径，它不是独立的文档，而且它的格式也不能被机床读取。因此，必须通过后处理变成 NC 程序后，才能送到数控机床加工零件，如图 7－18 所示。

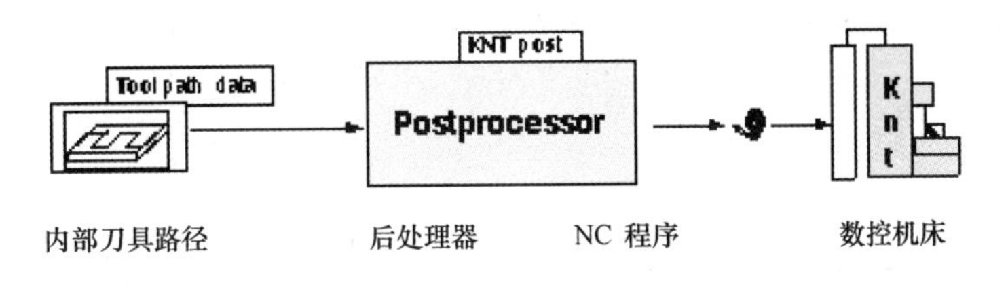

图 7－18

通常，有两种不同的用户：第一，使用自动换刀功能，一次性运行同一工件的所有程序，此时，需要把同一工件的所有刀具路径后处理成为一个 NC 程序；第二，使用人工换刀，运行完同一工序的同一把刀具的程序后，人工换刀后再运行下一把刀具的程序，此时，仅把同一工序、同一把刀具的刀具路径后处理成为一个 NC 程序。针对这两种情况，以下分别作出介绍。

（1）同时后处理所有刀具路径。

从菜单条中选择程序视图，使导航窗口的第一列显示程序的运行顺序，如图 7－19 所示。

选择所有刀具路径或“父”参数组。

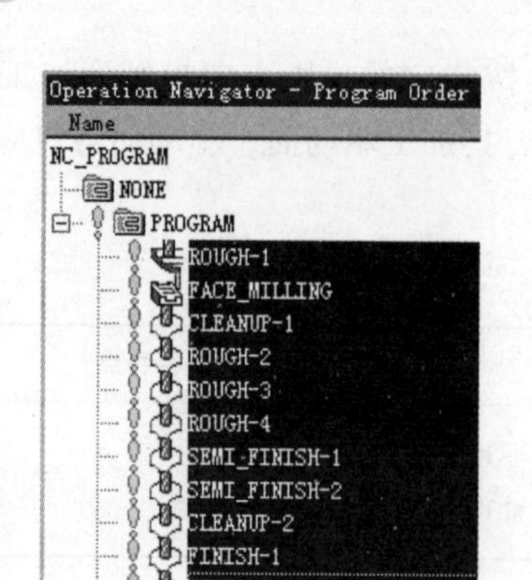

或

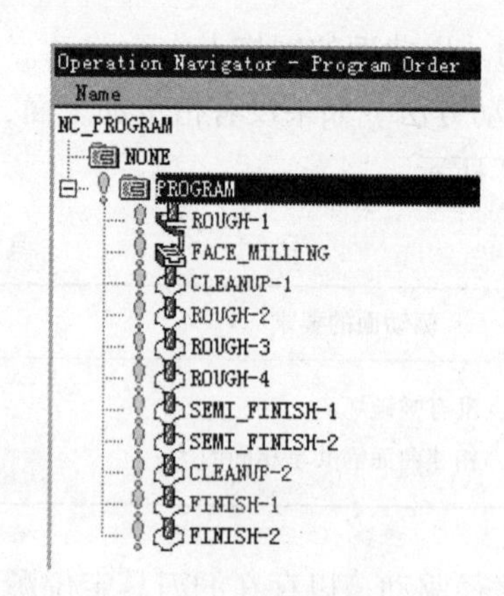

图 7－19

右键单击“PROGRAM”，选择后处理。设定后处理器和指定 NC 程序的路径、名称，点击应用开始后处理，如图 7－20 所示。

在指定的路径下打开 NC 程序，其结果如图 7－21 所示。

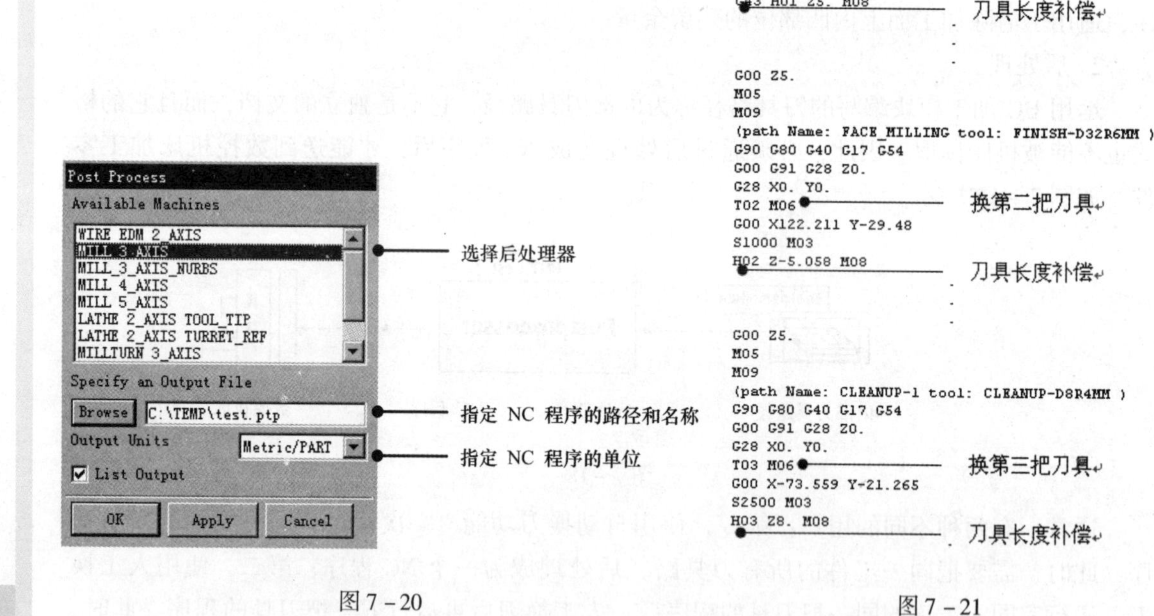

图 7－20　　图 7－21

（2）使用人工换刀功能的刀具路径后处理。

与第一种方法相比较，此种方法不用设定换刀命令，其他步骤与第一种方法相同。选择同一工序的同一把刀具的刀具路径，如图 7－22 所示。

右击选择后处理，设定后处理器和指定 NC 程序的路径、名称，点击应用开始后处理。在指定的路径下打开 NC 程序，如 C：\ XX \ 1. ptp，其结果如图 7－23 所示。

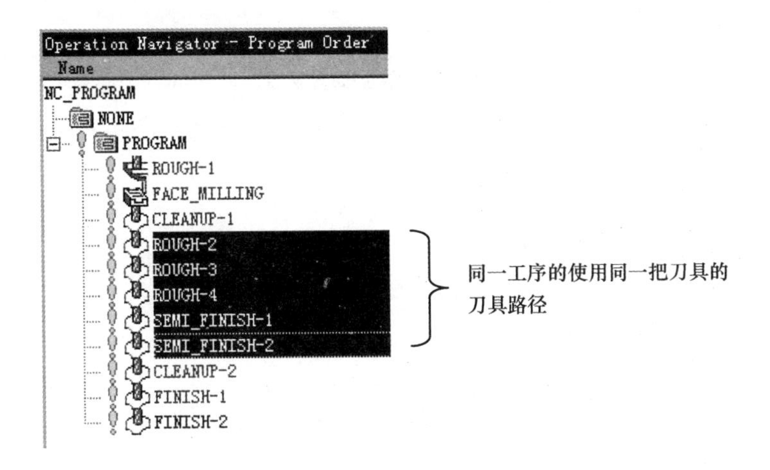
Operation Navigator - Program Order
Name
NC_PROGRAM
NONE
PROGRAM
ROUGH-1
FACE_MILLING
CLEANUP-1
ROUGH-2
ROUGH-3
ROUGH-4
SEMI_FINISH-1
SEMI_FINISH-2
CLEANUP-2
FINISH-1
FINISH-2
同一工序的使用同一把刀具的刀具路径

图 7－22

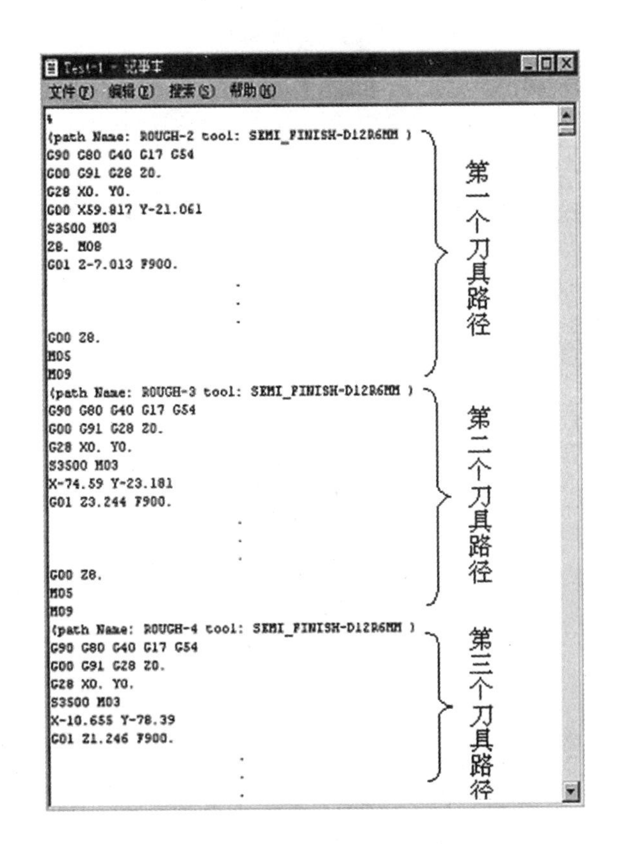
Test-1 - 记事本
文件(F) 编辑(E) 搜索(S) 帮助(H)
%
(path Name: ROUGH-2 tool: SEMI_FINISH-D12R6MM)
G90 G80 G40 G17 G54
G00 G91 G28 Z0.
G28 X0. Y0.
G00 X59.817 Y-21.061
S3500 M03
Z8. M08
G01 Z-7.013 F900.
G00 Z8.
M05
M09
(path Name: ROUGH-3 tool: SEMI_FINISH-D12R6MM)
G90 G80 G40 G17 G54
G00 G91 G28 Z0.
G28 X0. Y0.
S3500 M03
X-74.59 Y-23.181
G01 Z3.244 F900.
G00 Z8.
M05
M09
(path Name: ROUGH-4 tool: SEMI_FINISH-D12R6MM)
G90 G80 G40 G17 G54
G00 G91 G28 Z0.
G28 X0. Y0.
S3500 M03
X-10.655 Y-78.39
G01 Z1.246 F900.
第一个刀具路径
第二个刀具路径
第三个刀具路径

图 7－23

思考和练习

1. 零件的工艺规划还有哪些方法?
2. 修改最后固定轴加工的驱动方式，看看有什么区别?
3. 试着加工图 7 - 24 所示的型芯零件。

图 7 - 24

项目八　端盖的造型与加工

任务一　端盖的造型

操作视频

一、任务目标

1. 巩固 UG 三维造型方法，会使用软件对零件进行造型。
2. 会使用变换命令。
3. 复习拉伸、旋转命令。
4. 掌握建模的思路。

二、任务分析

首先在 UG 建模环境下，根据零件图 8 – 1 所示的尺寸要求，完成工件的建模造型。图中对零件的三维造型进行了分析，使用 UG 的草图功能在平面内完成截面外形的创建，然后使用成型特征中旋转操作完成特征实体。四个侧半圆柱状的部分可以先创建一个拉伸特征，然后使用变换命令对其进行变换，在变换中要使用“绕直线旋转”，完成零件的三维建模。

三、操作过程

1. 启动 UG 进入界面，“新建”文件，在对话框中输入文件名“duangai. prt”，设置自己的文件夹目录。点“确认”进入建模环境，开始在 UG 的建模模块中进行下面的操作。

2. 在草图中创建截面形状。单击工具栏图标创建草图，进入草图后，利用单击图标“直线”命令绘制图中所示的曲线轮廓。点击尺寸约束规范草图。“完成草图”回到建模界面，如图 8 – 2 所示。

3. 点击工具栏“回转”命令，出现回转对话框。操作过程如图 8 – 3 所示。

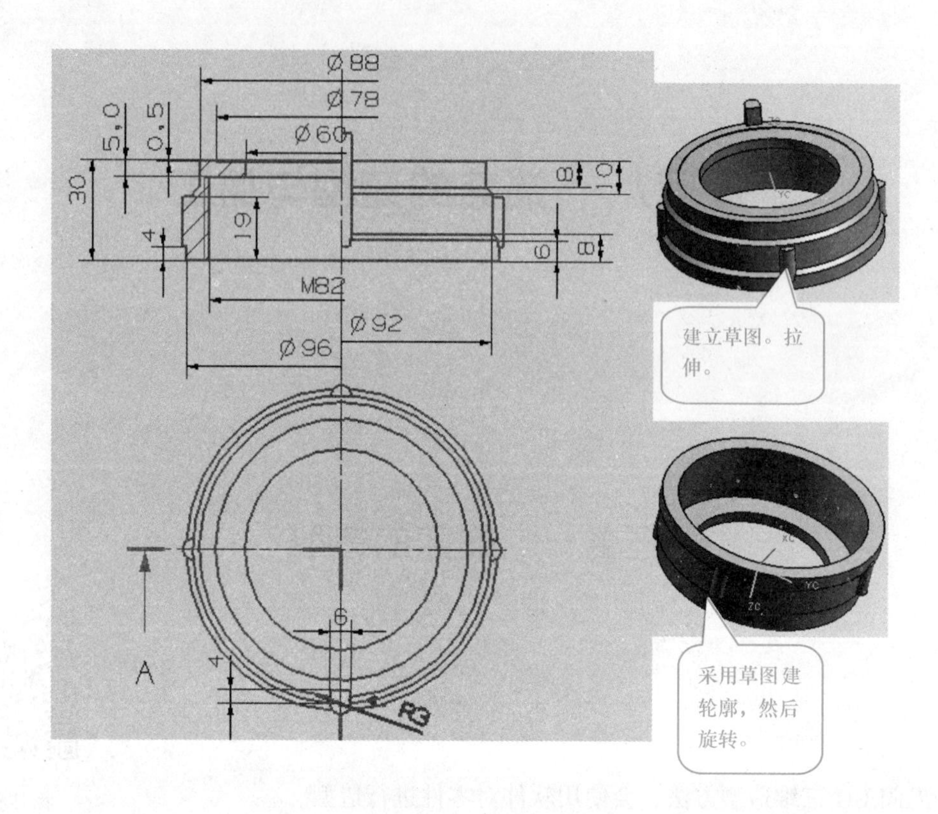

图 8－1

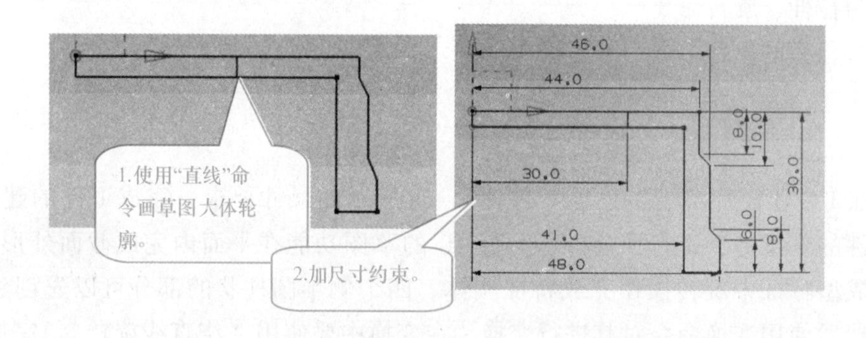

图 8－2

4. 建立基准面。在菜单“插入”→“基准点”→“基准平面”，具体操作如图 8－4所示。

5. 在刚才建立的基准平面上，创建草图，三个半圆，如图 8－5 所示，然后“拉伸”这三个半圆。长一点的半圆柱建立草图“拉伸”。这两个“拉伸”命令菜单中的“布尔”选项中都选择“求和”。

6. 最后造型结束，三维零件的造型生成。显示设置，隐藏曲线，草图的显示。具体操作过程如图 8－6 所示。

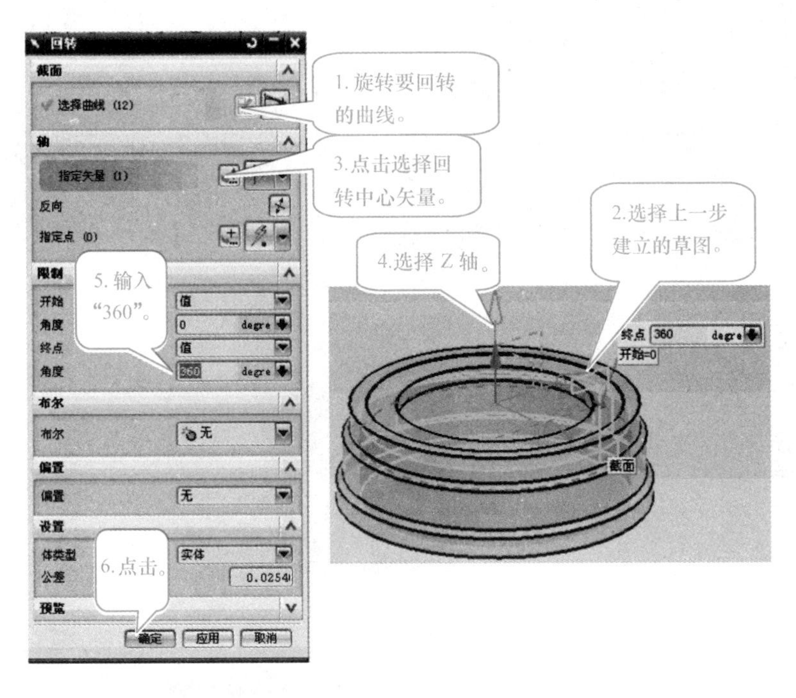
回转
截面
选择曲线 (12)
1.旋转要回转的曲线。
轴
指定矢量 (1)
3.点击选择回转中心矢量。
反向
指定点 (0)
2.选择上一步建立的草图。
4.选择 Z 轴。
限制
5.输入"360"。
开始
角度
终点
角度
值
0
360
degre
终点 360
开始=0
布尔
无
偏置
设置
体类型
实体
公差
0.0254
6.点击。
预览
截面
确定
应用
取消

图 8－3

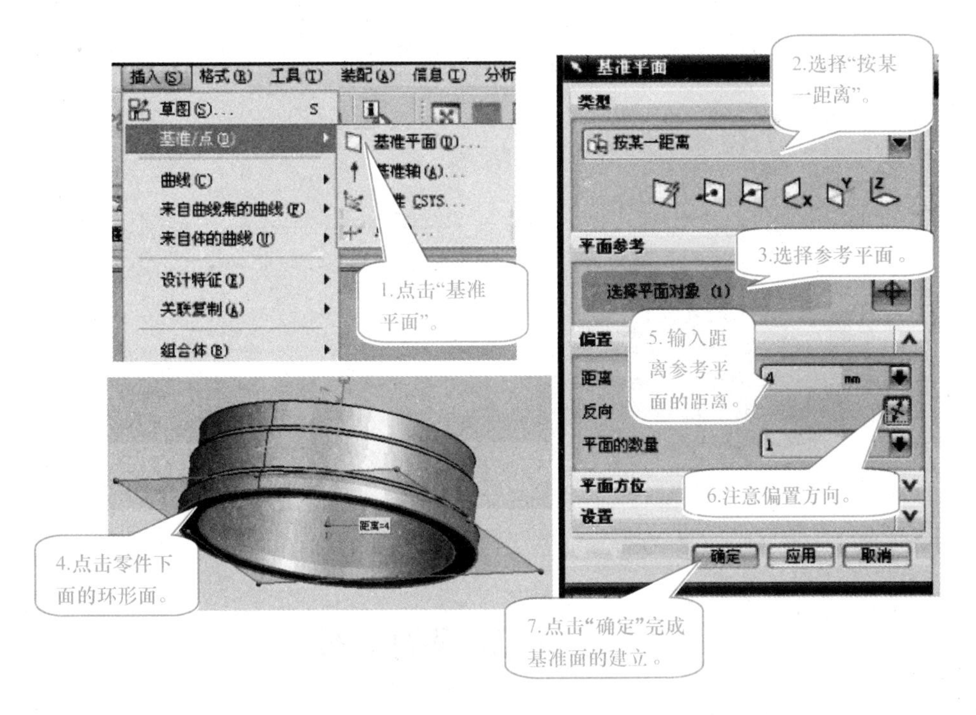
插入(S)
格式(R)
工具(T)
装配(A)
信息(I)
分析
草图(S)...
基准/点(D)
曲线(C)
来自曲线集的曲线(F)
来自体的曲线(U)
设计特征(E)
关联复制(A)
组合体(B)
基准平面(D)...
1.点击"基准平面"。
基准平面
2.选择"按某一距离"。
类型
按某一距离
平面参考
3.选择参考平面。
选择平面对象 (1)
偏置
5.输入距离参考平面的距离。
距离
4
mm
反向
平面的数量
1
平面方位
6.注意偏置方向。
设置
确定
应用
取消
4.点击零件下面的环形面。
距离=4
7.点击"确定"完成基准面的建立。

图 8－4

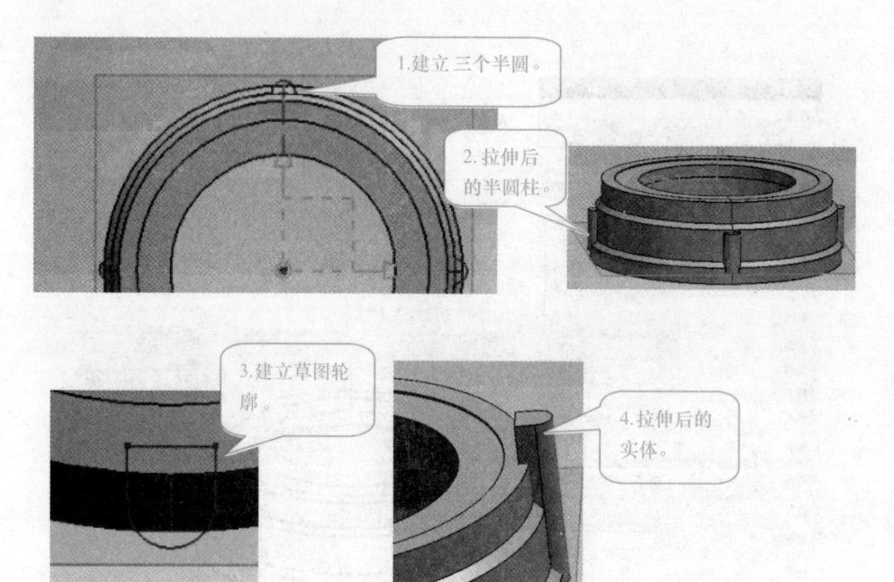

图 8－5

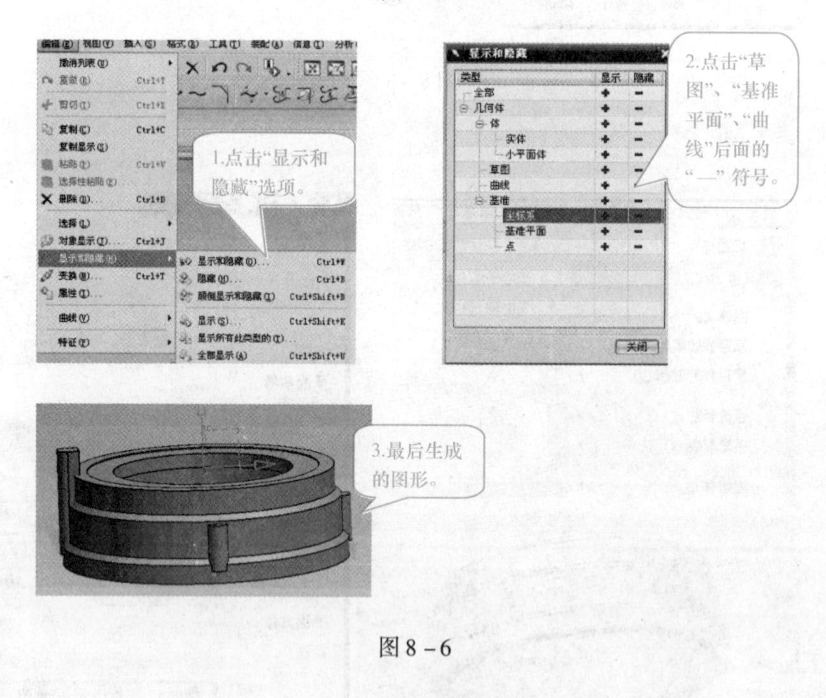

图 8－6

任务二　端盖的分模

一、任务目标

1. 巩固 UG 三维造型方法，会使用软件对零件进行造型。

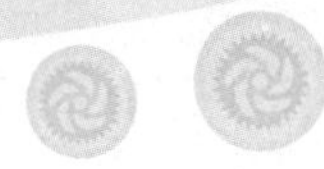

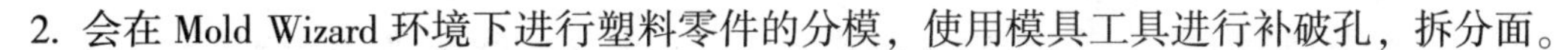

2. 会在 Mold Wizard 环境下进行塑料零件的分模，使用模具工具进行补破孔，拆分面。
3. 会进行型腔和型芯的创建。

二、任务分析

端盖的材料也是工程塑料 PA66（尼龙 66）加入长玻纤增强尼龙。分模后的效果如图 8－7 所示，采用 Mold Wizard 进行型腔和型芯的创建的主要思路是：首先进行模具初始化设计，判断模具坐标系在模型上的位置，并确定模具坐标系。使用模具工具进行补面，进行面拆分，创建分型面。然后进行模具分型，通过定义型腔/型芯区域，抽取分型线，对破孔进行修补。最后通过创建后的分型面完成型芯和型腔的创建。

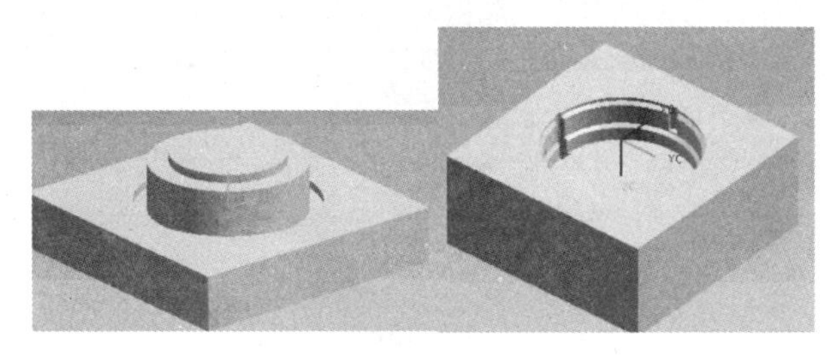

图 8－7

三、操作过程

1. 准备进行分模，选择“开始”→“所有应用模块”→“注塑模向导”，出现注塑模向导工具条。其他操作如图 8－8 所示。

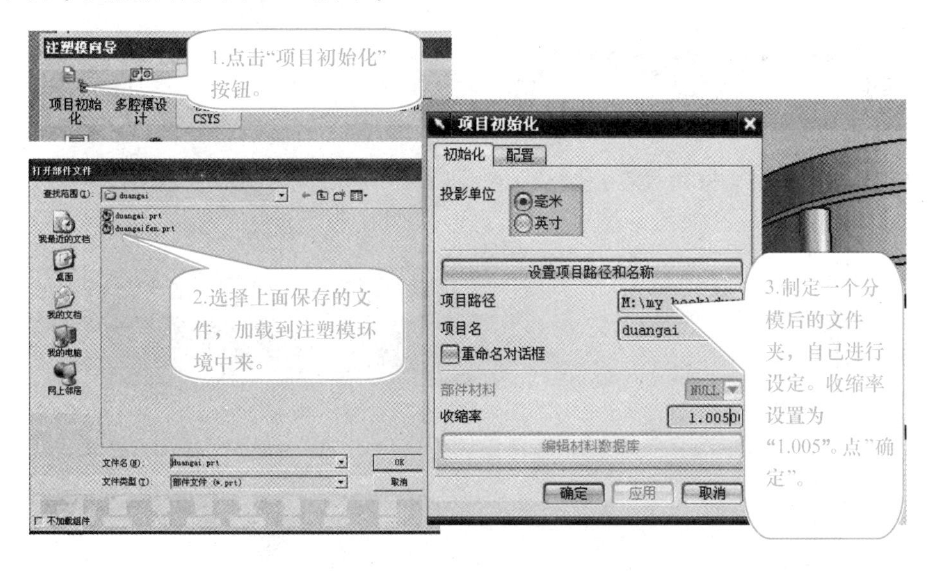

图 8－8

2. 进行坐标系设置，选择菜单“格式”→“WCS”→“原点”。操作如图 8－9。

3. 在“注塑模向导”工具条上选择“模具 CSYS”按钮，进行下面的设置。“注塑模向导”工具条上选择“工件”按钮，出现对话框，默认设置，“确定”，如图8－10所示。

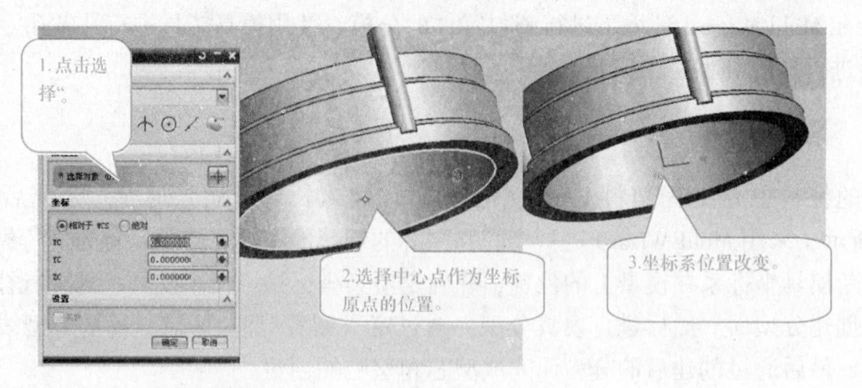

图 8－9

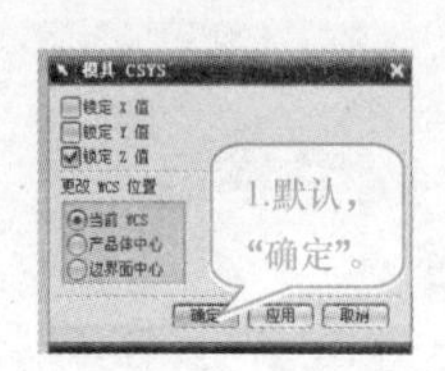

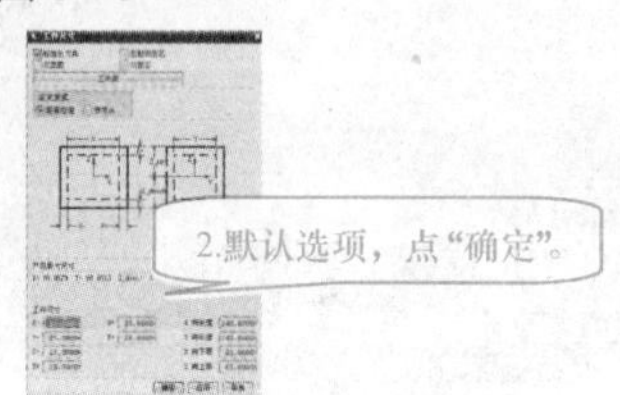

图 8－10

4. 准备进行补破孔，"注塑模向导"工具条上选择"模具工具"按钮 模具工具，操作过程如图 8－11 所示。

图 8－11

5. 为了创建正确的分型面，要对一些面进行拆分。具体步骤如图 8－12 所示。

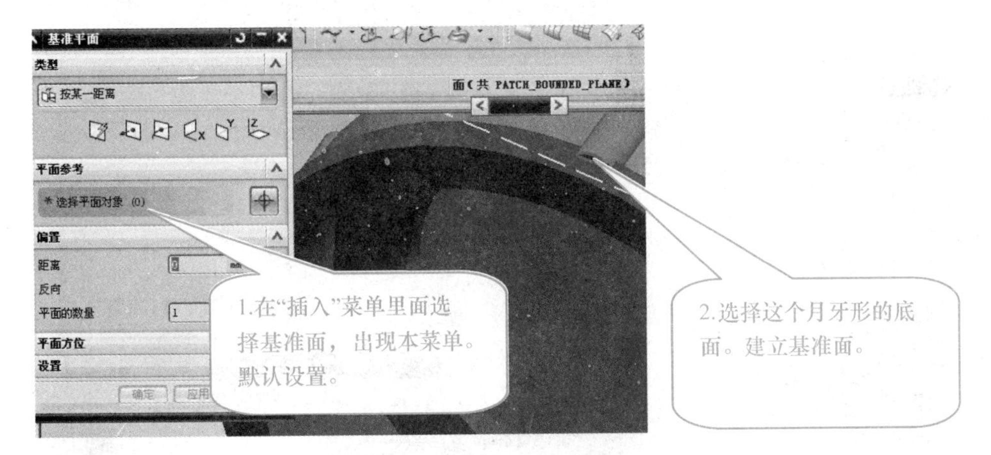

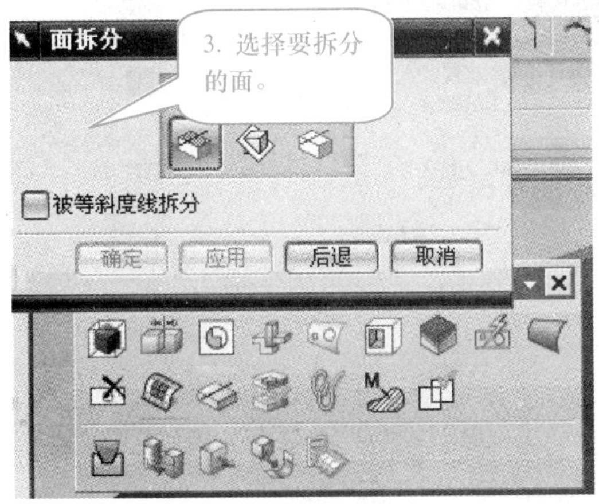

图 8－12

6. 拆分好面以后，可以开始进行分型操作，进一步生成型腔和型芯零件。具体步骤如图 8－13 所示。

7. 创建分型面。在“分型管理器”中点击“创建分型面”按钮，操作过程如图 8－14 所示。

2.点击“初始化”。
8. 点选“抽取区域”。
3. 默认设置，确定。
4.点击“设置区域颜色”可以看到模型颜色的变化。
1.在工具条中选“分型”。
5. 点选“型芯区域”。
6. 选择此面。
7. 点“确定”。
9. 默认设置，建立分型线。
10.建立的分型线。
分型管理
根
产品体
工件
曲面补片
所有型腔曲面
所有型芯曲面
关闭
MPV 初始化
区域计算选项
保持现有的
仅编辑
全部重置
选择拔模方向
确定
取消
塑模部件验证
面
区域
设置
信息
型腔区域
25
透明度：
型芯区域
透明度
未定义的区
交叉竖直面
未知的面类型
设置区域颜色
用户定义区域
指派为
型腔区域
型芯区域
确定
应用
后退
取消
注塑模向导
项目初始化
多腔模设计
模具CSYS
收缩率
工件
型腔布局
模具工具
分型
区域和直线
抽取区域方法
MPV 区域
边界区域
相连的面区域
未抽取
抽取分型线
确定
取消

图 8－13

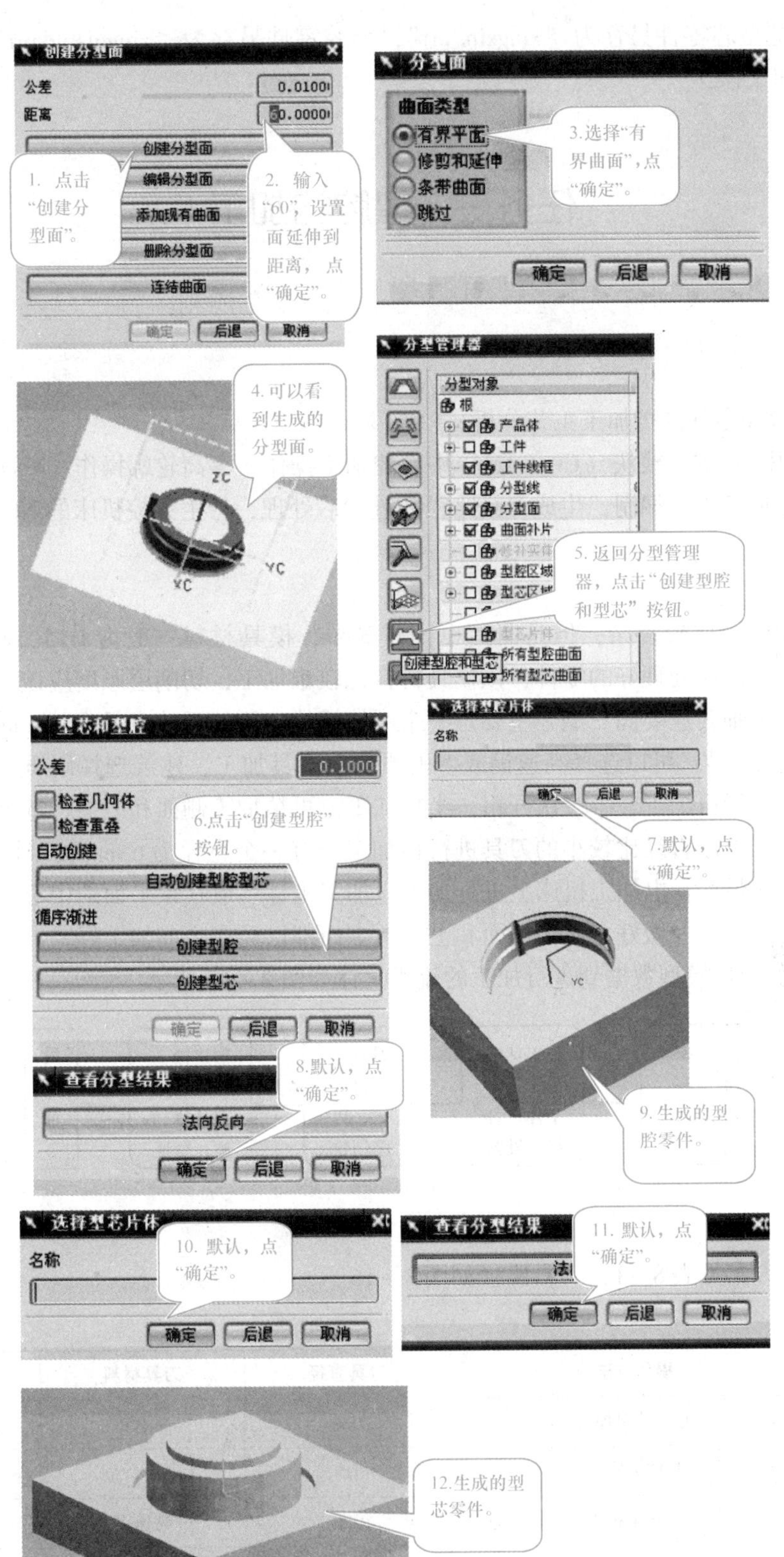
创建分型面
公差
0.0100
距离
60.0000
创建分型面
编辑分型面
添加现有曲面
删除分型面
连结曲面
确定
后退
取消
1. 点击"创建分型面"。
2. 输入"60"，设置面延伸到距离，点"确定"。
分型面
曲面类型
有界平面
修剪和延伸
条带曲面
跳过
3.选择"有界曲面"，点"确定"。
确定
后退
取消
4.可以看到生成的分型面。
ZC
YC
XC
分型管理器
分型对象
根
产品体
工件
工件线框
分型线
分型面
曲面补片
型腔区域
型芯区域
所有型腔曲面
所有型芯曲面
创建型腔和型芯
5. 返回分型管理器，点击"创建型腔和型芯"按钮。
型芯和型腔
公差
0.1000
检查几何体
检查重叠
自动创建
自动创建型腔型芯
循序渐进
创建型腔
创建型芯
6.点击"创建型腔"按钮。
确定
后退
取消
选择型腔片体
名称
7.默认，点"确定"。
查看分型结果
法向反向
8.默认，点"确定"。
9. 生成的型腔零件。
选择型芯片体
名称
10. 默认，点"确定"。
查看分型结果
11. 默认，点"确定"。
12.生成的型芯零件。

图 8－14

8. 最后把型芯零件另存为“xingxin. prt”，型腔零件另存为“xingqiang. prt”，准备对型腔零件进行加工操作。

任务三　型腔的加工

一、任务目标

1. 会对型腔零件进行加工工艺分析。

2. 会使用UG加工模块（UG CAM）中型腔加工操作、等高轮廓操作、平面铣操作综合对型腔零件的加工程序编制，生成刀具路径并进行后处理，产生数控机床的NC程序。

二、任务分析

型腔零件模型比较复杂，但是曲面也比较简单，模具材料一般为H13，硬度HRC40，毛坯为六面平整已经处理好的零件，该模具材料比较难加工，切削层厚度应该小一点，进给量也比较小，主轴转速要高。型腔主要是一个圆柱槽体，槽的尺寸直径为96 mm，中间有直径为6 mm的几个槽。可以选择高速钢或者硬质合金刀具加工，建议选择硬质合金刀具。可以对该型腔先进行粗加工，半二次开粗，半精加工，再精加工侧面和底面。选择比较大的刀具进行粗加工，再用直径比较小的刀具进行精加工。有一个直径为6 mm的半圆孔可以不用在铣床上加工，最后在电加工机床上进行加工。加工坐标系放在顶平面的中心。毛坯应该在数控机床上加工前已经做好，四个侧面和上下两个面都已经在之前加工好。

从获得了CAD模型数据到进行加工的流程大体如图8－15所示。

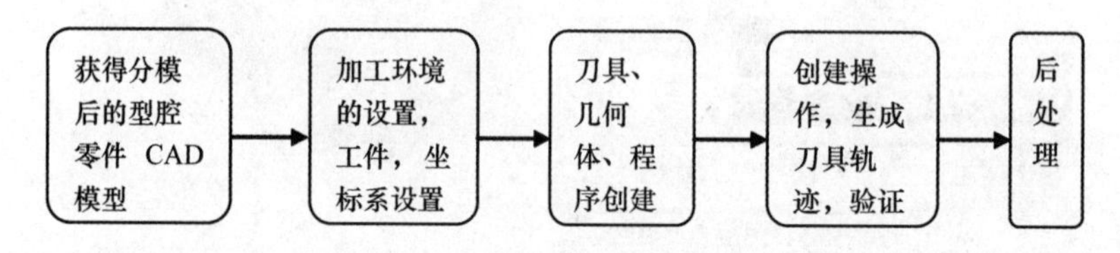

图8－15

大体加工方案见表8－1，刀具路径如图8－16。

表8－1　加工工艺方案

序号	操作方法	刀具直径	刀具材料	加工余量
1	型腔铣粗加工	D20	高速钢	0. 5
2	型腔铣二次开粗	D5	硬质合金	0. 25
3	平面铣半精加工	D20	高速钢	0. 1
4	等高轮廓铣半精加工	D5	硬质合金	0. 1

三、操作过程

1. 在加工之前，首先打开型腔文件“xingqiang. prt”，设置好坐标系。具体步骤如图 8－17。

2. 创建毛坯模型，从“开始”菜单，返回到“建模”环境下。点击“拉伸命令”，操作过程如图 8－18 所示。

3. 隐藏刚才建立的工件毛坯，操作步骤如图 8－19 所示。

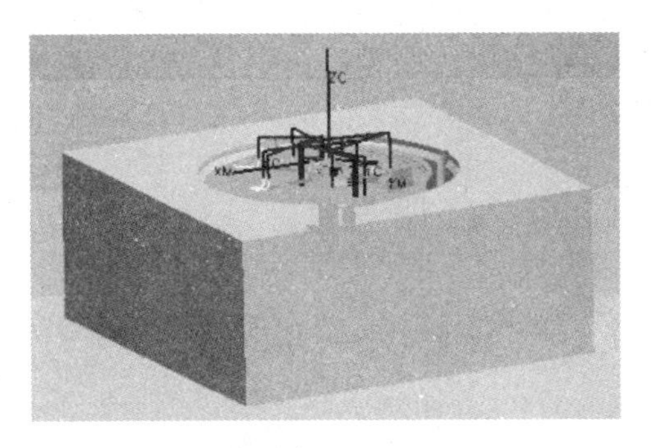

图 8－16

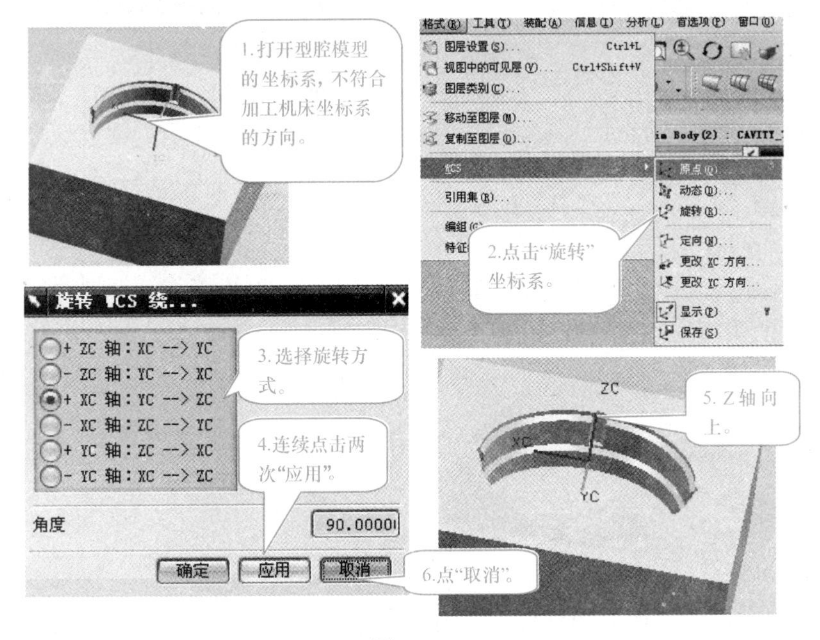

图 8－17

图 8－18

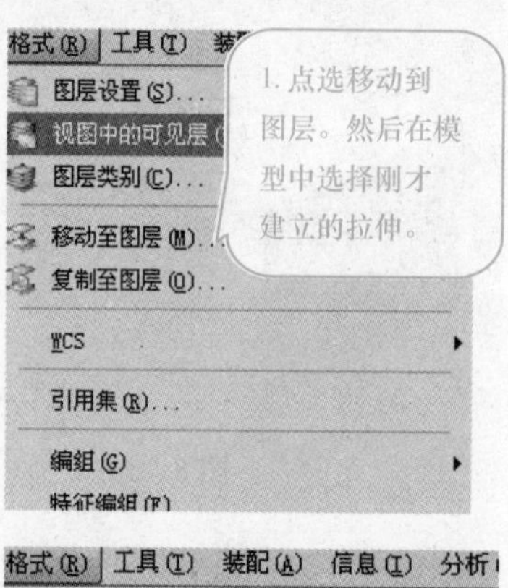

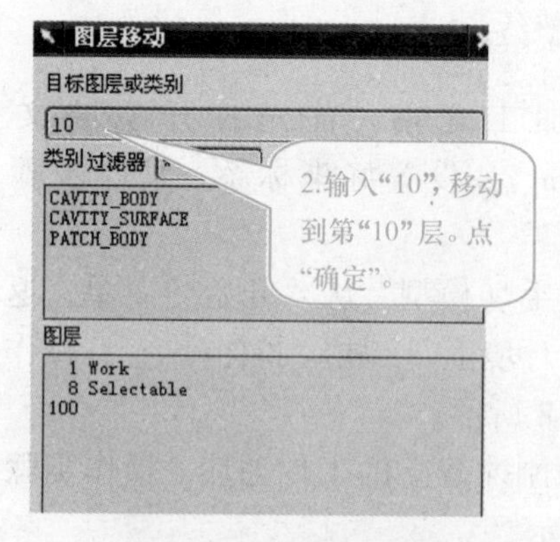

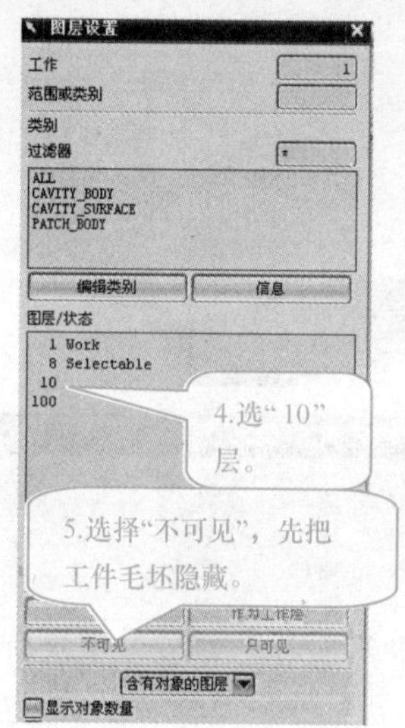

图 8－19

4. 从“开始”进入“加工”环境，开始进行加工操作的设定。具体如图 8－20 所示。
5. 创建几何体，为以后的加工操作建立基础。具体操作过程见图 8－21。

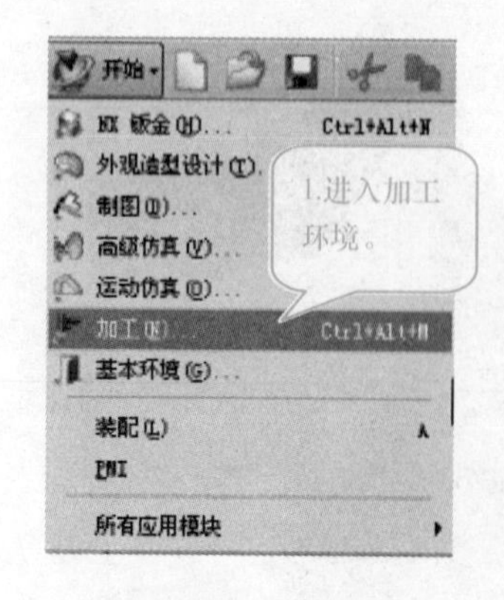

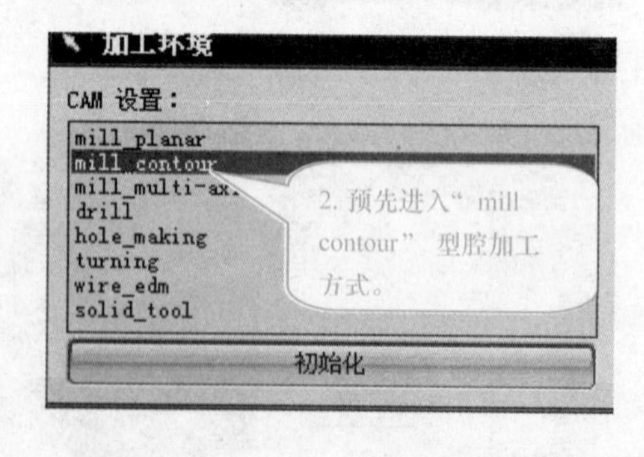

图 8－20

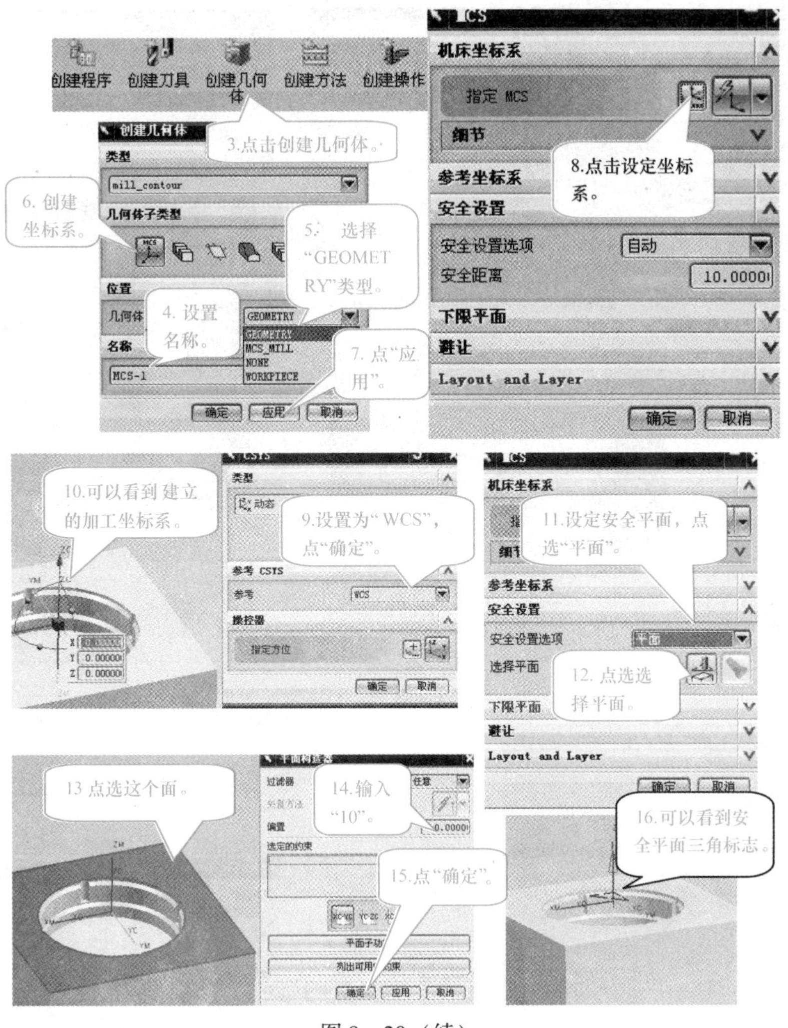

创建程序
创建刀具
创建几何体
创建方法
创建操作
3.点击创建几何体。
创建几何体
类型
mill_contour
6. 创建坐标系。
几何体子类型
5. 选择"GEOMETRY"类型。
位置
几何体
4. 设置名称。
GEOMETRY
MCS_MILL
NONE
WORKPIECE
名称
MCS-1
7. 点"应用"。
确定
应用
取消
机床坐标系
指定 MCS
细节
8.点击设定坐标系。
参考坐标系
安全设置
安全设置选项
自动
安全距离
10.0000
下限平面
避让
Layout and Layer
确定
取消
10.可以看到建立的加工坐标系。
类型
动态
9.设置为"WCS"，点"确定"。
参考 CSYS
参考
WCS
操控器
指定方位
11.设定安全平面，点选"平面"。
参考坐标系
安全设置
安全设置选项
平面
选择平面
12. 点选选择平面。
下限平面
避让
Layout and Layer
13 点选这个面。
过滤器
任意
14.输入"10"。
偏置
选定的约束
15.点"确定"。
16.可以看到安全平面三角标志。

图 8－20（续）

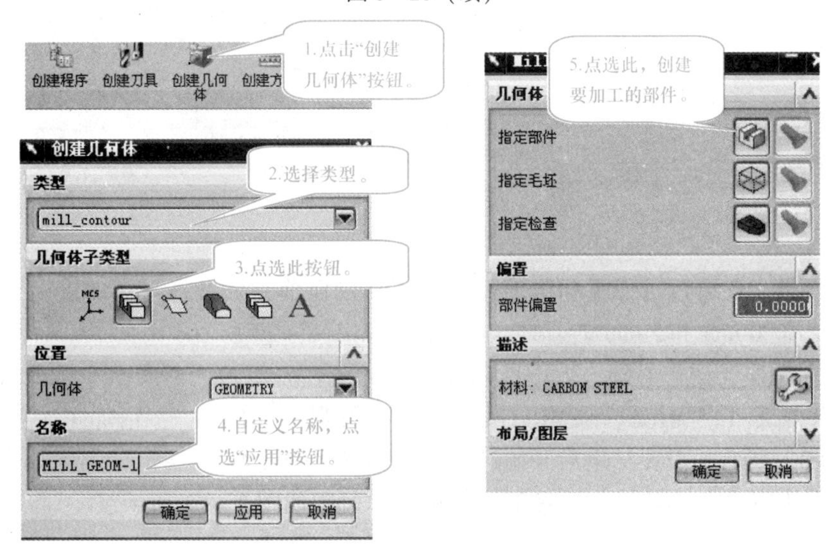

创建程序
创建刀具
创建几何体
1.点击"创建几何体"按钮。
创建几何体
类型
2.选择类型。
mill_contour
几何体子类型
3.点选此按钮。
位置
几何体
GEOMETRY
名称
4.自定义名称，点选"应用"按钮。
MILL_GEOM-1
确定
应用
取消
5.点选此，创建要加工的部件。
几何体
指定部件
指定毛坯
指定检查
偏置
部件偏置
0.0000
描述
材料：CARBON STEEL
布局/图层
确定
取消

图 8－21

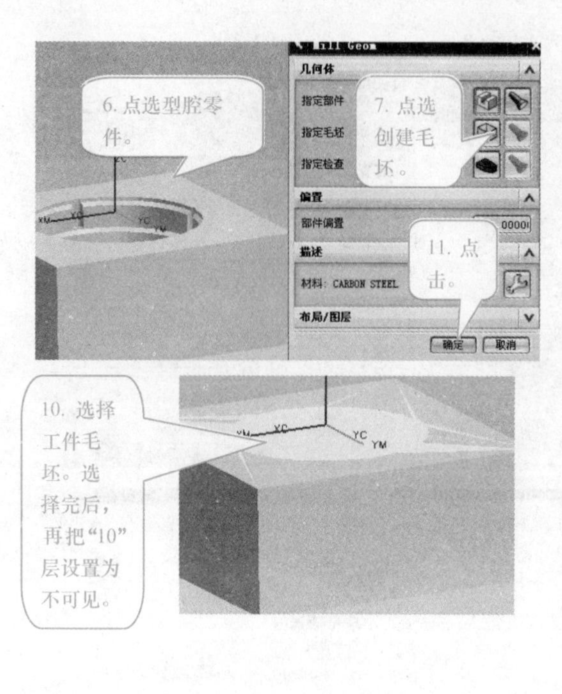

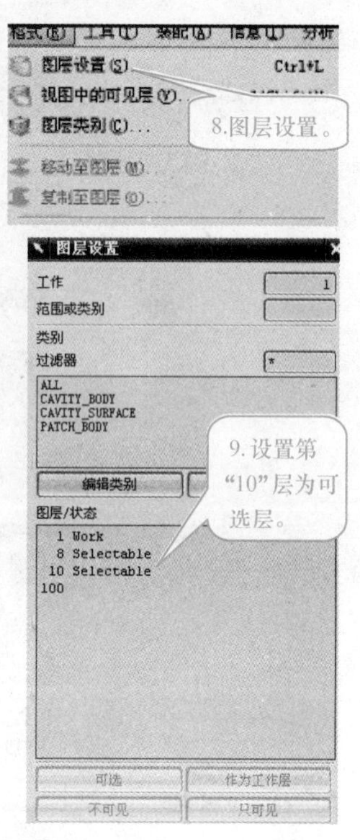

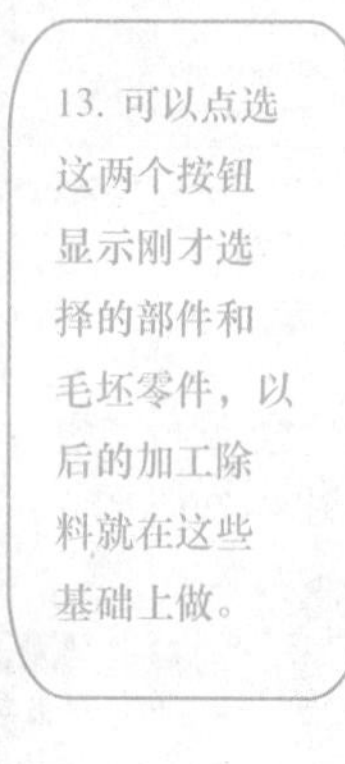

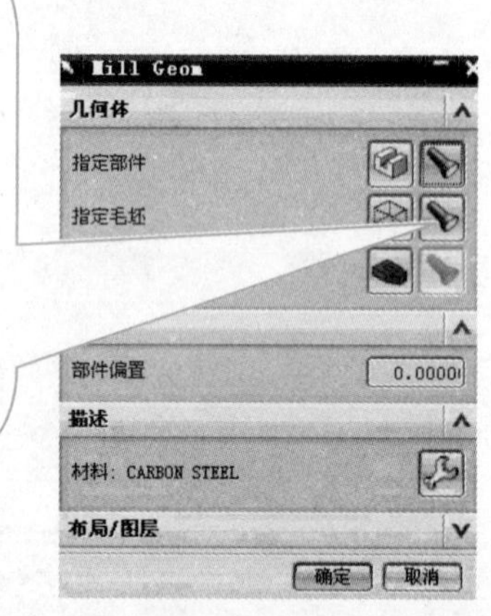

图 8－21（续）

6. 创建刀具。要进行粗加工和精加工，在实际操作前，要做好刀具的准备工作。共两把刀具，直径为 20 mm 和 5 mm 的刀具。操作过程如图 8－22 所示。

重复 1～5 顺序，建立另外一把刀具 D5。

7. 设置半精加工“MILL_ SEMI_ FINISH”余量为“0.1 mm”，精加工“MILL_ FINISH”余量为 0。所有的设置结束后开始进行粗加工操作的设置。

8. 在菜单中点击“创建操作”按钮。具体操作过程如图 8－23 所示。

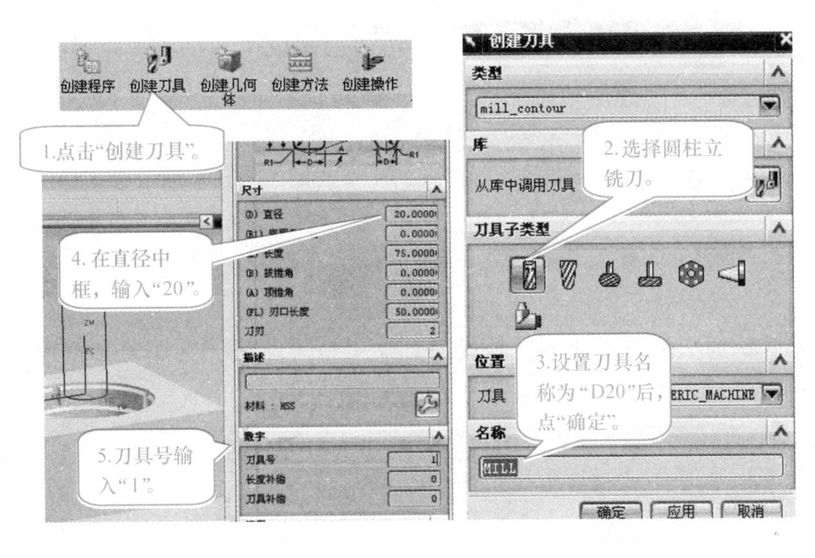

创建程序 创建刀具 创建几何体 创建方法 创建操作
1.点击"创建刀具"。
2.选择圆柱立铣刀。
3.设置刀具名称为"D20"后，点"确定"。
4.在直径中框，输入"20"。
5.刀具号输入"1"。
创建刀具
类型
mill_contour
库
从库中调用刀具
刀具子类型
位置
刀具
名称
MILL
确定 应用 取消
尺寸
(D) 直径 20.0000
(L) 长度 75.0000
(FL) 刃口长度 50.0000
刀刃 2
描述
数字
刀具号 1
长度补偿 0
刀具补偿 0

图 8－22

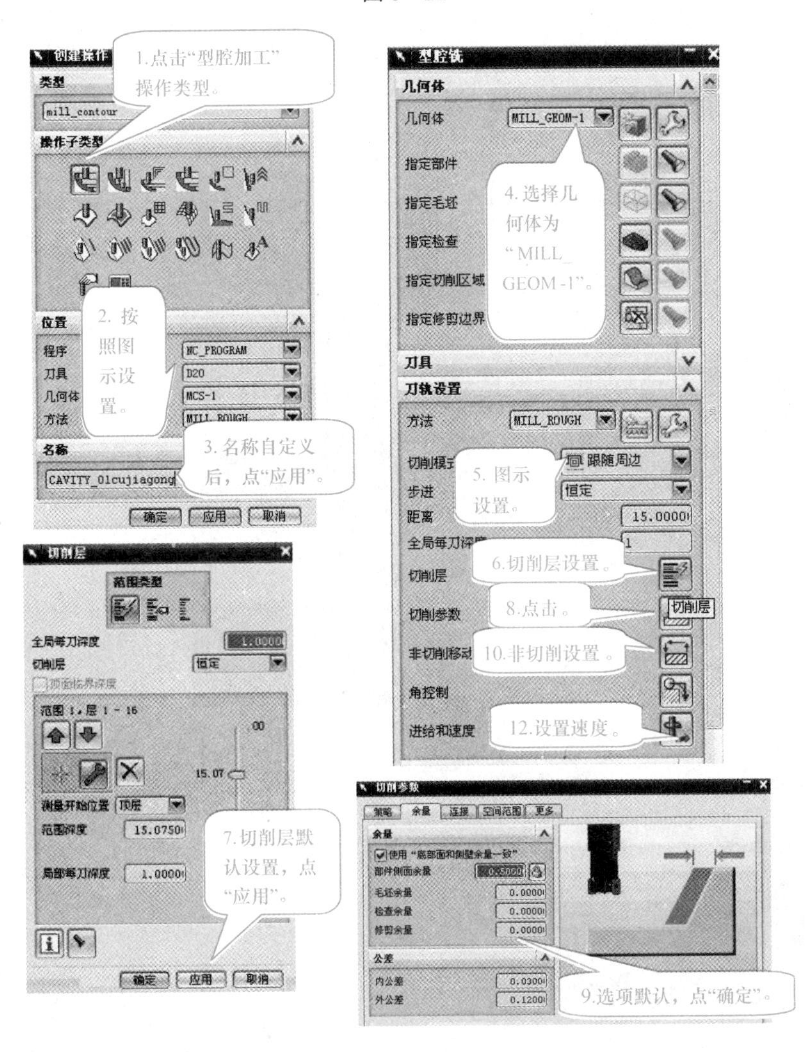

1.点击"型腔加工"操作类型。
2. 按照图示设置。
3. 名称自定义后，点"应用"。
4. 选择几何体为"MILL_GEOM-1"。
5. 图示设置。
6.切削层设置。
7.切削层默认设置，点"应用"。
8.点击。
9.选项默认，点"确定"。
10.非切削设置。
12.设置速度。
创建操作
类型
mill_contour
操作子类型
位置
程序 NC_PROGRAM
刀具 D20
几何体 MCS-1
方法 MILL_ROUGH
名称
CAVITY_01cujiagong
确定 应用 取消
型腔铣
几何体
几何体 MILL_GEOM-1
指定部件
指定毛坯
指定检查
指定切削区域
指定修剪边界
刀具
刀轨设置
方法 MILL_ROUGH
跟随周边
步进 恒定
距离 15.0000
切削层
切削参数
切削层
角控制
进给和速度
切削层
范围类型
全局每刀深度 1.0000
切削层 恒定
范围深度 15.0750
局部每刀深度 1.0000
确定 应用 取消
切削参数
策略 余量 连接 空间范围 更多
余量
部件侧面余量 0.5000
毛坯余量 0.0000
检查余量 0.0000
修剪余量 0.0000
公差
内公差 0.0300
外公差 0.1200

图 8－23

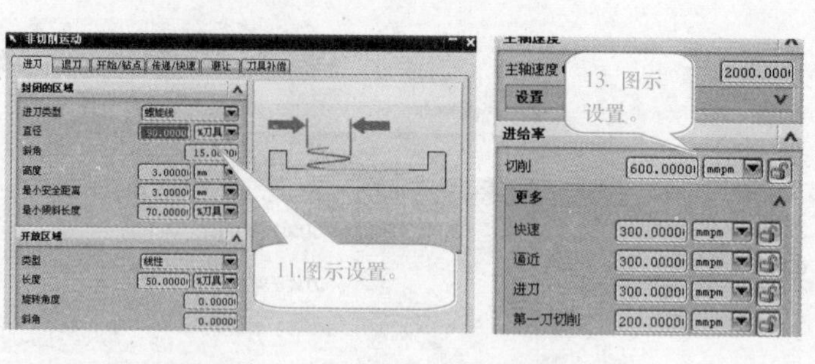

图 8 – 23（续）

9. 产生型腔铣加工的刀具轨迹，生成刀具加工轨迹路线，完成刀具粗加工操作。操作如图 8 – 24 所示。

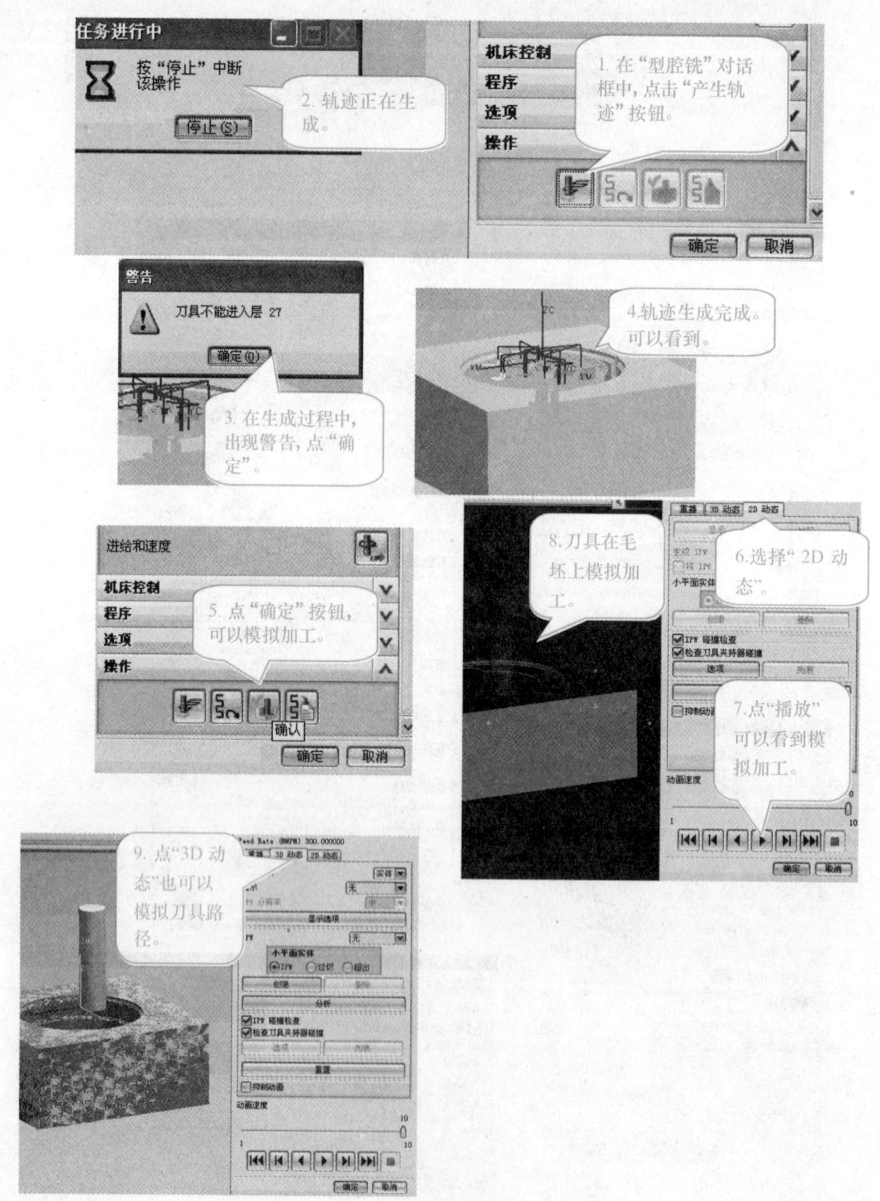

图 8 – 24

10. 后处理，生成粗加工的 G 代码。具体见图 8－25。

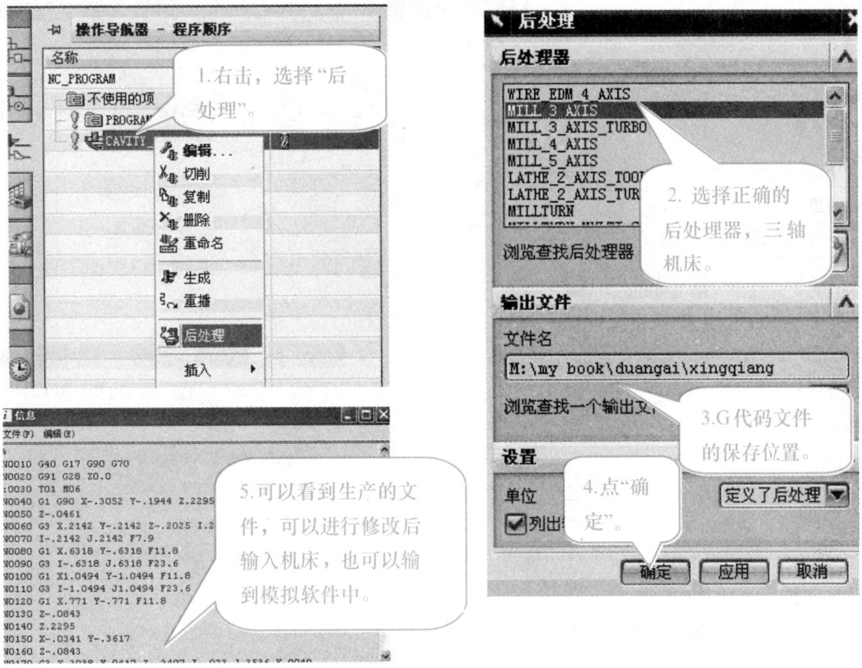

图 8－25

11. 粗加工完成后，进行二次开粗加工操作的设置。首先创建新二次开粗加工操作，步骤见图 8－26 所示。

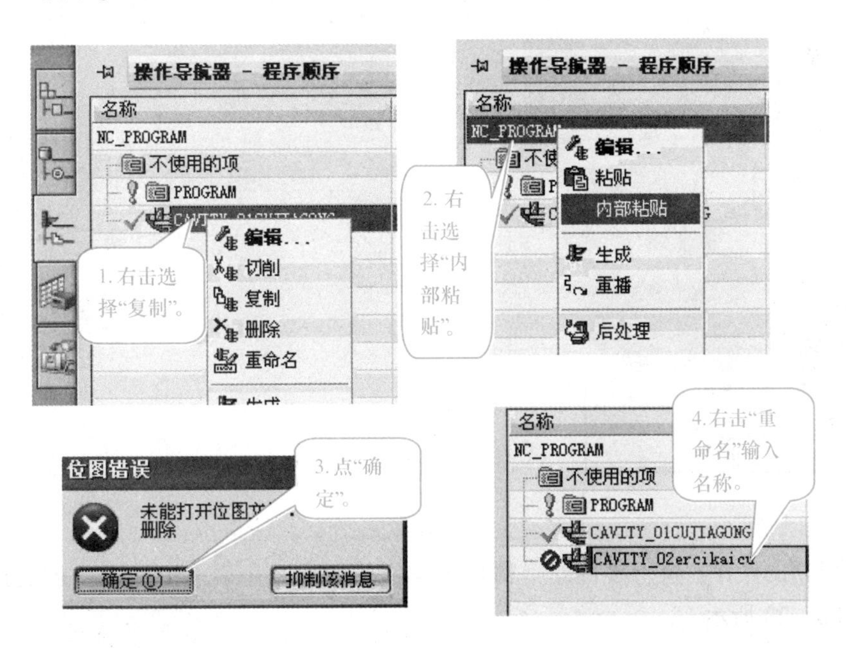

图 8－26

12. 双击刚才粘贴的新的操作，进行二次开粗的设置。具体步骤如图 8－27 所示。

图 8－27

13. 创建新的操作，进行零件的半精加工操作的创建。在菜单中选择“创建操作”，操作步骤如图 8－28 所示。

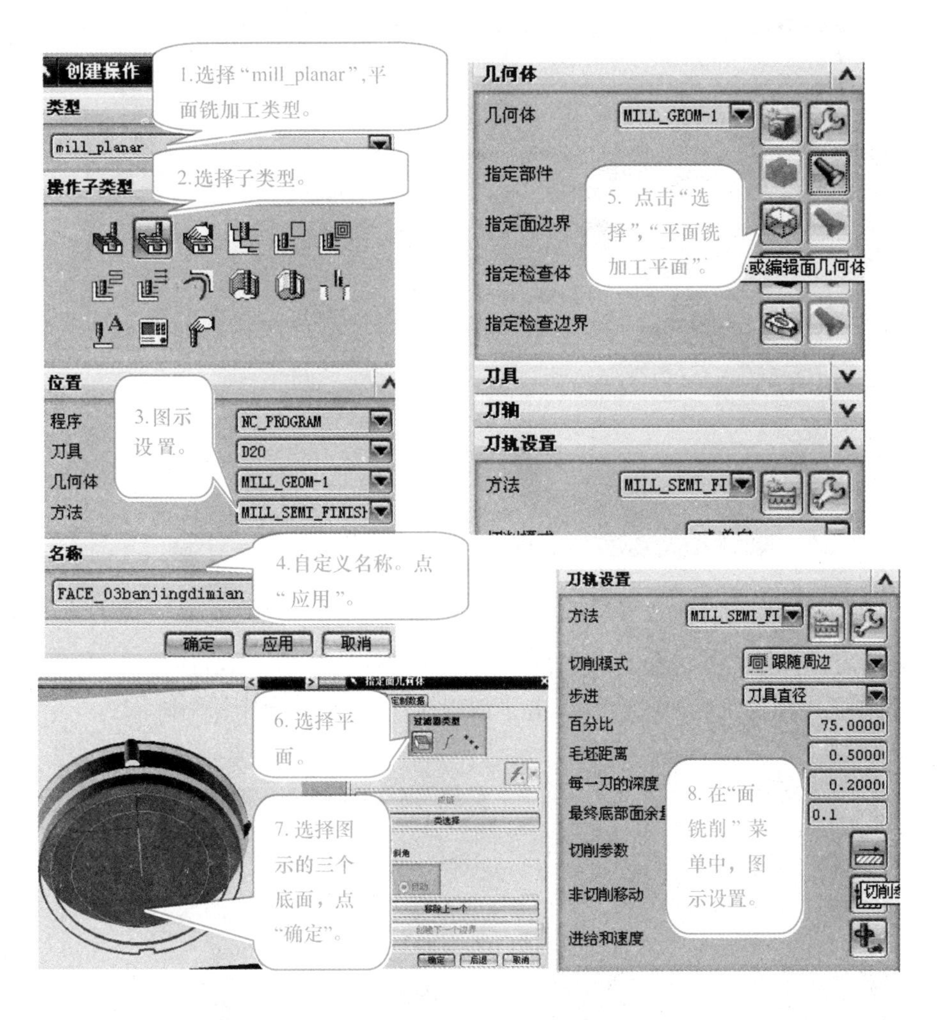
1.选择“mill_planar”,平面铣加工类型。
2.选择子类型。
3.图示设置。
4.自定义名称。点“应用”。
5. 点击“选择”,“平面铣加工平面”。
6. 选择平面。
7. 选择图示的三个底面,点“确定”。
8. 在“面铣削”菜单中,图示设置。
创建操作
类型
mill_planar
操作子类型
位置
程序
刀具
几何体
方法
NC_PROGRAM
D20
MILL_GEOM-1
MILL_SEMI_FINISH
名称
FACE_03banjingdimian
确定
应用
取消
几何体
MILL_GEOM-1
指定部件
指定面边界
指定检查体
指定检查边界
或编辑面几何体
刀具
刀轴
刀轨设置
MILL_SEMI_FI
切削模式
跟随周边
步进
刀具直径
百分比
75.0000
毛坯距离
0.5000
每一刀的深度
0.2000
0.1
切削参数
非切削移动
进给和速度

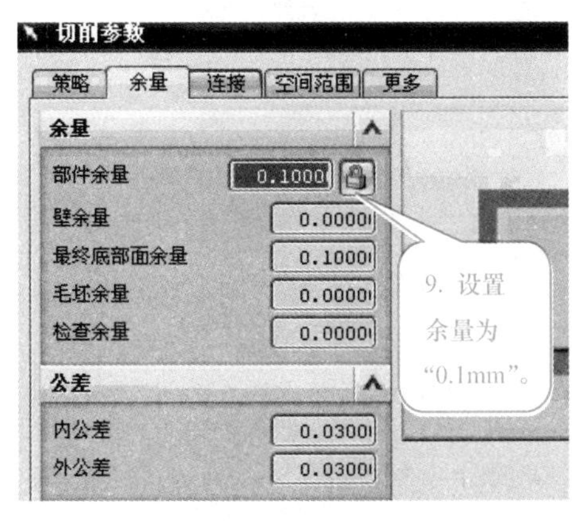
9. 设置余量为“0.1mm”。
切削参数
策略
余量
连接
空间范围
更多
部件余量
0.1000
壁余量
0.0000
最终底部面余量
0.1000
毛坯余量
0.0000
检查余量
0.0000
公差
内公差
0.0300
外公差
0.0300

10. 进给和速度按图示设置。
主轴速度
2000.000
设置
进给率
切削
500.0000
mmpm
更多
快速
300.0000
逼近
300.0000
进刀
300.0000
第一刀切削
300.0000

图 8－28

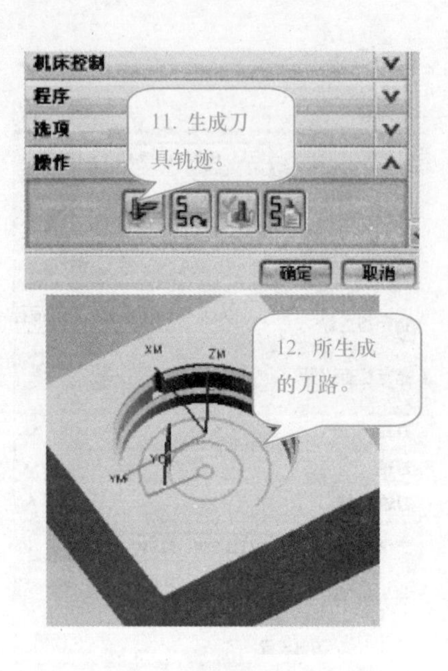

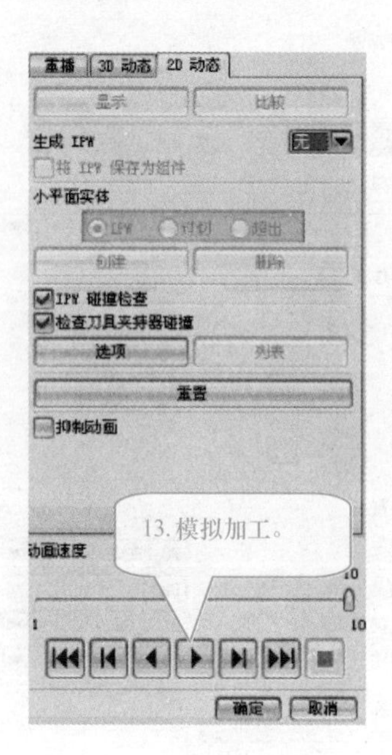

图 8－28（续）

14. 随后可以进行后处理和 G 代码的生成，过程和方法与之前所述相同，创建等高轮廓铣削加工操作，半精加工侧面轮廓。点击“创建操作”，具体操作如图 8－29。

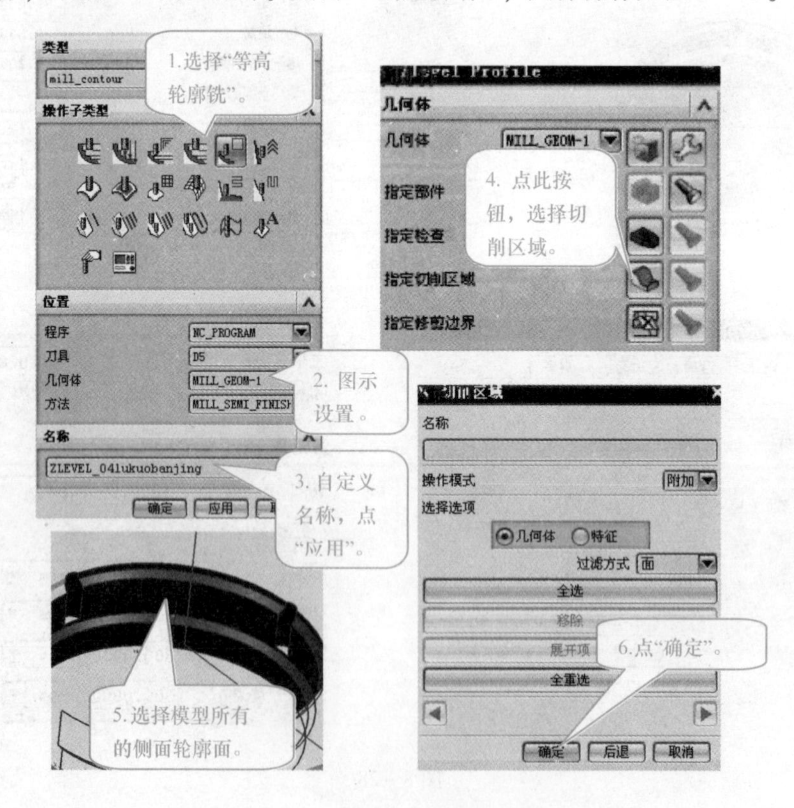

图 8－29

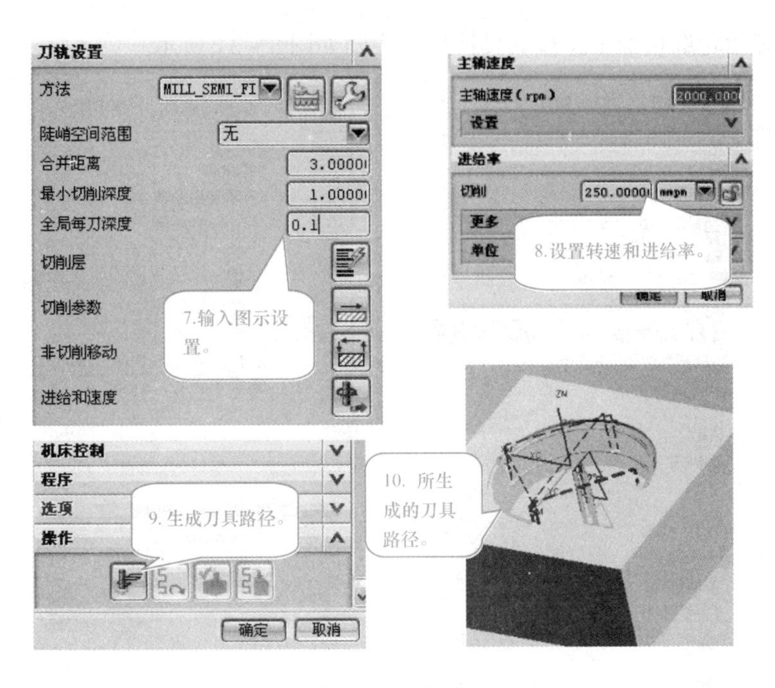

图 8－29（续）

15. 底面精加工操作创建。创建过程如图 8－30 所示。

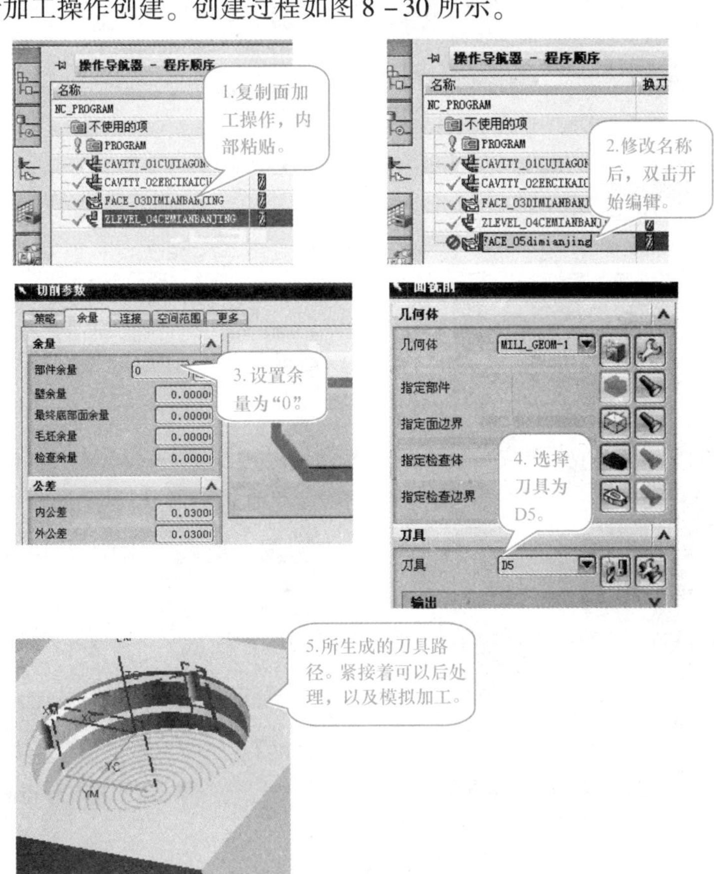

图 8－30

16. 接着开始轮廓精加工操作。具体操作步骤如图 8 - 31 所示。

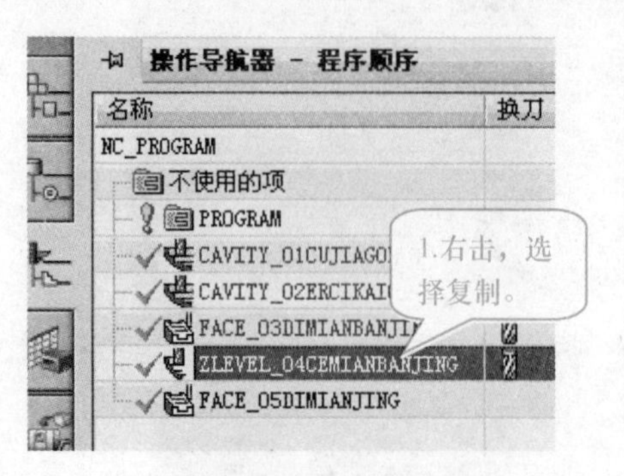

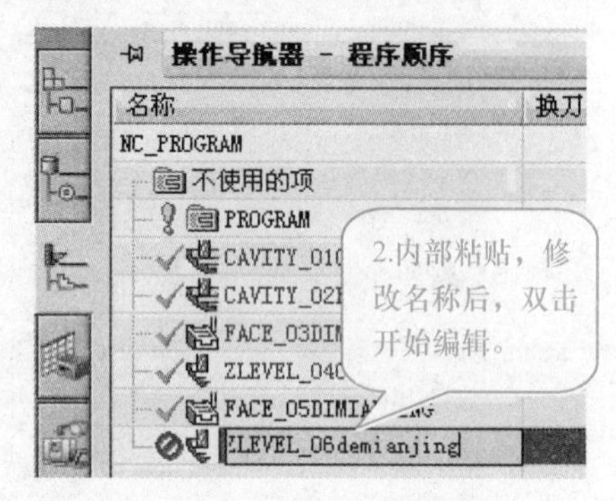

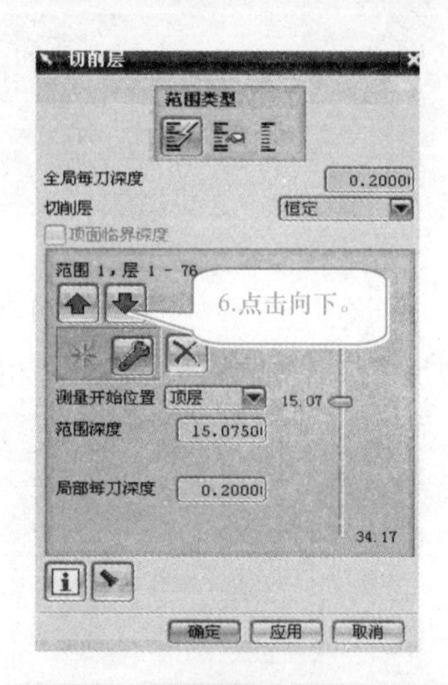

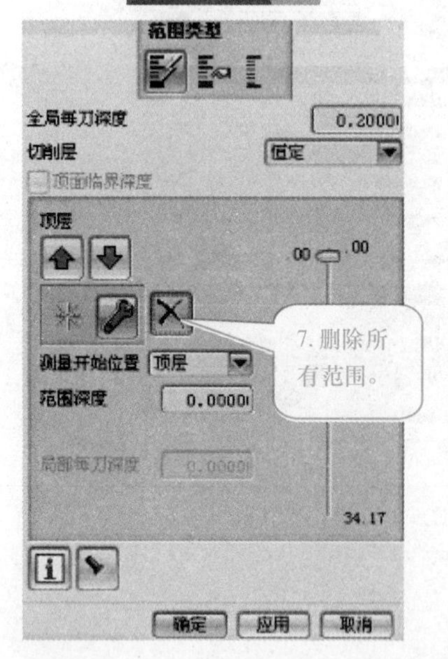

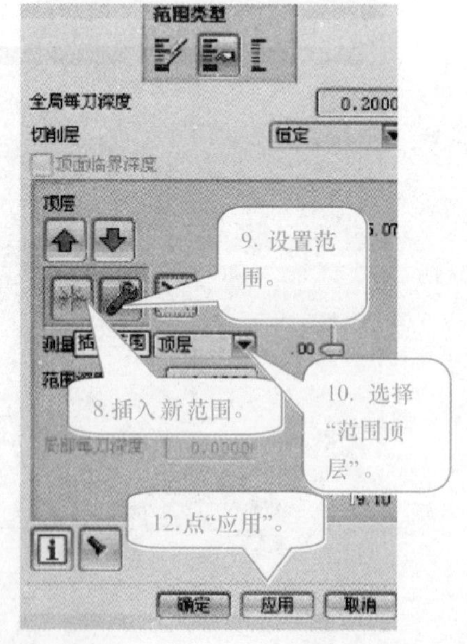

图 8 - 31

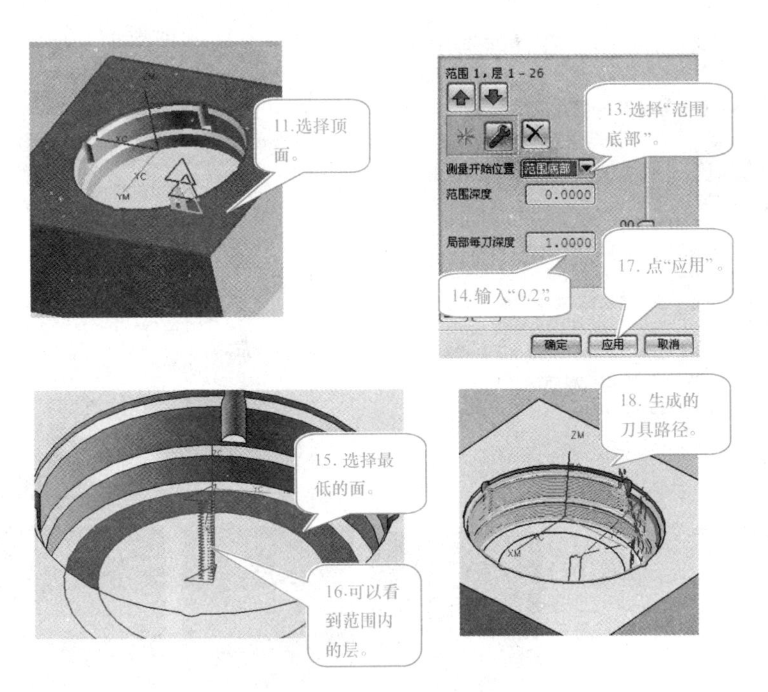

图 8－31（续）

17. 最后一个精加工工序，对小曲面的精加工。操作过程如图 8－32 所示。

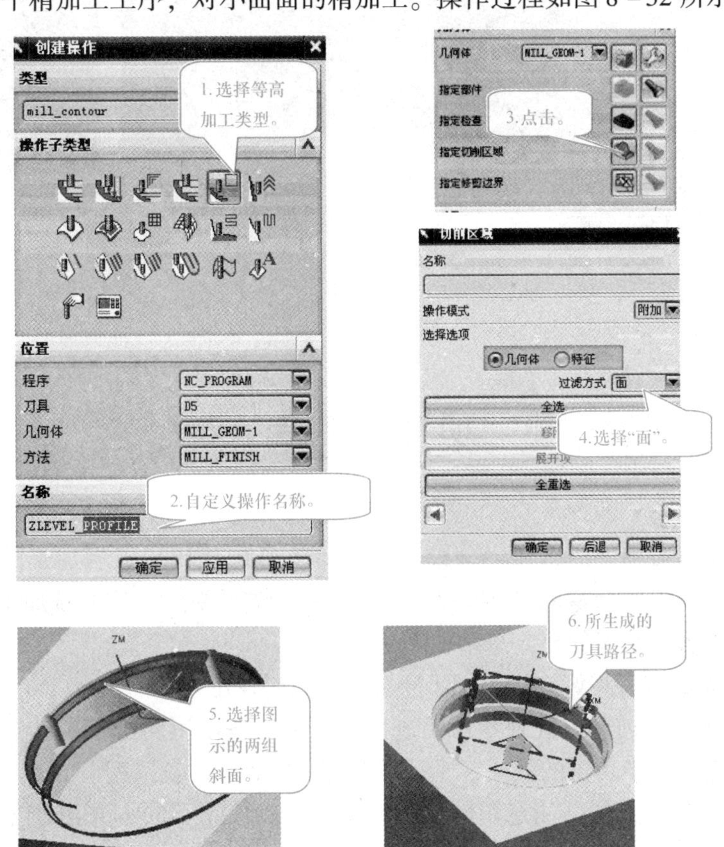

图 8－32

18. 所有的操作建立完毕，在导航器中可以看到所建立的操作列表，如图 8－33 所示。

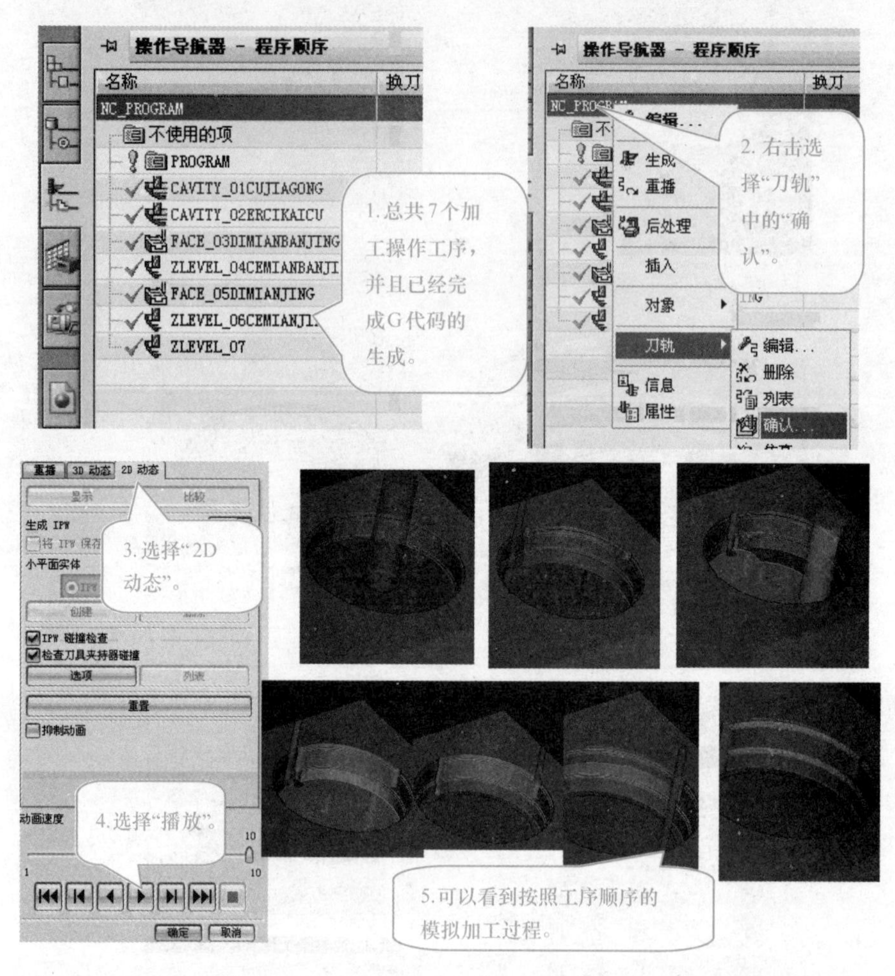

图 8－33

项目小结

本项目介绍了端盖零件的造型、分模、模拟加工和 G 代码生成后加工的全过程。通过这个项目的学习，学生要会零件造型、平面铣操作、等高轮廓铣、型腔铣加工操作创建的方法和技巧。重点和容易错误的地方总结如下：

1. 加工坐标系的位置最好在进入加工环境之前就要设定好。

2. 在造型和加工之前要先规划零件的造型流程和准备使用的加工工艺，以便提高造型的速度和质量，起到事半功倍的效果。千万不能盲目拿起零件就造型。

3. 在等高轮廓铣操作中，注意切削层的设置，可以使用不同的方法产生刀具轨迹，看看有哪些区别。

4. 在二次开粗加工中，用到了工序模型 IPW 二次开粗。应注意使用工序模型 IPW 时，

一定放在和粗加工同一个父本组下进行。系统会根据先前刀轨生成一个小平面体，而当前操作会以此小平面体作为毛坯进行二次开粗；粗加工正确生成刀具路径后，选择路径模拟→Generate IPW 选项设为“好”→将 IWP 保存为组件复选项中，进行 2D 路径模拟→创建，则可创建“三维工序模型”小平面体，然后将创建的小平面体移至对应层保存起来。当需要使用时，可将“三维工序模型”小平面体作为毛坯，进行“型腔铣”而完成二次开粗。这样可以节省内存，因为小平面模型在使用后不会继续驻留内存中，而且只要操作处于最新状态，便可以重复使用小平面模型。通过这种方法完成二次开粗，对粗加工没有依赖性，相对独立，便于修改。正确的设置“最小材料厚度”，设置较小的材料厚度可以减少空刀的数量，加快二次开粗的速度。

5. 使用 3D 工序模型 IPW 二次开粗，优点：使用 3D 工序模型作为“型腔铣”操作中的型坯几何体，可根据真实工件的当前状态来加工某个区域。这将避免再次切削已经加工过的区域；可在操作对话框中显示前一个 3D“工序模型”和生成的 3D“工序模型”；使用 3D 工序模型 IPW 开粗不用担心刀具过载，不用担心哪个地方没有清除到，不用考虑哪些地方残料过多而被一次加工出来，不用考虑毛坯的定义。缺点：使用 3D 工序模型 IPW 二次开粗计算时间长和可能产生较多的空刀。对上道加工工序有关联性，上道工序发生变化，当前操作必须重新计算。总之，使用 3D 工序模型 IPW 二次开粗，是把粗加工剩余材料当作毛坯进行二次开粗，开粗后的余量均匀，但计算时间长，加工效率相比参考刀具二次开粗要低。

6. 为了创建正确的分型面，要会拆分面技巧。要先建立拆分面，用到“刀具”—基准面，这个基准面可以新建，也可以用已经存在的面，才能正确地对目标面进行拆分。

7. 关于“二次开粗”的总结，见表 8－2。

表 8－2

使用方式	特　点	主要用途
“使用 3D”的 IPW 进行二次开粗	刀轨计算时间长；可能产生较多的空刀；与上道加工工序存在关联性，如果上道工序发生变化，则当前操作必须重新生成计算。	如果当前操作使用的刀具和上一道操作使用的刀具不同，建议“使用 3D”方式。
“使用基于层”的 IPW 进行二次开粗	刀轨计算时间比“使用 3D”减少；生成的刀轨比“使用 3D”的刀轨更加规则；可以高效地切削先前操作中留下的弯角和阶梯面；可以在粗加工中先使用较大的刀具完成较深的切削，然后在后续操作中同一刀具完成深度很浅的切削，以清除阶梯面。	如果当前操作使用的刀具和上一道操作使用的刀具相同，只是改变步进距离或切削深度则建议使用“基与层”方式。
“使用参考刀具”进行二次开粗	刀轨计算时间比用 IPW 进行二次开粗减少；仅限于对剩余材料的拐角区域进行切削加工；选择参考刀具的直径必须大于上道工序中使用的刀具直径。与上道加工工序不存在关联性，便于编辑和修改切削参数。	仅限于对剩余材料的拐角区域的切削加工，计算速度快，二次开粗加工效率高；

具体加工中采用哪种方式进行二次开粗，要根据零件的复杂程度，精加工要求的高低灵活使用。

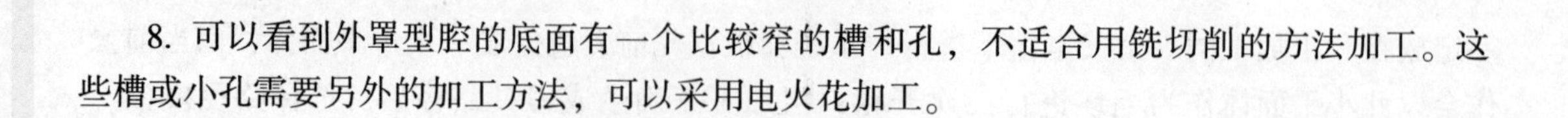

8. 可以看到外罩型腔的底面有一个比较窄的槽和孔，不适合用铣切削的方法加工。这些槽或小孔需要另外的加工方法，可以采用电火花加工。

思考和练习

1. 型腔零件的工艺规划还有哪些方法？
2. 修改下二次开粗的方式，看看有什么区别？
3. 试着加工图 8－34 所示的型芯零件。

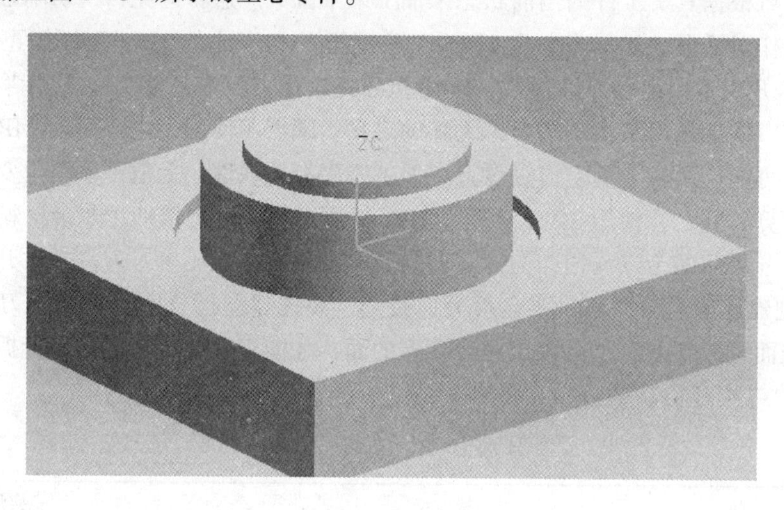

图 8－34

项目九　水表壳的造型与加工

任务一　水表壳的造型

操作视频

一、任务目标

1. 巩固 UG 三维造型方法，会使用软件对零件进行造型。
2. 重点是学会复杂曲面的创建、编辑、剪切。
3. 会实体和曲面的裁剪，以及造型之前的规划。
4. 会缝合片体命令的操作。

二、任务分析

首先在 UG 建模环境下，根据零件图 9－1 所示的尺寸要求，完成工件的建模造型。图 9－2 中对零件的三维造型进行了分析，使用 UG 的草图功能在平面内完成截面外形的创建，然后使用成型特征中旋转操作完成特征实体。创建复杂曲面功能剪裁片体和实体，完成零件的三维建模。

三、操作过程

1. 新建文件，在“新建部件文件”对话框中输入要建立的文件名称。新建草图，在 XY 平面内建立草图，如图 9－3 所示。

2. 用特征命令里面的“回转”命令建立实体，然后开始建立一些辅助线段，这些线段是为了下一步创建自由曲面的，可以参照二维图来控制尺寸和间距，如图 9－4 所示。

3. 开始创建自由曲面构造曲面，是这个造型的重点知识和技巧。点击菜单中“插入”，选择“扫掠”先建立曲面。操作如图 9－5 所示。

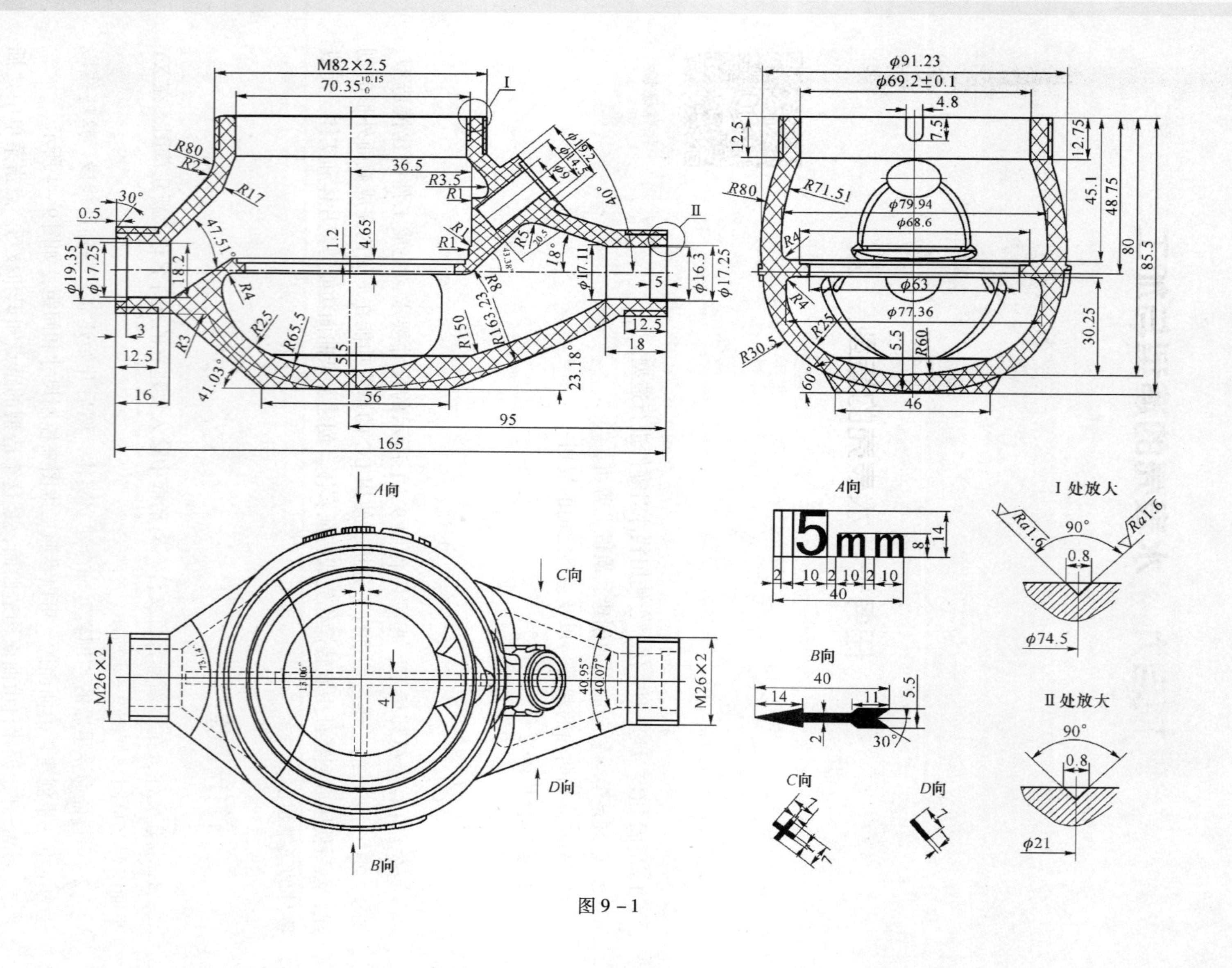
M82×2.5
I
II
A向
B向
C向
D向
M26×2
165
95
56
φ91.23
φ69.2±0.1
85.5
80
48.75
45.1
30.25
R150
R80
5mm
I 处放大
II 处放大
Ra1.6
90°
0.8
φ74.5
φ21

图 9-1

中间部分可以建立
草图后旋转。
拉伸实体，
然后用曲面
剪裁。

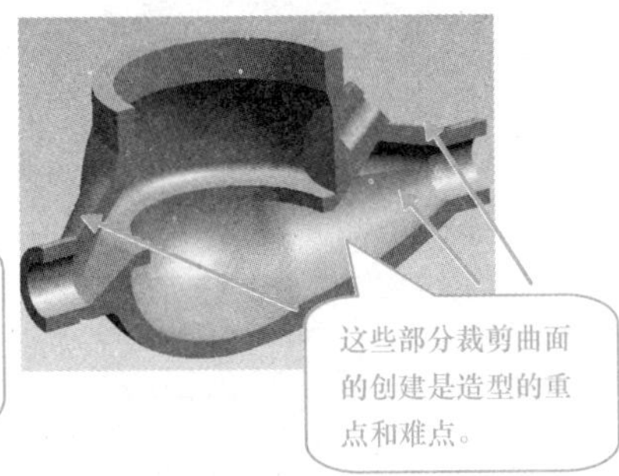
这些部分裁剪曲面
的创建是造型的重
点和难点。

图 9－2

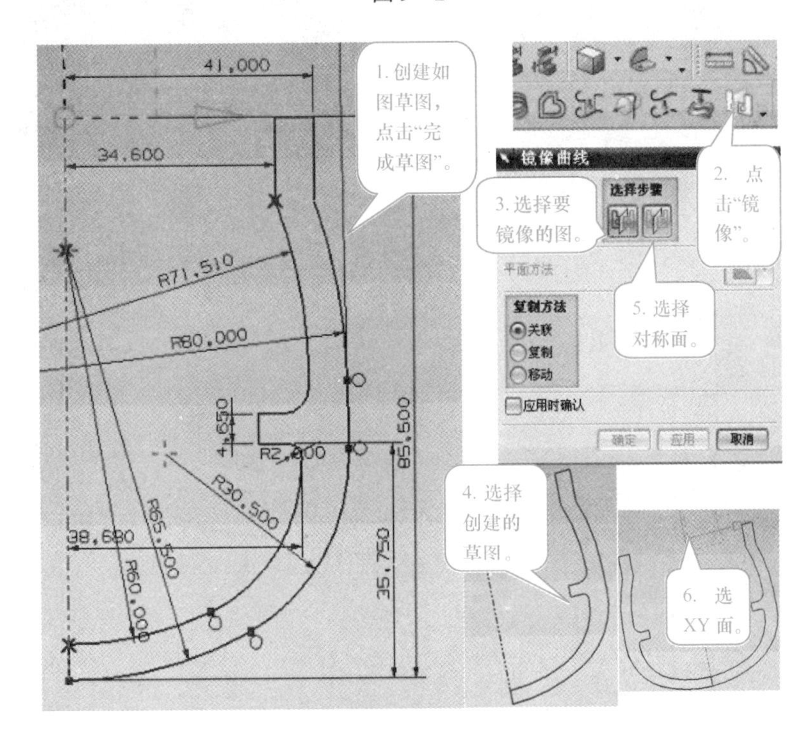
41.000
34.600
R71.510
R80.000
4.650
R2.000
R30.500
R65.500
R60.000
38.680
85.500
35.750
1. 创建如
图草图，
点击“完
成草图”。
镜像曲线
选择步骤
2. 点
击“镜
像”。
3. 选择要
镜像的图。
平面方法
5. 选择
对称面。
复制方法
关联
复制
移动
应用时确认
确定
应用
取消
4. 选择
创建的
草图。
6. 选
XY 面。

图 9－3

1. “回转”
后的实体。

创建草图
类型
在平面上
草图平面
平面选项
现有的平面
反向
草图方位
参考
水平
选择参考 (1)
反向
确定
取消
2.新建草图，选择
XY 平面。

图 9－4

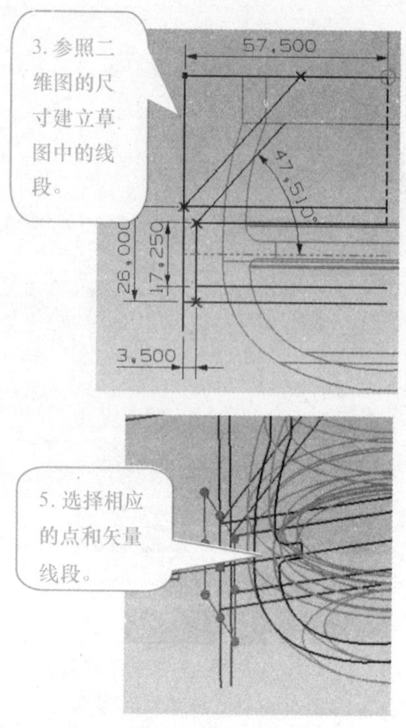
3. 参照二维图的尺寸建立草图中的线段。
57,500
47,510°
26,000
17,250
3,500

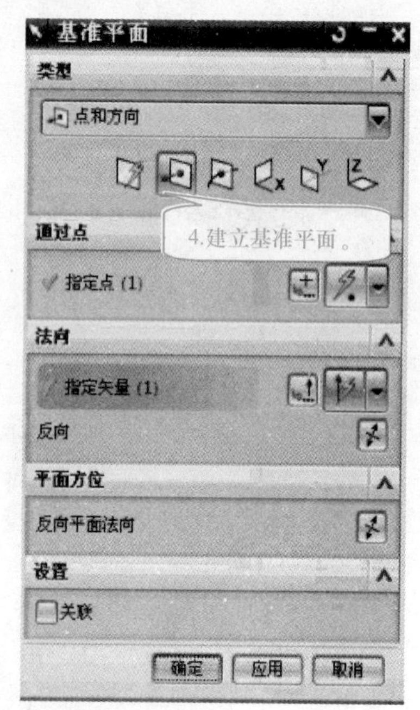
基准平面
类型
点和方向
4.建立基准平面。
通过点
指定点 (1)
法向
指定矢量 (1)
反向
平面方位
反向平面法向
设置
关联
确定
应用
取消

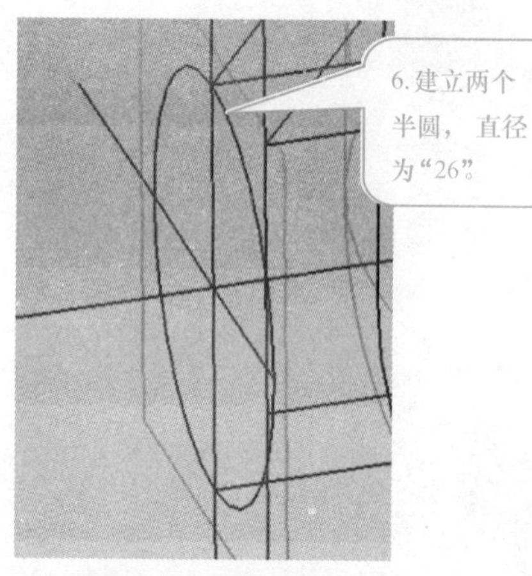
5. 选择相应的点和矢量线段。
6. 建立两个半圆，直径为“26”

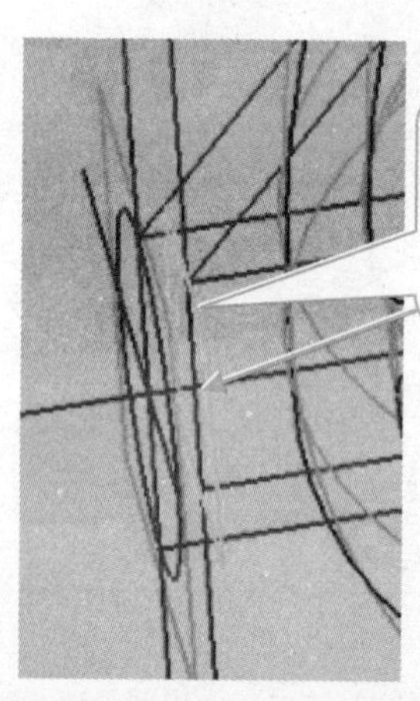
7. 建立另外一个的基准平面，以相应的点和矢量方向。

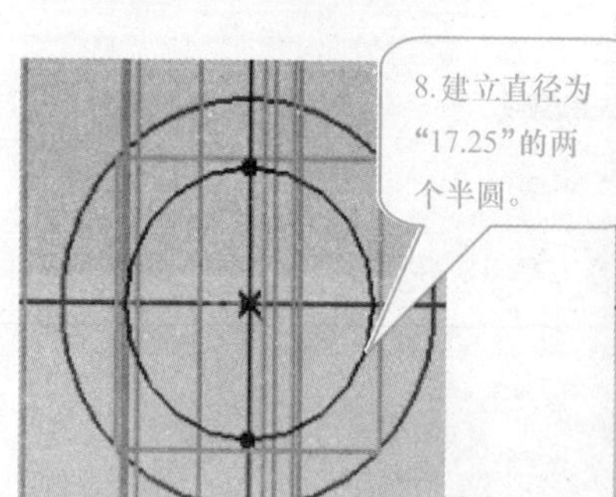
8.建立直径为“17.25”的两个半圆。

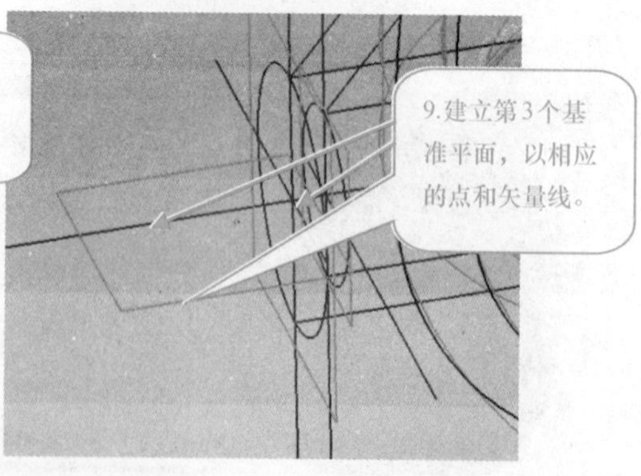
9.建立第3个基准平面，以相应的点和矢量线。

图 9－4（续）

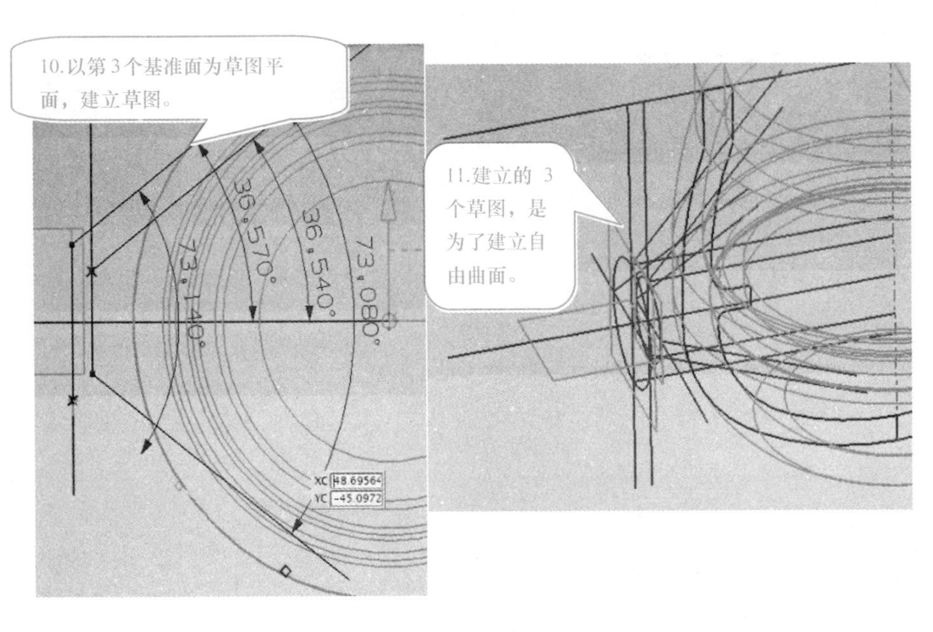
10.以第3个基准面为草图平面，建立草图。
11.建立的3个草图，是为了建立自由曲面。

图 9－4（续）

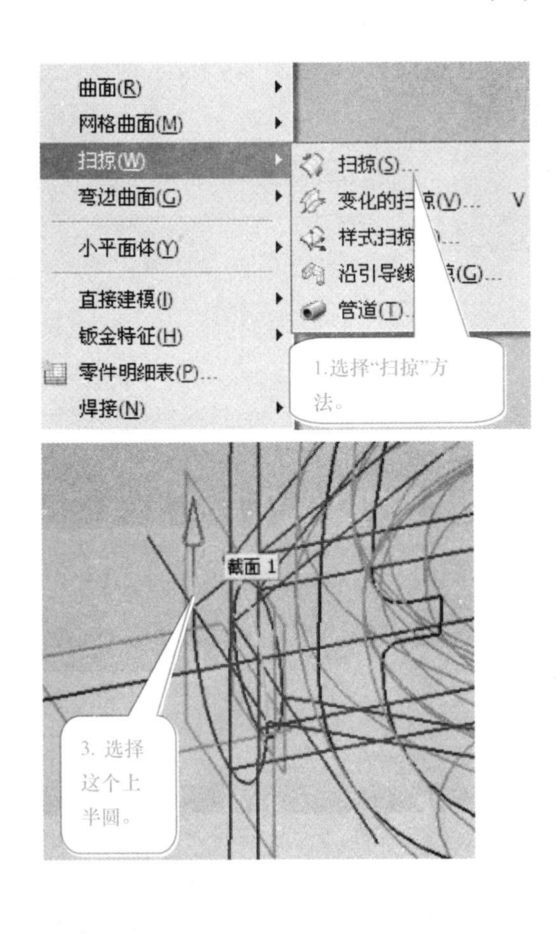
曲面(R)
网格曲面(M)
扫掠(W)
弯边曲面(G)
小平面体(Y)
直接建模(I)
钣金特征(H)
零件明细表(P)...
焊接(N)
扫掠(S)...
管道(T)...
1.选择“扫掠”方法。
截面 1
3. 选择这个上半圆。

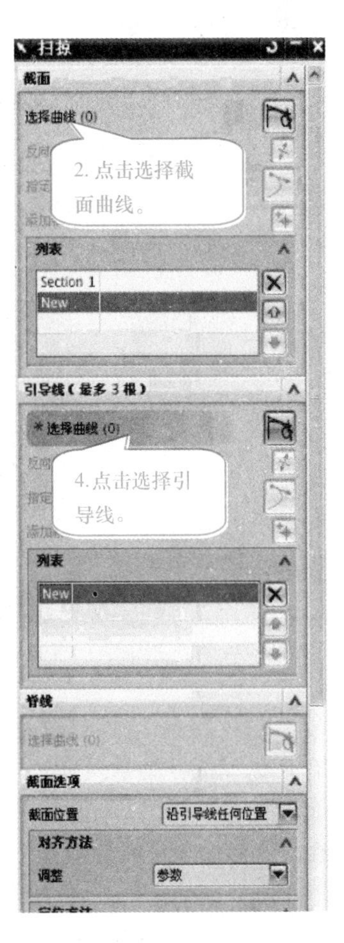
扫掠
截面
选择曲线 (0)
2. 点击选择截面曲线。
列表
Section 1
New
引导线（最多 3 根）
选择曲线 (0)
4.点击选择引导线。
列表
New
脊线
选择曲线 (0)
截面选项
截面位置
沿引导线任何位置
对齐方法
调整
参数

图 9－5

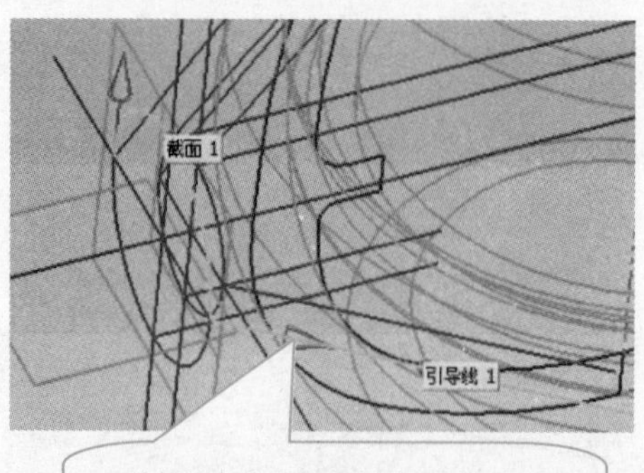

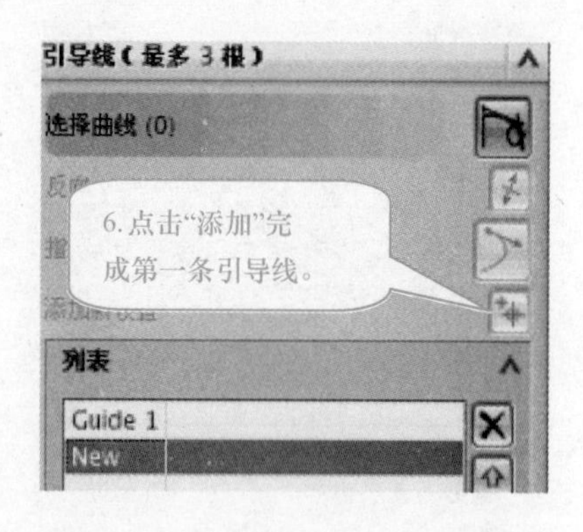

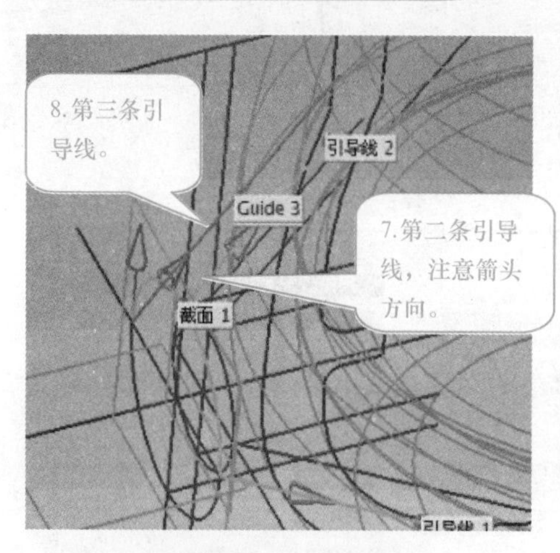

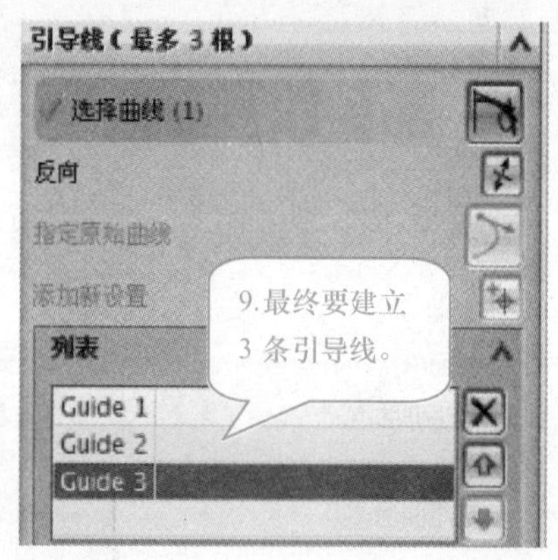

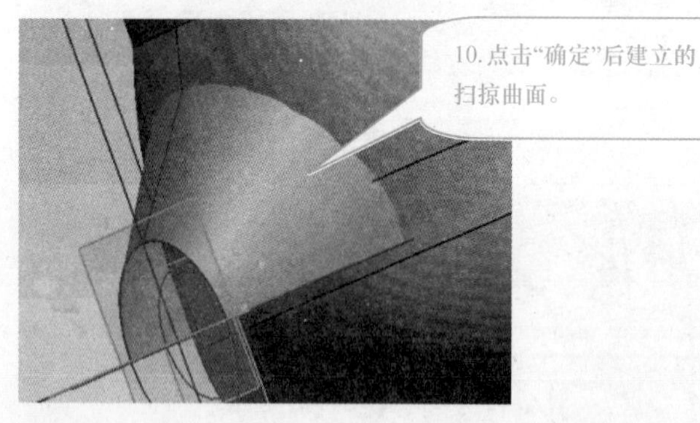

图 9－5（续）

4. 重复“扫掠”命令，步骤如图 9－6 所示。

5. 缝合片体，选择菜单“插入”，如图 9－7 所示。

6. 准备实体进行修剪，操作如图 9－8 和图 9－9 所示。

开始修剪体的操作，选择菜单“插入”→“修剪”→“修剪体”操作。

开始用面进行体的修剪。在菜单“插入”→“修剪”→“修剪体”命令。

7. 修剪完外形，开始修剪内部结构。先建立内部自由曲面，用曲面来修剪体。进行内部第一个曲面的创建。先进行草图的编辑，操作步骤如图 9－10 所示。

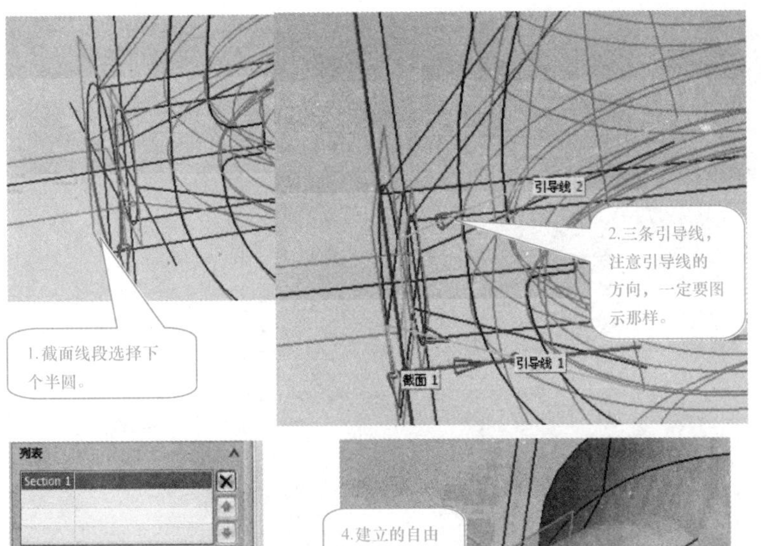
1. 截面线段选择下个半圆。
2. 三条引导线，注意引导线的方向，一定要图示那样。
引导线 2
引导线 1
截面 1

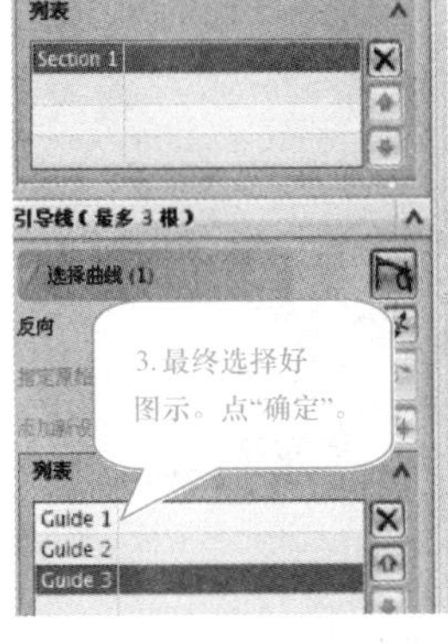
列表
Section 1
引导线（最多 3 根）
选择曲线 (1)
反向
3. 最终选择好图示。点“确定”。
列表
Guide 1
Guide 2
Guide 3

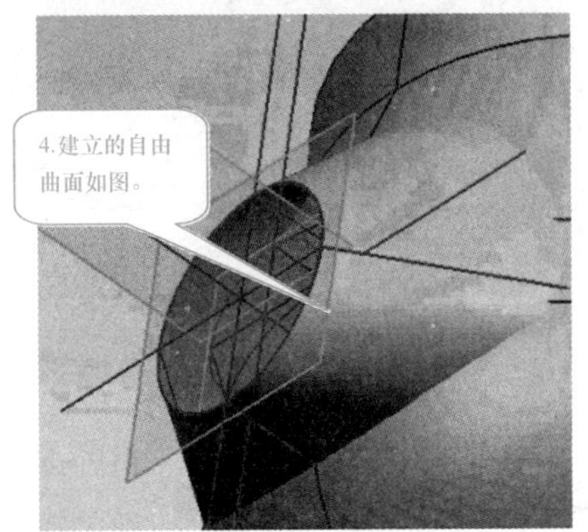
4. 建立的自由曲面如图。

图 9－6

组合体(B)
修剪(T)
偏置/缩放(O)
细节特征(L)
曲面(R)
网格曲面(M)
扫掠(W)
弯边曲面(G)
求和(U)...
求差(S)...
求交(I)...
凸起片体(E)...
装配切割(A)...
缝合(W)...
1. 选择“缝合”命令。

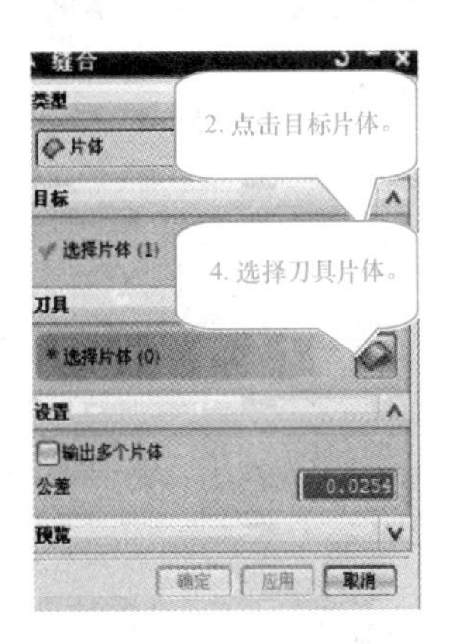
缝合
类型
片体
2. 点击目标片体。
目标
选择片体 (1)
4. 选择刀具片体。
刀具
选择片体 (0)
设置
输出多个片体
公差
0.0254
预览
确定
应用
取消

3. 选择上部分片体。
选择
5. 选择下部分片体。

图 9－7

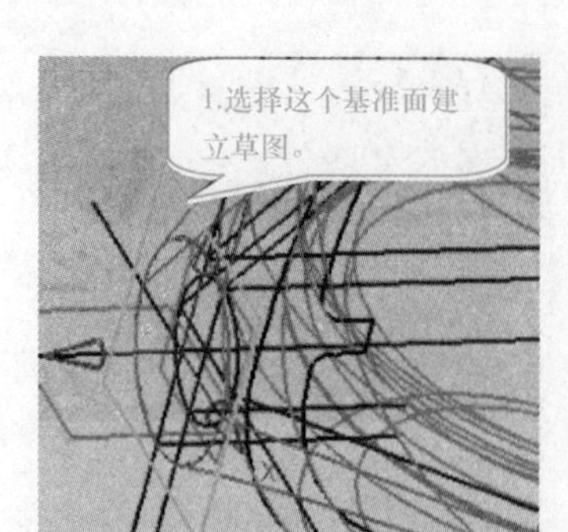
1.选择这个基准面建立草图。

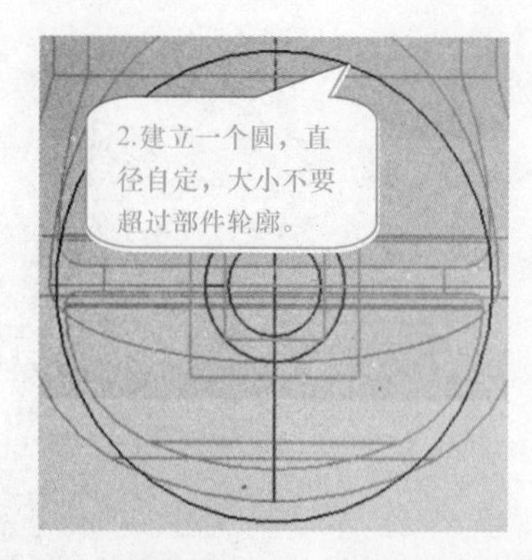
2.建立一个圆，直径自定，大小不要超过部件轮廓。

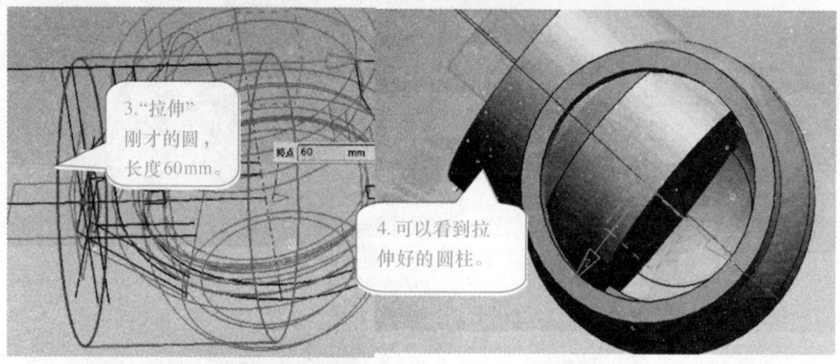
3."拉伸"刚才的圆，长度60mm。
4.可以看到拉伸好的圆柱。

图9-8

修剪体
目标
选择体(0)
1.点击目标选项。
刀具
工具选项
面或平面
选择面或平面(0)
预览
预览
显示结果
确定
应用
取消

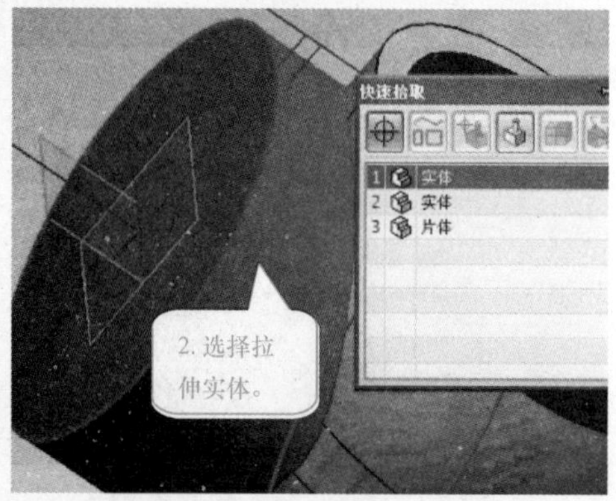
快速拾取
实体
实体
片体
2.选择拉伸实体。

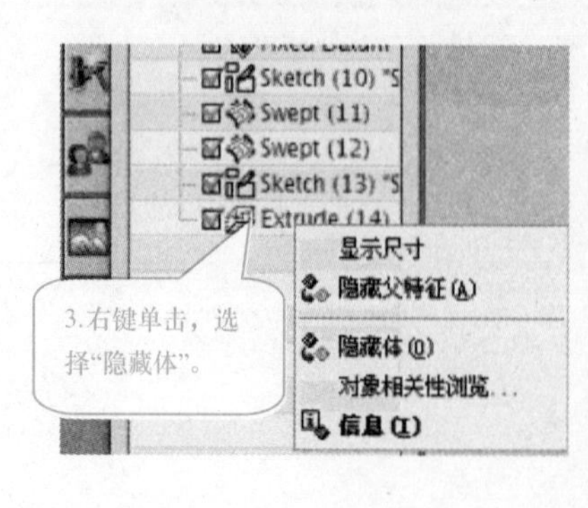
Sketch (10)
Swept (11)
Swept (12)
Sketch (13)
显示尺寸
隐藏父特征(A)
3.右键单击，选择"隐藏体"。
隐藏体(O)
对象相关性浏览...
信息(I)

目标
选择体(1)
刀具
工具选项
面或平面
选择面或平面(0)
4.选择准备修剪工具。
预览
预览
显示结果

图9-9

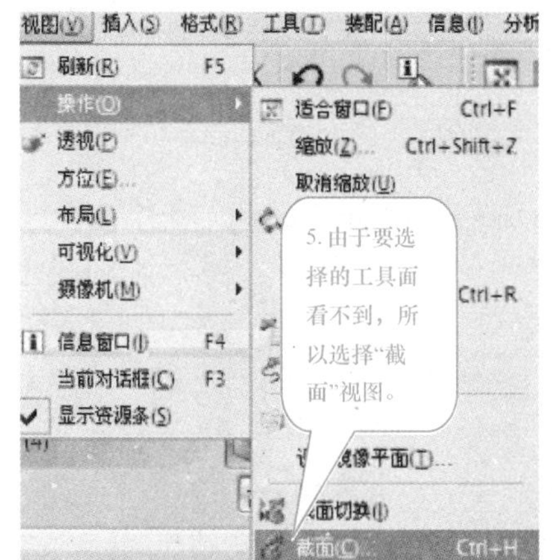
5.由于要选择的工具面看不到，所以选择"截面"视图。

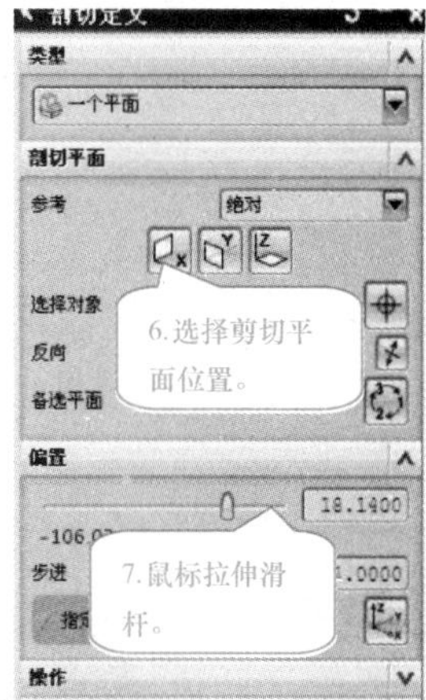
6.选择剪切平面位置。
7.鼠标拉伸滑杆。

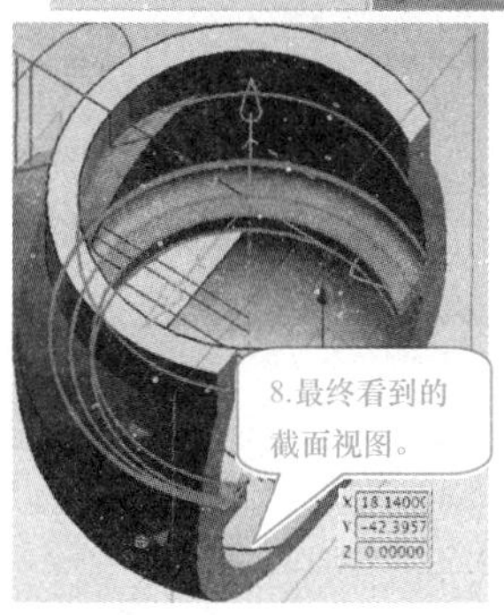
8.最终看到的截面视图。

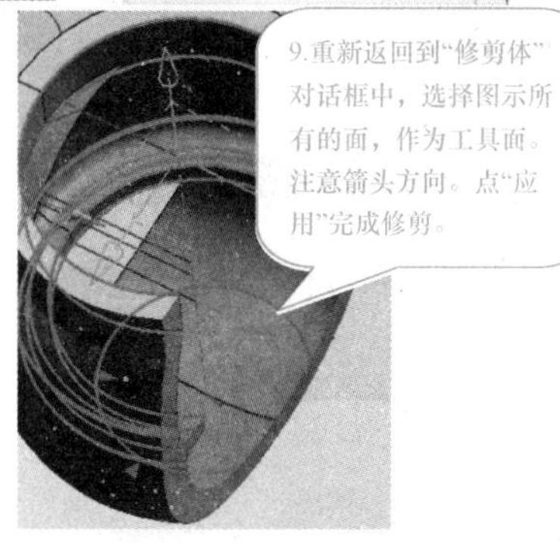
9.重新返回到"修剪体"对话框中，选择图示所有的面，作为工具面。注意箭头方向。点"应用"完成修剪。

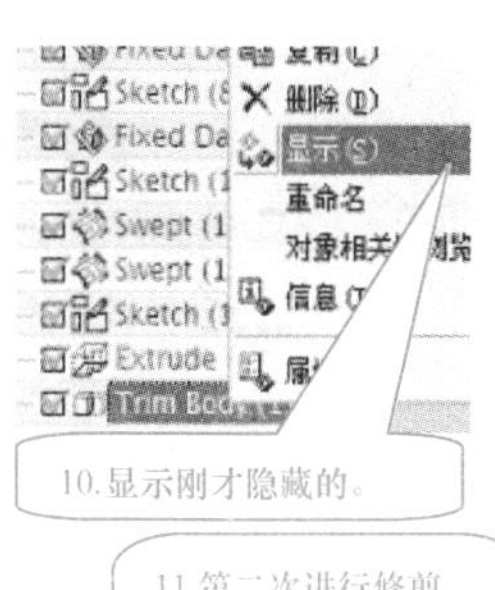
10.显示刚才隐藏的。
11.第二次进行修剪，目标选择经过修剪的拉伸体。

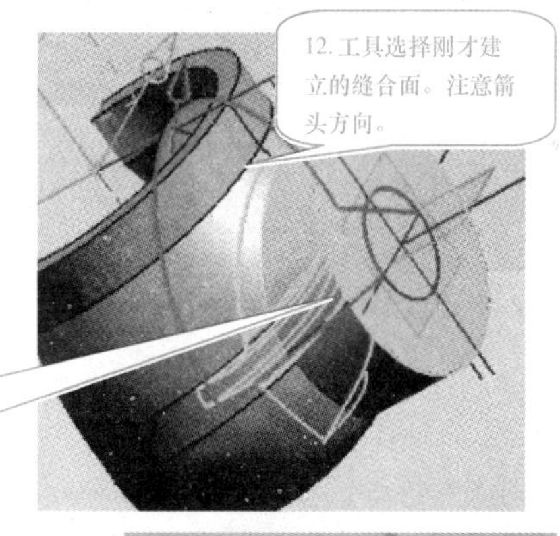
12.工具选择刚才建立的缝合面。注意箭头方向。

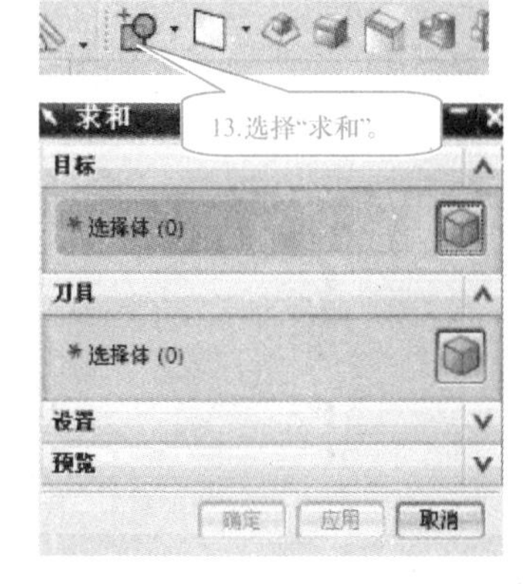
13.选择"求和"。

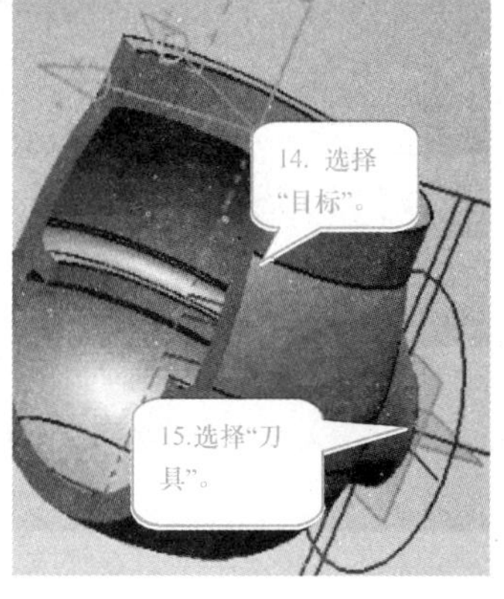
14.选择"目标"。
15.选择"刀具"。

图 9－9（续）

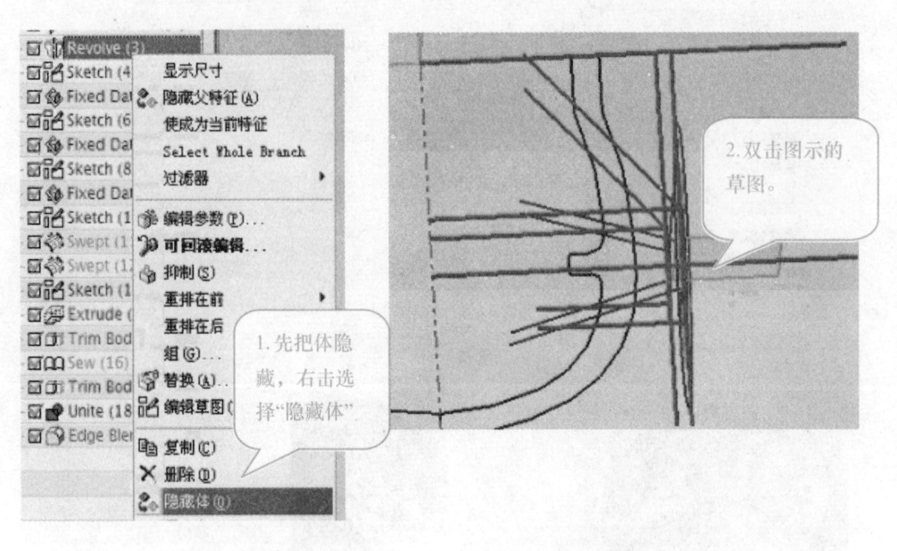
Revolve (3)
Sketch (4
Fixed Dat
Sketch (6
Fixed Dat
Sketch (8
Fixed Dat
Sketch (1
Swept (1
Swept (1
Sketch (1
Extrude (
Trim Bod
Sew (16)
Trim Bod
Unite (18
Edge Bler
显示尺寸
隐藏父特征(A)
使成为当前特征
Select Whole Branch
过滤器
编辑参数(P)...
可回滚编辑...
抑制(S)
重排在前
重排在后
组(G)...
替换(A)...
编辑草图
复制(C)
删除(D)
隐藏体(O)
1. 先把体隐藏，右击选择“隐藏体”。
2. 双击图示的草图。

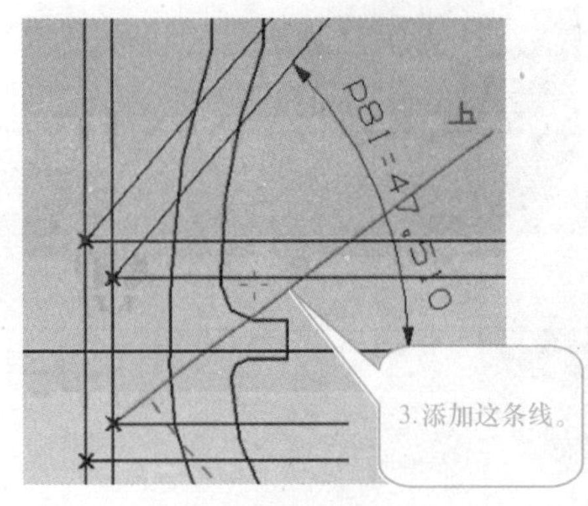
p81=47.510
3. 添加这条线。

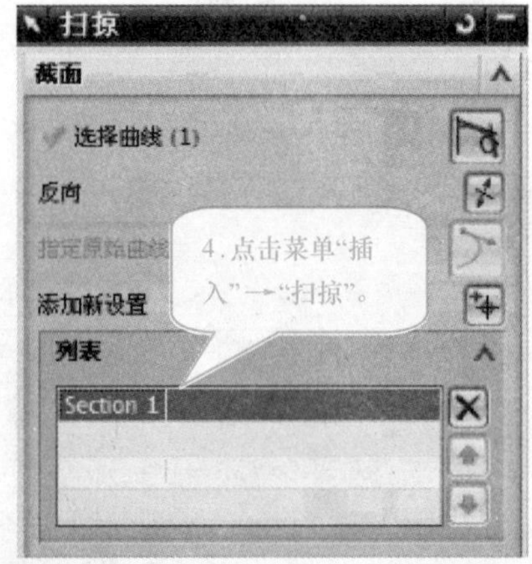
扫掠
截面
选择曲线 (1)
反向
指定原始曲线
添加新设置
列表
Section 1
4. 点击菜单“插入”→“扫掠”。

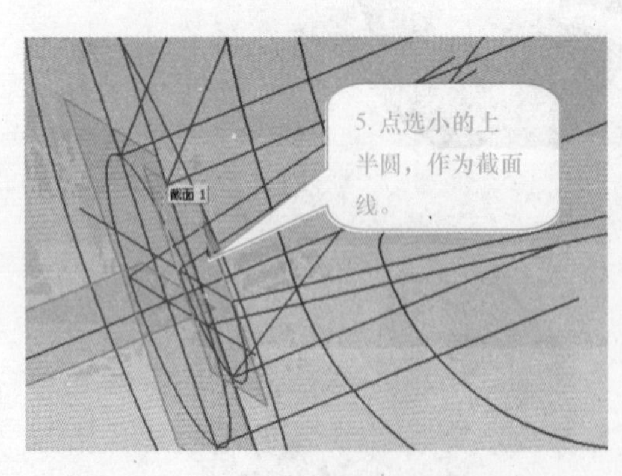
截面 1
5. 点选小的上半圆，作为截面线。

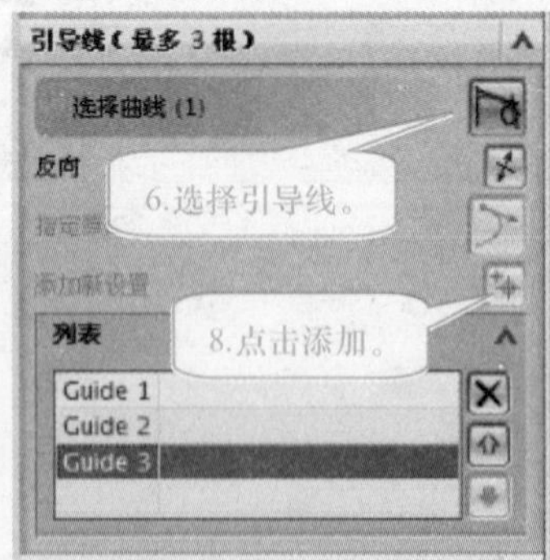
引导线（最多 3 根）
选择曲线 (1)
反向
添加新设置
列表
Guide 1
Guide 2
Guide 3
6. 选择引导线。
8. 点击添加。

图 9 – 10

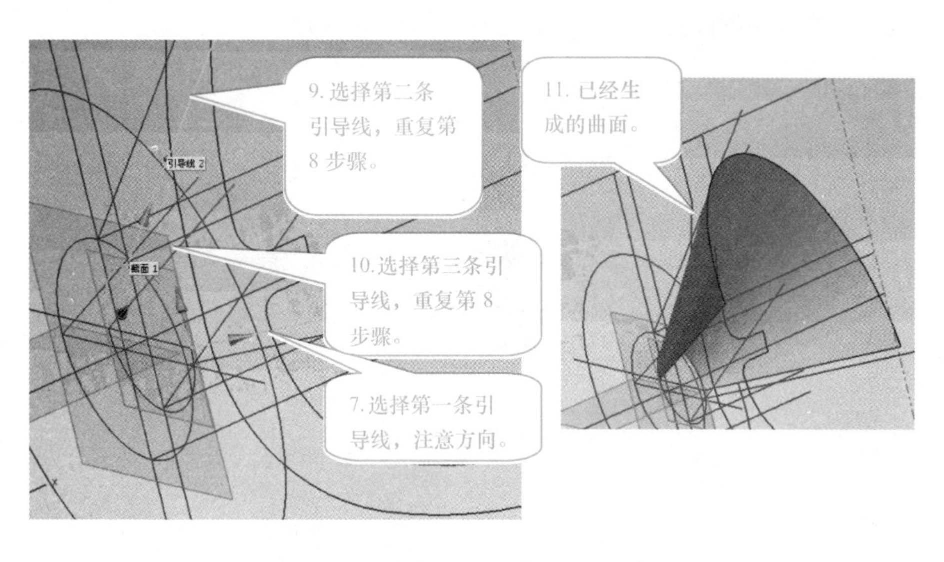

图 9－10（续）

8. 另外一个曲面的创建，使用“直纹面”功能。选择菜单中“插入”→“曲面”→“直纹面”命令。具体步骤如图 9－11 所示。

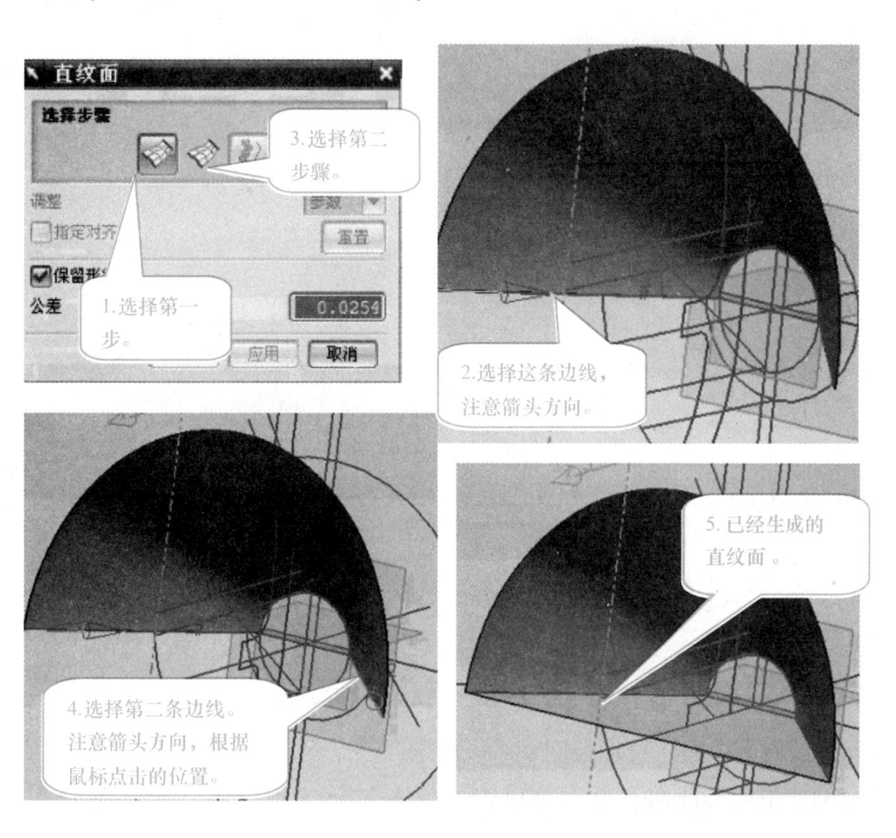

图 9－11

9. 点击拉伸命令用线段拉伸生成面。具体操作如图 9－12 所示。

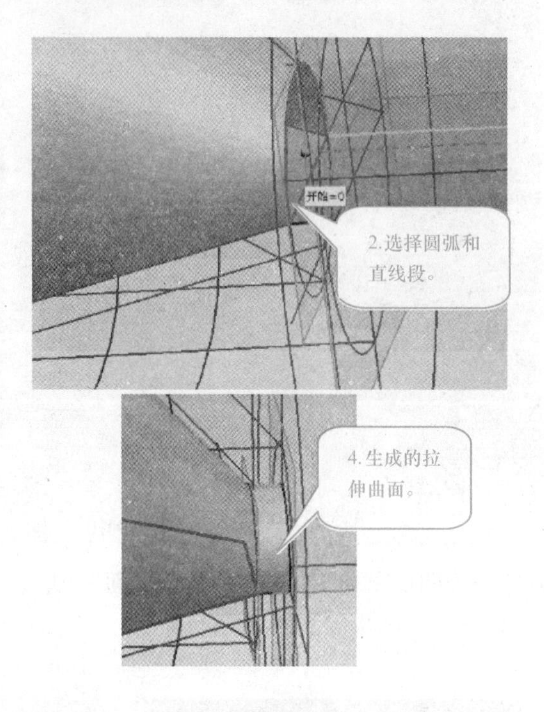

图 9－12

10. 继续生成一些面。操作过程见图 9－13。

图 9－13

11. 进行体的修剪，操作过程如图 9－14 所示。

12. 缝合刚才生成的曲面。点击菜单中“插入”→“组合体”→“缝合”命令，如图 9－15。

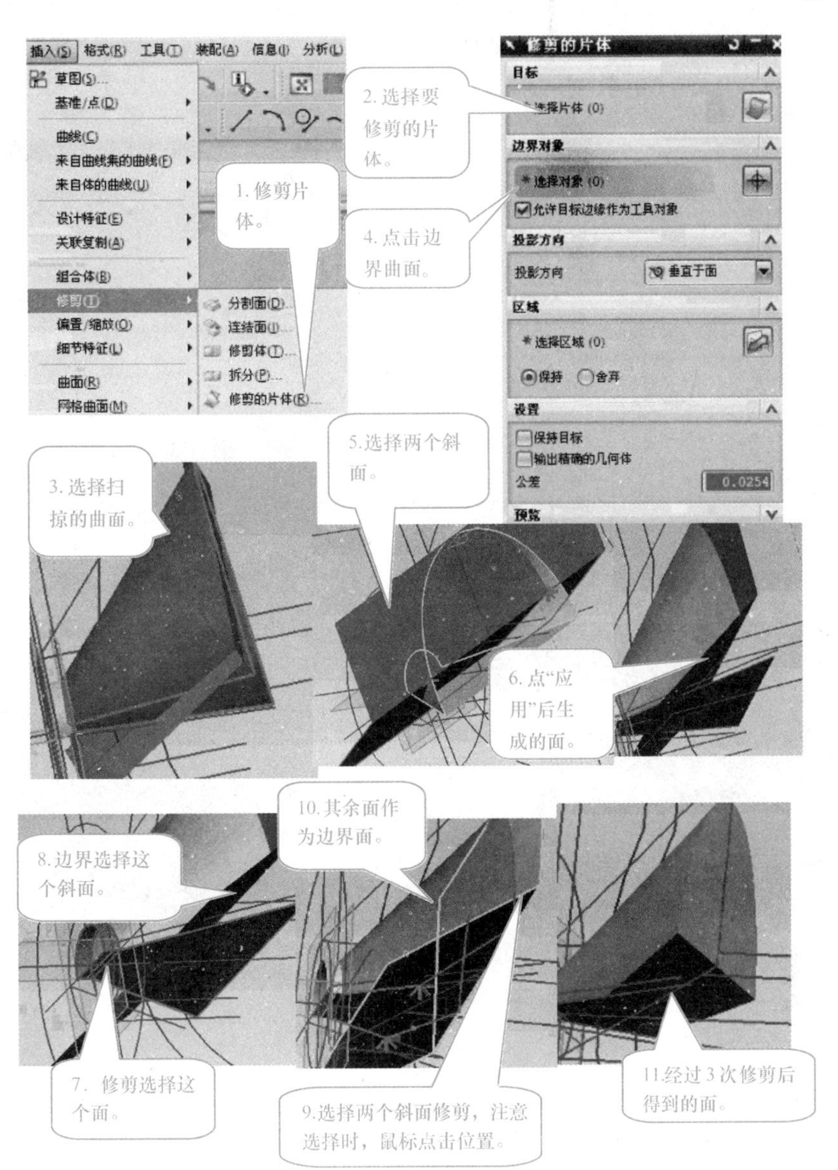
插入(S) 格式(R) 工具(T) 装配(A) 信息(I) 分析(L)
草图(S)...
基准/点(D)
曲线(C)
来自曲线集的曲线(F)
来自体的曲线(U)
设计特征(E)
关联复制(A)
组合体(B)
修剪(T)
偏置/缩放(O)
细节特征(L)
曲面(R)
网格曲面(M)
分割面(D)...
连结面(J)...
修剪体(T)...
拆分(P)...
修剪的片体(R)...
1. 修剪片体。
2. 选择要修剪的片体。
修剪的片体
目标
选择片体 (0)
边界对象
选择对象 (0)
允许目标边缘作为工具对象
4. 点击边界曲面。
投影方向
投影方向
垂直于面
区域
选择区域 (0)
保持
舍弃
设置
保持目标
输出精确的几何体
公差
0.0254
预览
3. 选择扫掠的曲面。
5.选择两个斜面。
6. 点“应用”后生成的面。
10. 其余面作为边界面。
8. 边界选择这个斜面。
7. 修剪选择这个面。
9.选择两个斜面修剪，注意选择时，鼠标点击位置。
11.经过3次修剪后得到的面。

图 9－14

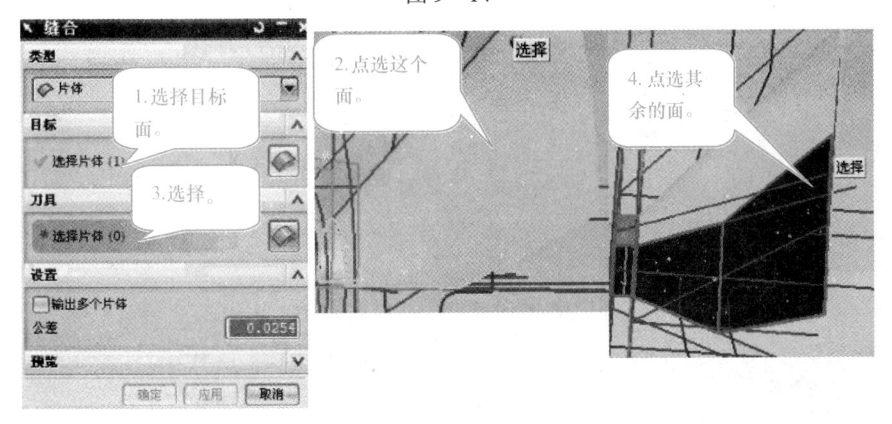
缝合
类型
片体
1.选择目标面。
目标
选择片体 (1)
3.选择。
刀具
选择片体 (0)
设置
输出多个片体
公差
0.0254
预览
确定
应用
取消
2. 点选这个面。
选择
4. 点选其余的面。
选择

图 9－15

13. 准备开始进行体的修剪。操作如图 9－16 所示。

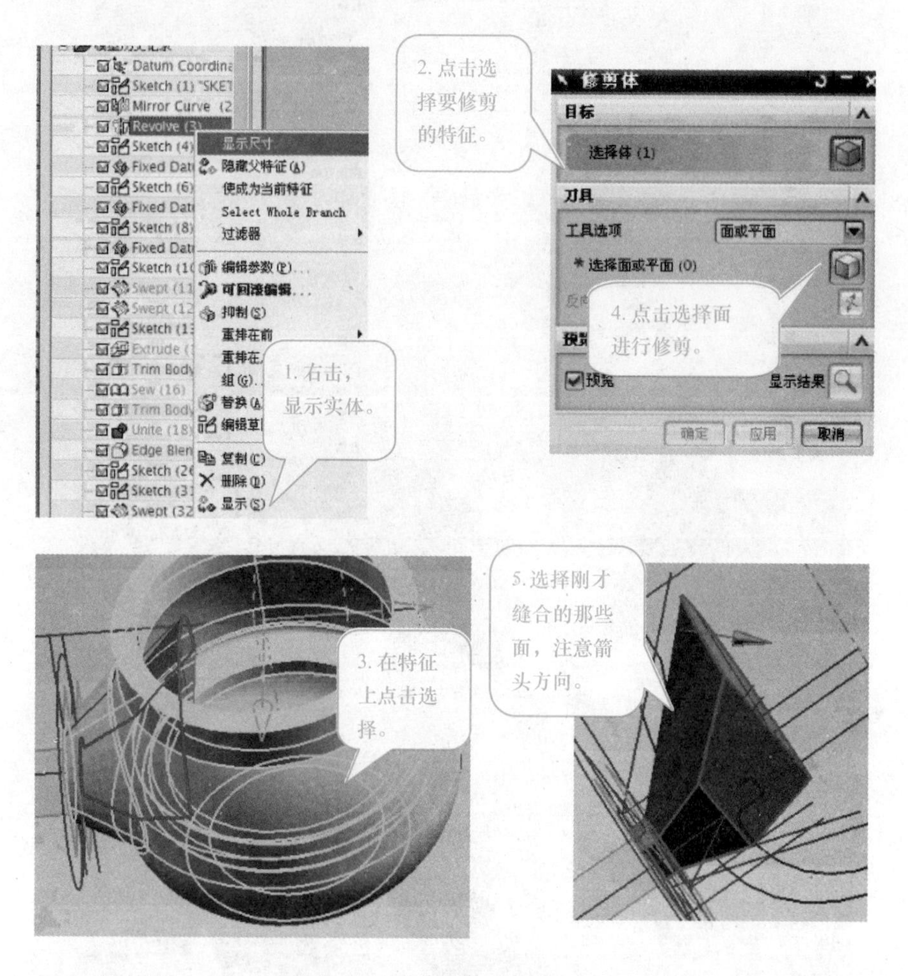

图 9－16

14. 经过修剪体这部分的操作，我们可以看到，重点是建立好自由曲面，并且对曲面要进行修剪，这样才能准确的造型。下面继续进行下半部分的修剪，具体操作如图 9－17 所示。

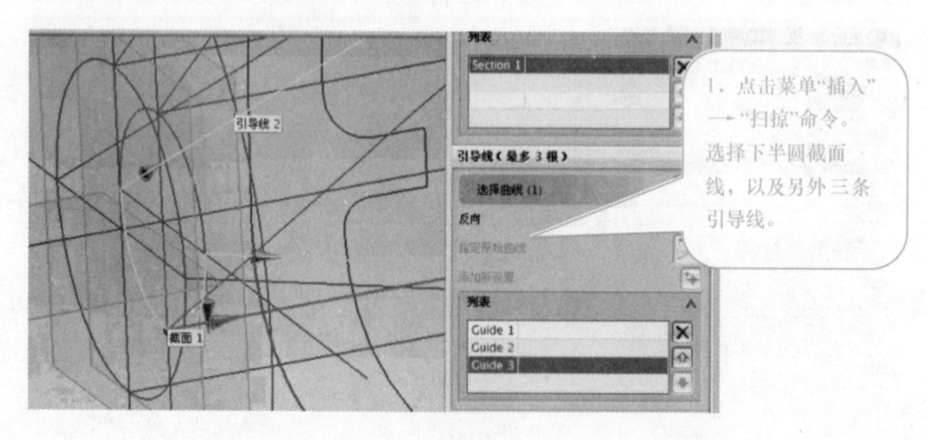

图 9－17

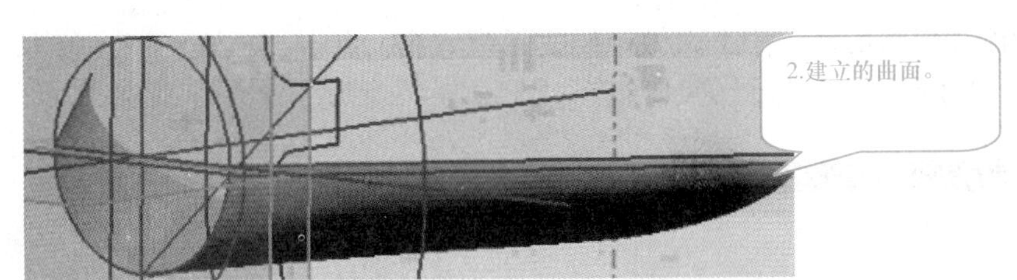
2.建立的曲面。

3.建立直纹面
选择这两条边
线，注意方向。

4.建好的直纹面。

5.选择曲线拉伸，
距离“3.5mm”。

6.拉伸后生
成的片体。
7.“拉伸”直线，
对称拉伸，距离
“60mm”。

8.“缝合”两个面。

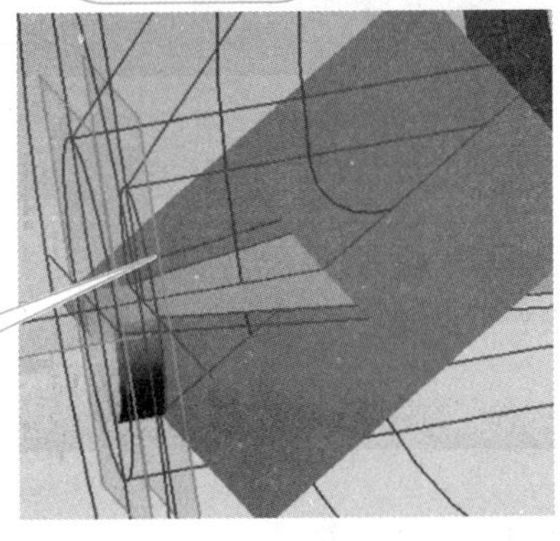
9.使用修剪片体的命
令修剪这几个面。

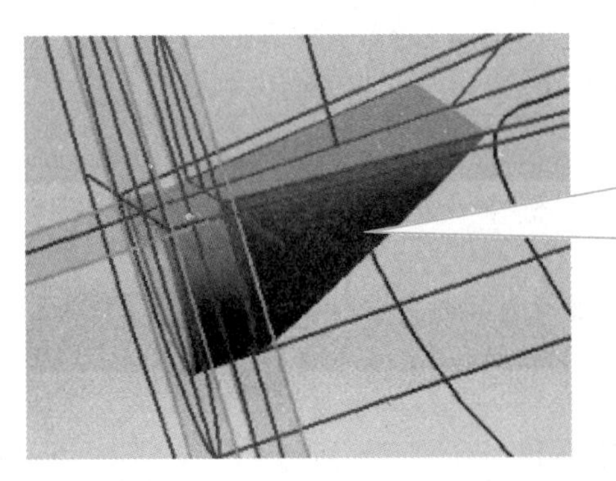
10.完成后的曲面，在修建
面过程中，重点是鼠标
点击位置，多尝试，看
看有哪些不同的结果。

图 9－17（续）

15. 显示刚才隐藏的体，用上面做好的曲面修剪体。点击“插入”→“修剪”→“修剪体”命令。具体操作过程如图 9－18 所示。

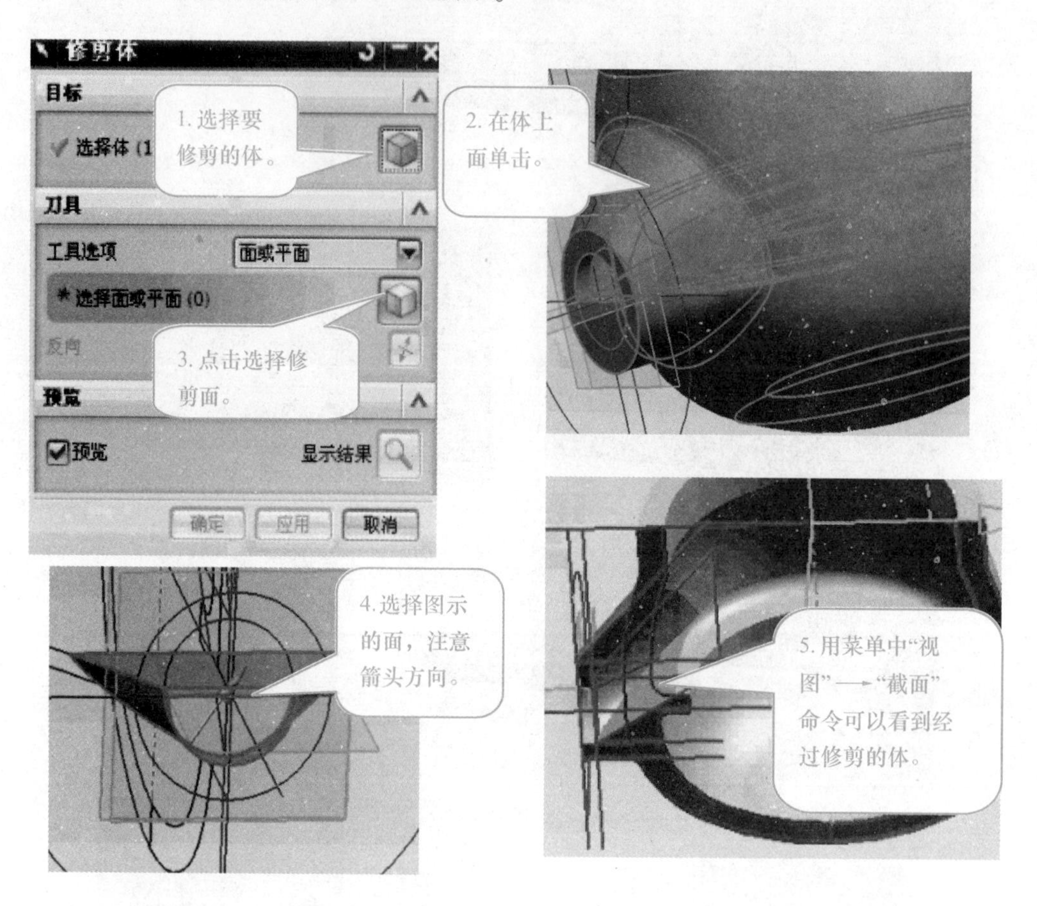

图 9－18

16. 创建水表壳另外一半的部分，和上面的操作步骤类似，重点操作步骤如图 9－19 所示。先在 XY 平面建立草图。

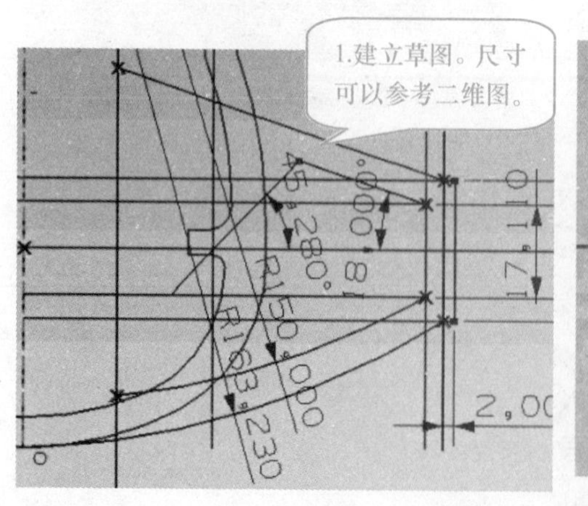

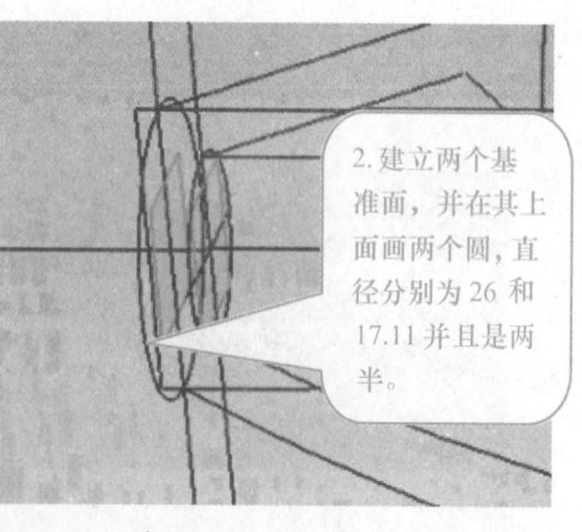

图 9－19

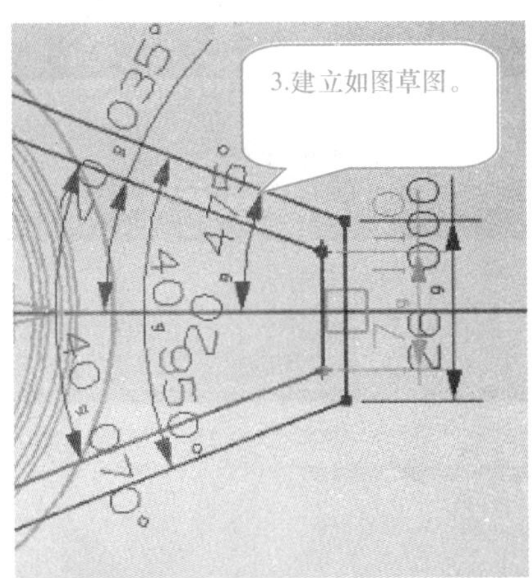

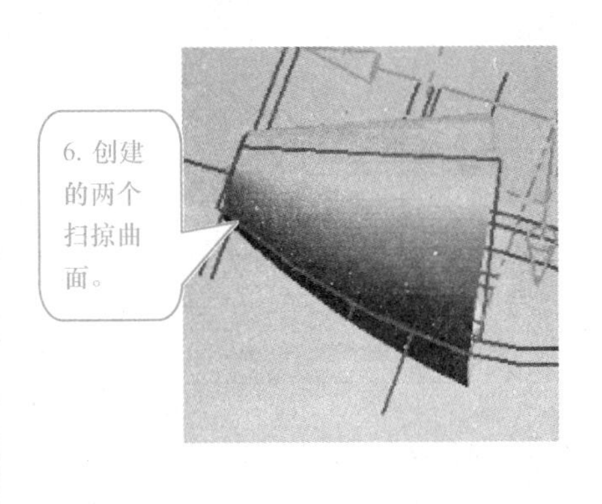

图 9－19（续）

17. 开始修建体用曲面。操作步骤如图 9－20 所示。

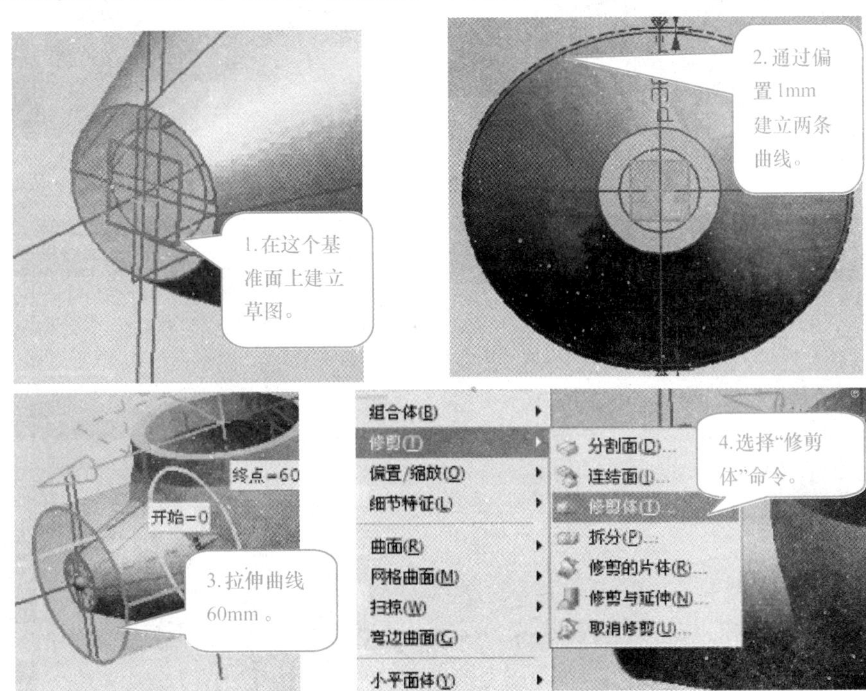

图 9－20

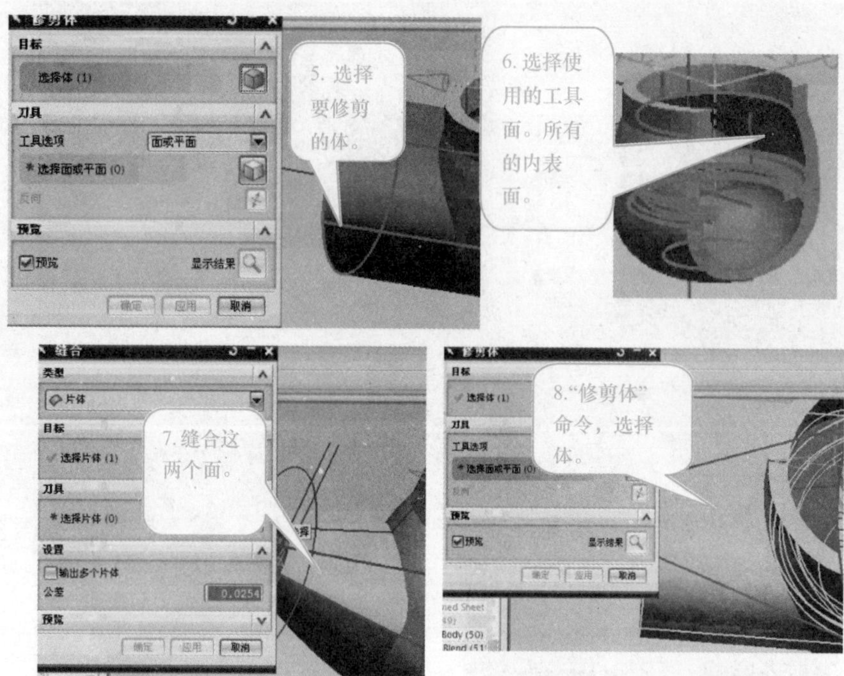

图 9－20（续）

18. 进行内部构造的造型设计。操作如图 9－21 所示。

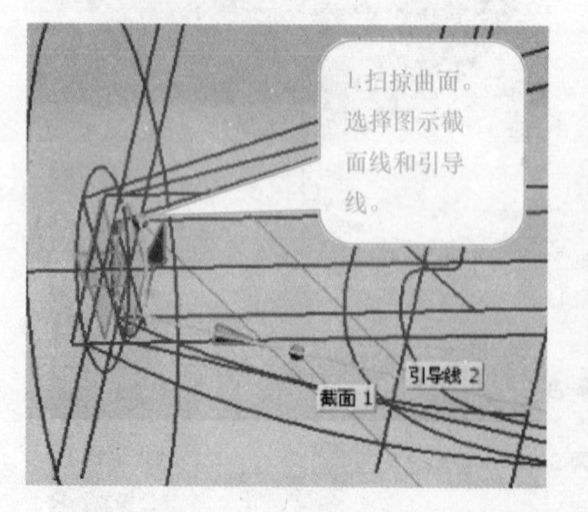

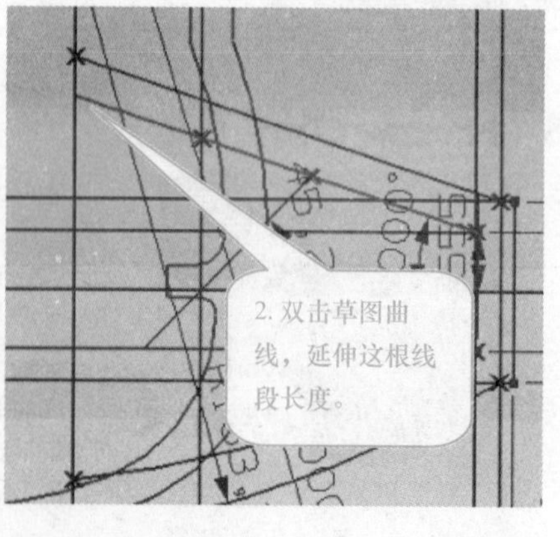

图 9－21

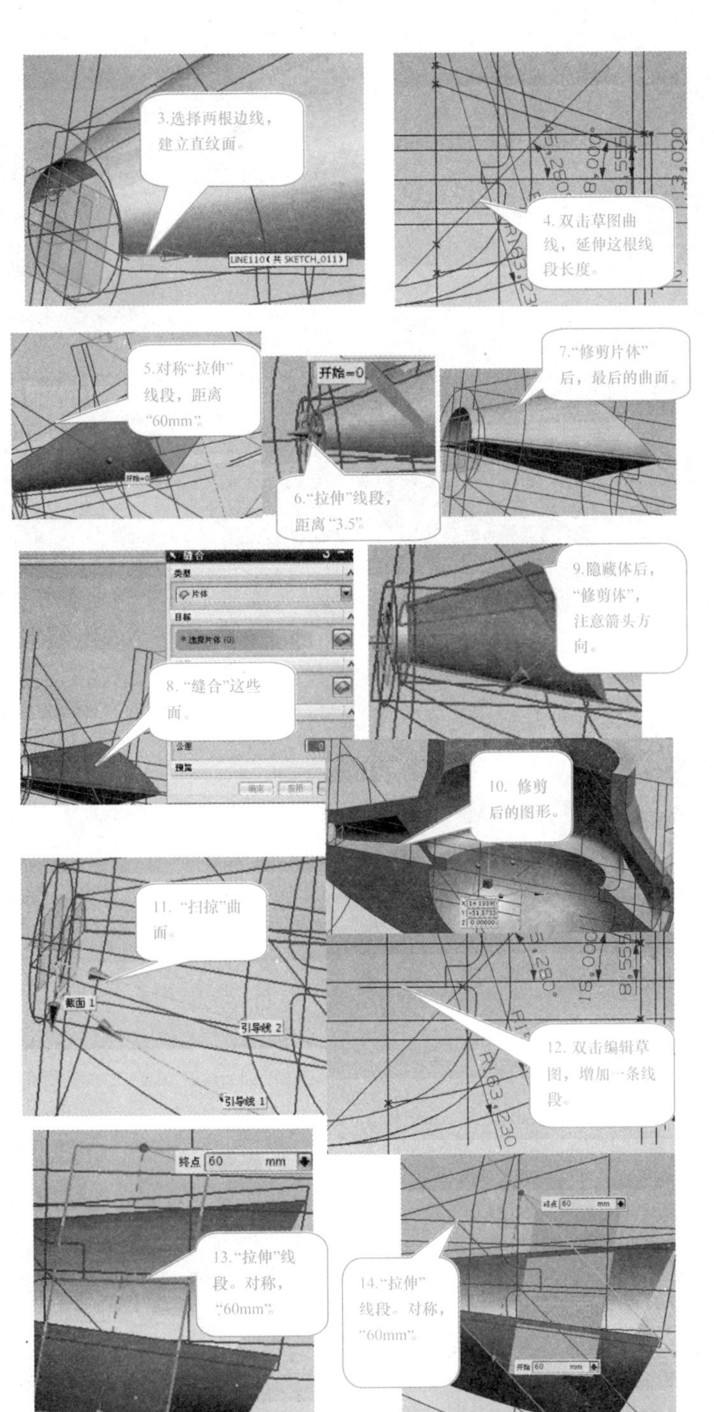
3.选择两根边线，建立直纹面。
4.双击草图曲线，延伸这根线段长度。
5.对称“拉伸”线段，距离“60mm”。
开始=0
6.“拉伸”线段，距离“3.5”。
7.“修剪片体”后，最后的曲面。
类型
片体
目标
8.“缝合”这些面。
公差
预览
9.隐藏体后，“修剪体”，注意箭头方向。
10.修剪后的图形。
11.“扫掠”曲面。
截面 1
引导线 2
引导线 1
12.双击编辑草图，增加一条线段。
终点 60 mm
13.“拉伸”线段。对称，“60mm”。
开始=60
14.“拉伸”线段。对称，“60mm”。

15.两条边生成“直纹面”。
16.最后生成的曲面。

图 9－21（续）

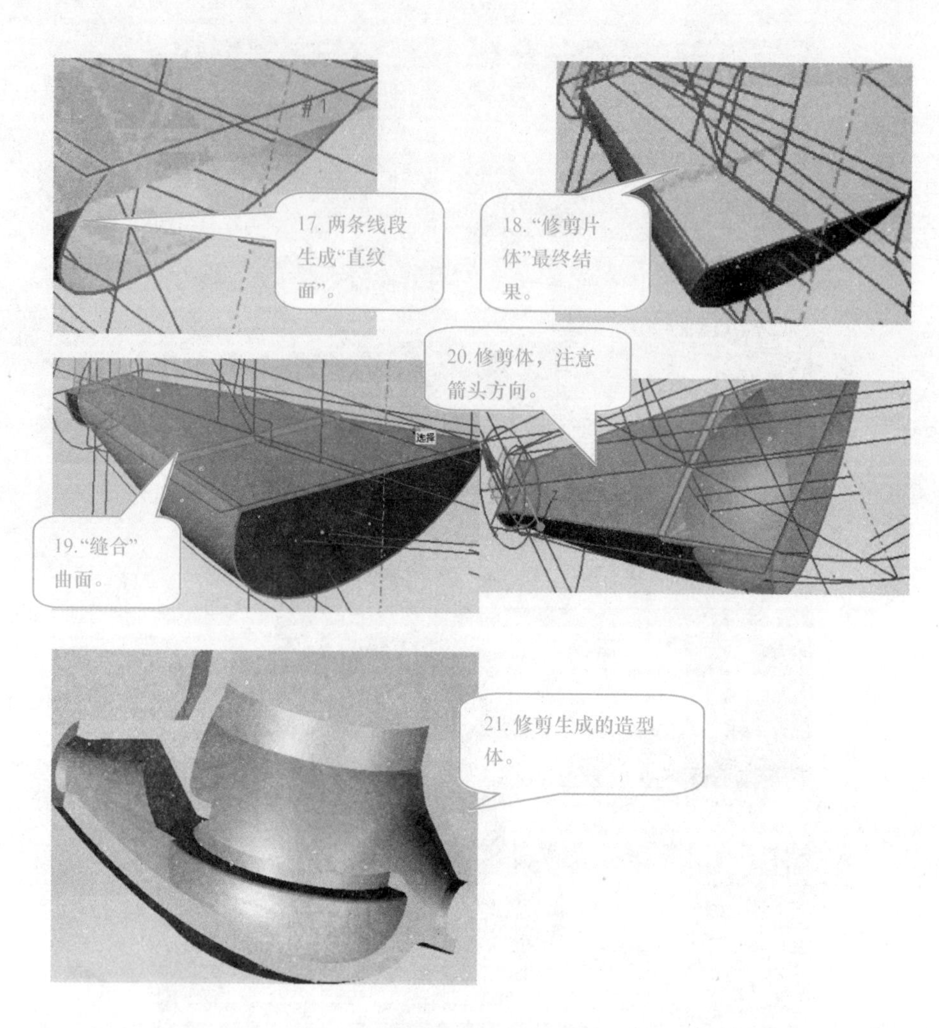

图 9－21（续）

19. 最后的部分造型创建，如图 9－22 所示。

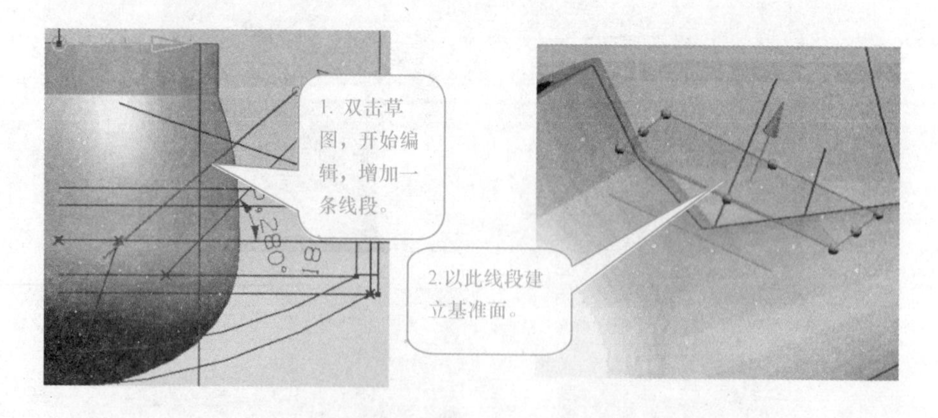

图 9－22

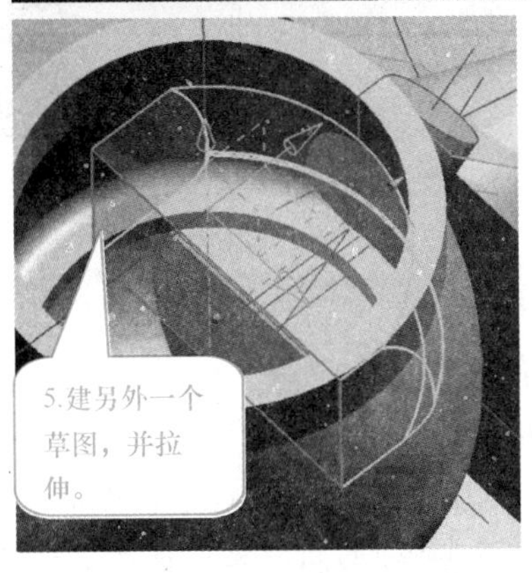

图 9－22（续）

20. 曲面上写字，"拉伸" 字。具体如图 9－23 所示。

图 9－23

任务二　水表壳的分模

一、任务目标

1. 会在 Mold Wizard 环境下进行塑料零件的分模。
2. 会使用模具工具进行补破孔，拆分面。
3. 会进行分型线段的编辑，过渡点的设置操作。
4. 会进行分型面生成等命令。
5. 会自动生成型腔和型芯。

操作视频

二、任务分析

水表外壳的材料是工程塑料 PA66（尼龙 66）加入长玻纤增强尼龙。分模后的效果如图 9-24 所示，采用 Mold Wizard 进行型腔和型芯的创建的主要思路是：首先进行模具初始化设计，判断模具坐标系在模型上的位置，并确定模具坐标系。使用模具工具进行补面，进行面拆分，创建分型面。然后进行模具分型，通过定义型腔/型芯区域，抽取分型线，对破孔进行修补，编辑分型线段，建立过渡点，最后通过创建后的分型面完成型芯和型腔的创建。从水表壳可以看到，实际的型芯模具是非常复杂的，自由曲面覆盖比较多，简单的内侧抽芯机构无法完成抽芯，在实际生产过程中，模具采用手动模外分型抽芯。

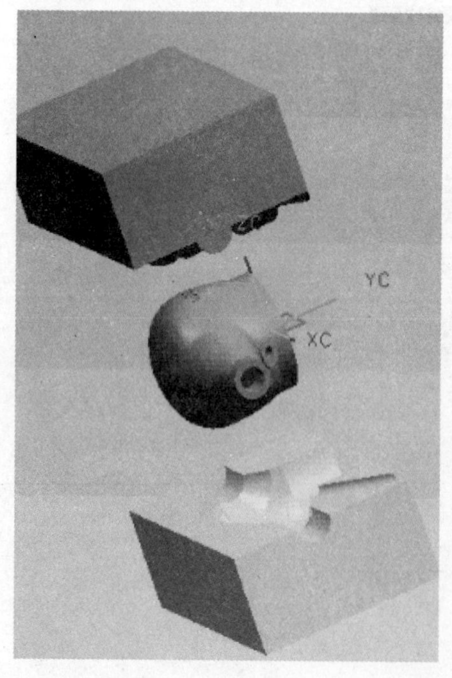

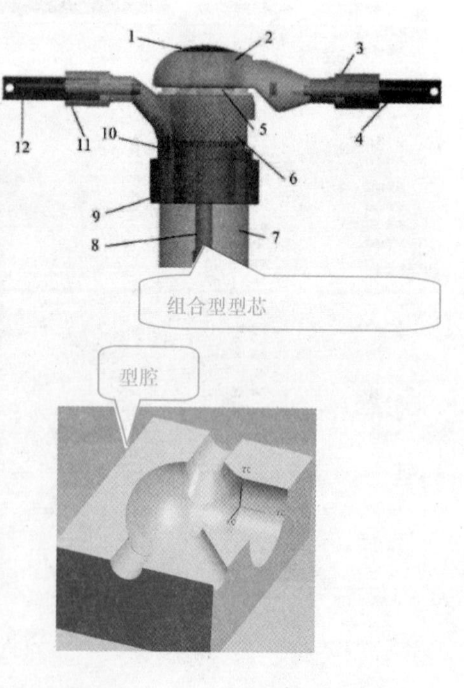

图 9-24

三、操作过程

1. 造型结束后，开始进行分模操作。打开刚才的造型文件，在菜单“开始”→“所有应用模块”→“注塑模向导”，出现注塑模向导对话框。操作过程如图 9－25 所示。

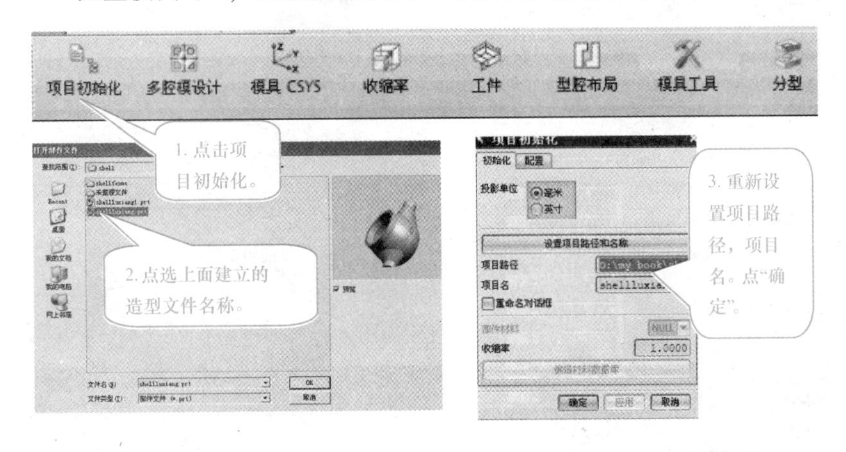

图 9－25

设置模具坐标系。点击注塑模向导对话框上的选项，如图 9－26 所示。

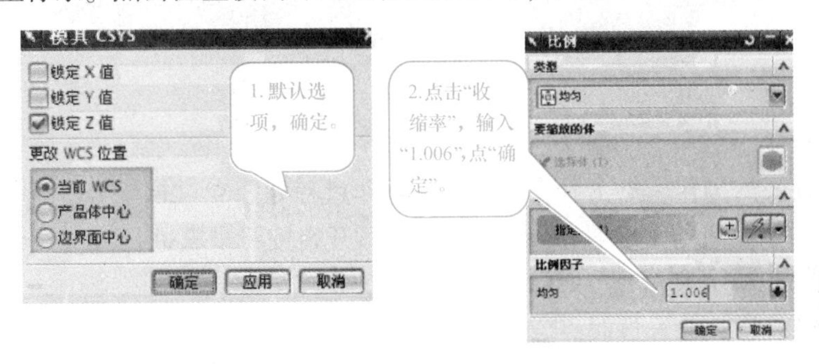

图 9－26

2. 建立模型工件，在注塑模向导对话框上点击“工件”。默认选项，“确定”。在分型之前，根据需要对模型的一些面先进行拆分。具体操作步骤如图 9－27 所示。

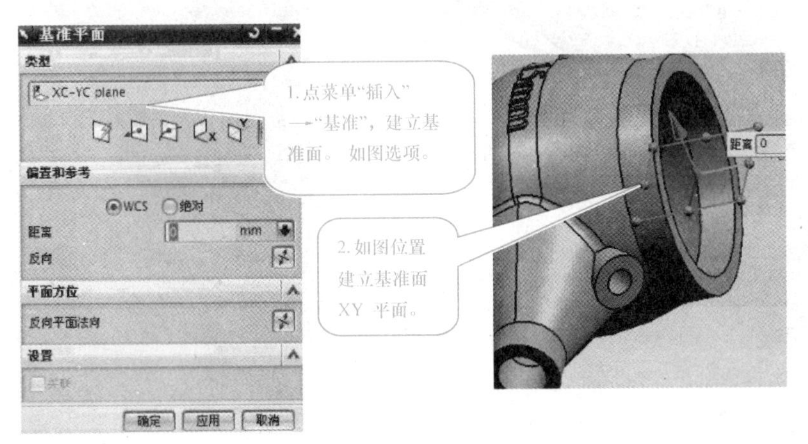

图 9－27

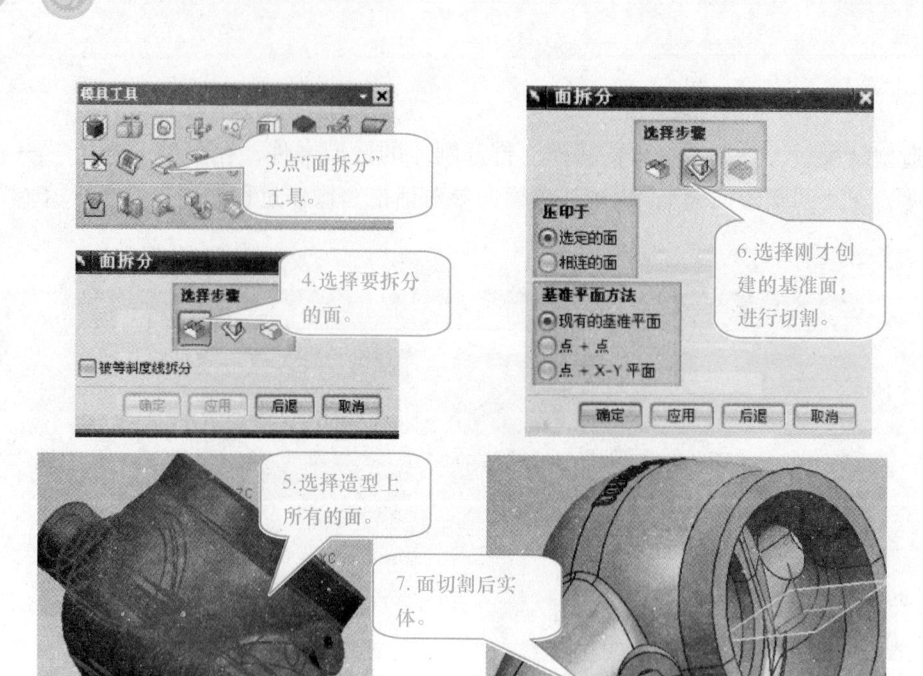

图 9 – 27（续）

3. 先进行补面的操作。点击画直线命令，操作过程如图 9 – 28 所示。

4. 点击“注塑模向导”工具条上的“分型”，开始按照步骤进行分型操作，如图 9 – 29 所示。

5. 编辑分型线段，放置过渡点。操作步骤见图 9 – 30。

6. 创建分型面，在“分型”菜单上选择相应的选项，如图 9 – 31 所示。

7. 自动生成型芯和型腔。选择“分型”对话框上的，如图 9 – 32 所示。

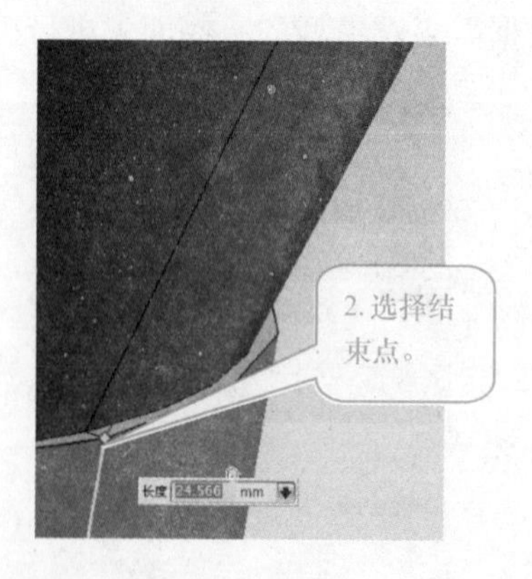

图 9 – 28

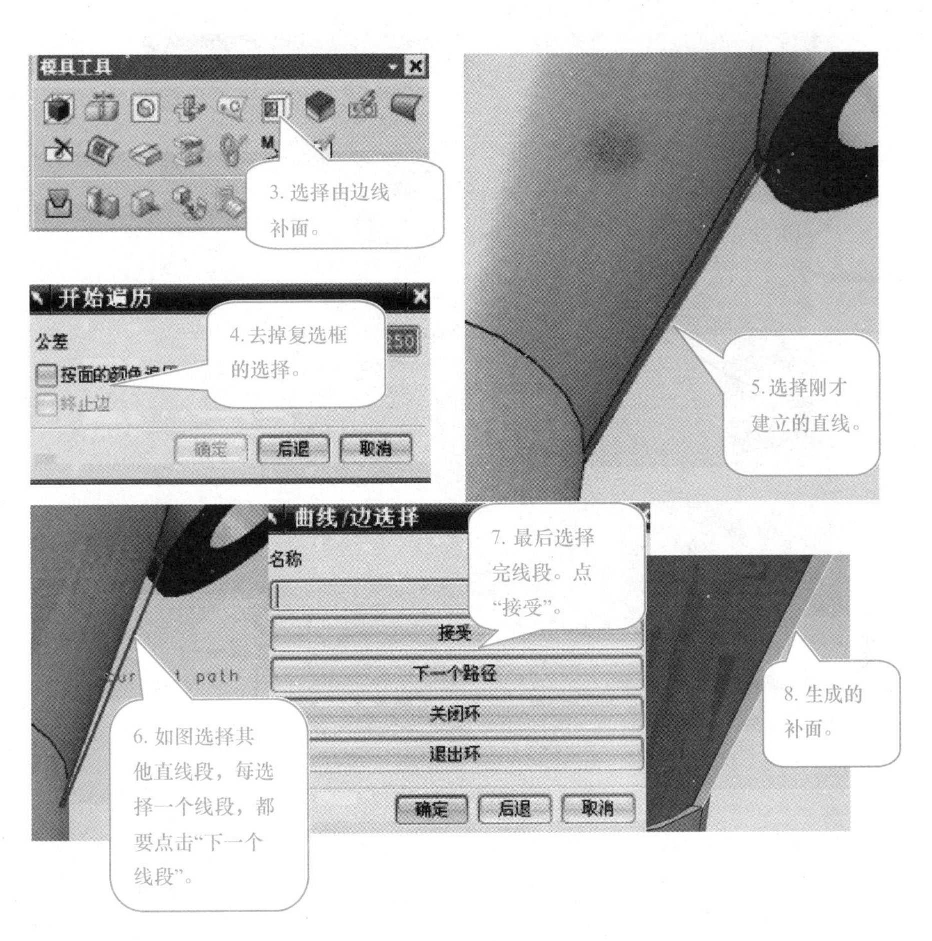

模具工具
3. 选择由边线补面。
开始遍历
公差
按面的颜色遍历
终止边
确定
后退
取消
4. 去掉复选框的选择。
5. 选择刚才建立的直线。
曲线/边选择
名称
接受
下一个路径
关闭环
退出环
确定
后退
取消
7. 最后选择完线段。点“接受”。
8. 生成的补面。
6. 如图选择其他直线段，每选择一个线段，都要点击“下一个线段”。

图9－28（续）

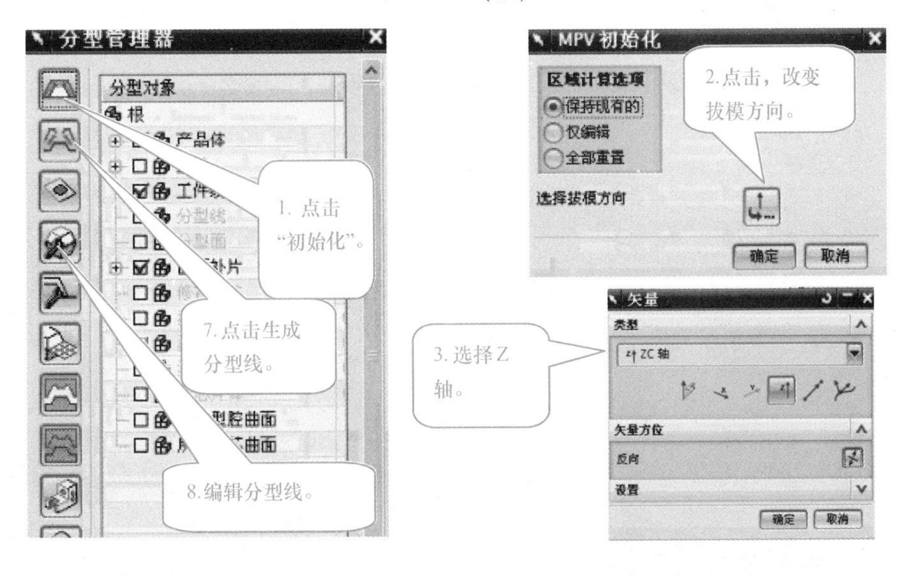

分型管理器
分型对象
根
产品体
1. 点击“初始化”。
7. 点击生成分型线。
8. 编辑分型线。
MPV初始化
区域计算选项
保持现有的
仅编辑
全部重置
选择拔模方向
确定
取消
2. 点击，改变拔模方向。
矢量
类型
ZC轴
矢量方位
反向
设置
确定
取消
3. 选择Z轴。

图9－29

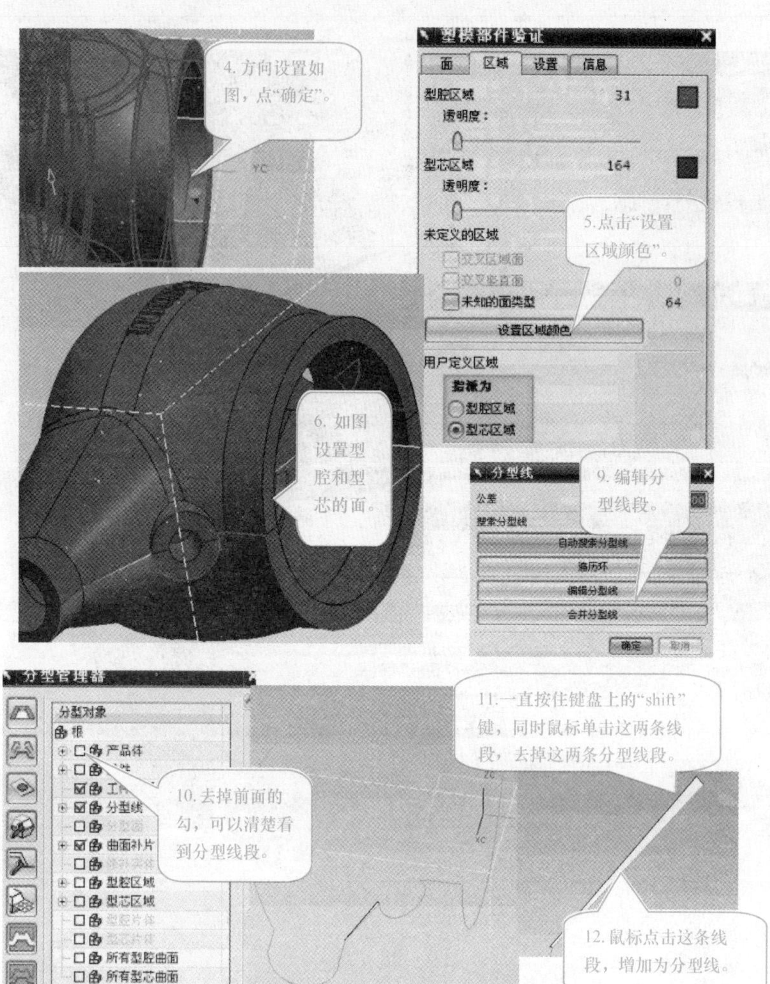
4. 方向设置如图，点"确定"。
型模部件验证
面
区域
设置
信息
型腔区域
31
透明度：
型芯区域
164
透明度：
5.点击"设置区域颜色"。
未定义的区域
未知的面类型
64
设置区域颜色
用户定义区域
指派为
型腔区域
型芯区域
6. 如图设置型腔和型芯的面。
分型线
9. 编辑分型线段。
公差
搜索分型线
自动搜索分型线
遍历环
编辑分型线
合并分型线
确定
取消
分型管理器
分型对象
根
产品体
工件
分型线
曲面补片
型腔区域
型芯区域
所有型腔曲面
所有型芯曲面
10. 去掉前面的勾，可以清楚看到分型线段。
11.一直按住键盘上的"shift"键，同时鼠标单击这两条线段，去掉这两条分型线段。
12. 鼠标点击这条线段，增加为分型线。

图 9 – 29（续）

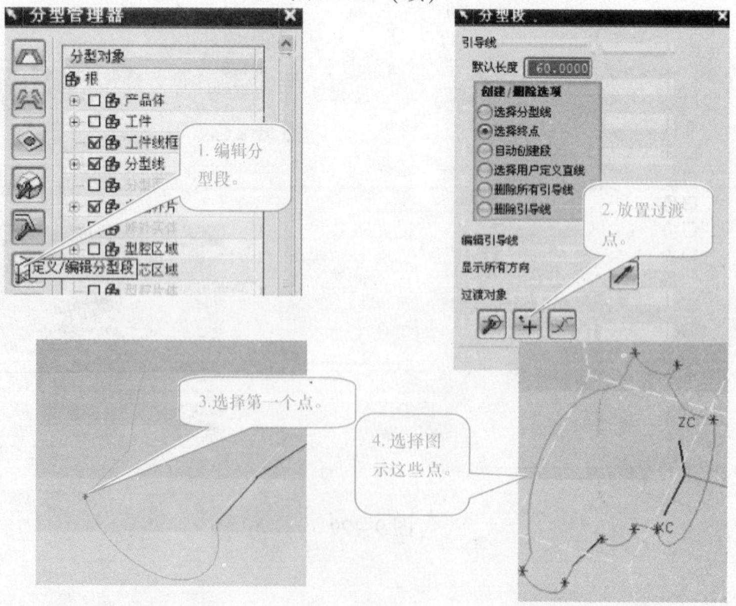
分型管理器
分型对象
根
产品体
工件
工件线框
分型线
型腔区域
1. 编辑分型段。
定义/编辑分型段
分型段
引导线
默认长度
60.0000
创建/删除选项
选择分型线
选择终点
自动创建段
选择用户定义直线
删除所有引导线
删除引导线
2. 放置过渡点。
编辑引导线
显示所有方向
过渡对象
3.选择第一个点。
4. 选择图示这些点。

图 9 – 30

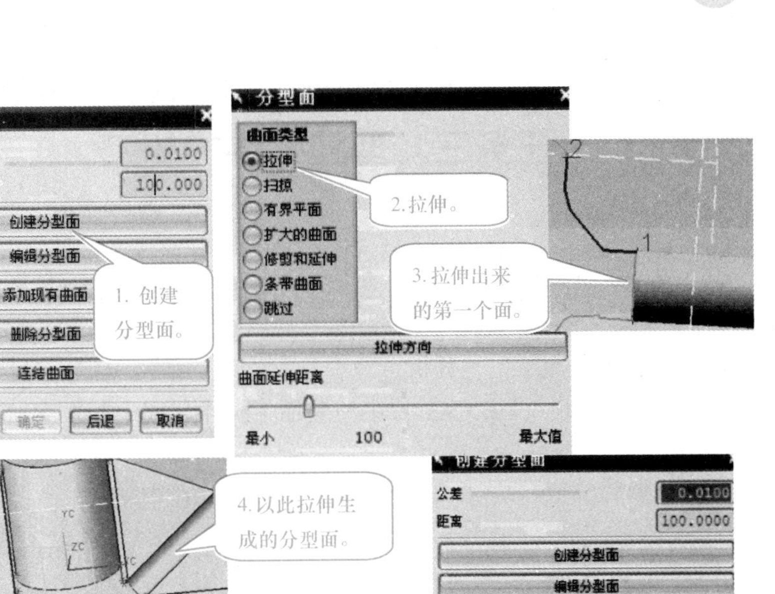
创建分型面
公差
0.0100
距离
100.000
创建分型面
编辑分型面
添加现有曲面
删除分型面
连结曲面
确定
后退
取消
1. 创建分型面。
分型面
曲面类型
拉伸
扫掠
有界平面
扩大的曲面
修剪和延伸
条带曲面
跳过
2.拉伸。
3. 拉伸出来的第一个面。
拉伸方向
曲面延伸距离
最小
100
最大值
4. 以此拉伸生成的分型面。
5. 最后连结分型面。

图 9－31

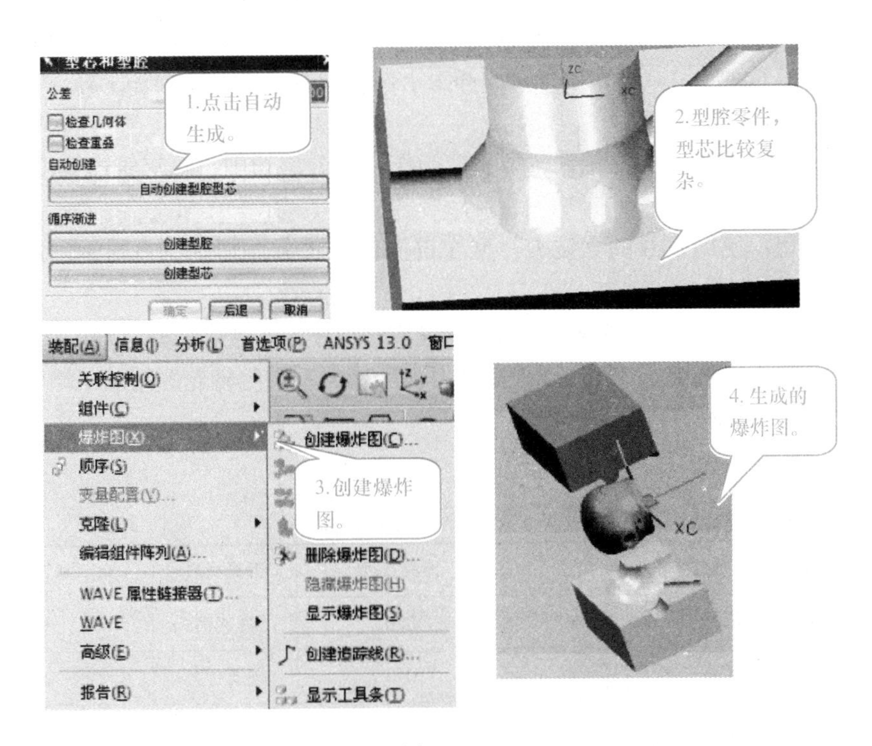
型芯和型腔
公差
检查几何体
检查重叠
自动创建
自动创建型腔型芯
循序渐进
创建型腔
创建型芯
确定
后退
取消
1.点击自动生成。
2.型腔零件，型芯比较复杂。
装配(A)
信息(I)
分析(L)
首选项(P)
ANSYS 13.0
关联控制(O)
组件(C)
爆炸图(X)
顺序(S)
变量配置(V)...
克隆(L)
编辑组件阵列(A)...
WAVE 属性链接器(T)...
WAVE
高级(E)
报告(R)
创建爆炸图(C)...
删除爆炸图(D)...
隐藏爆炸图(H)
显示爆炸图(S)
创建追踪线(R)...
显示工具条(T)
3. 创建爆炸图。
4. 生成的爆炸图。

图 9－32

任务三　型腔零件的加工

一、任务目标

1. 会对型腔零件进行加工工艺分析。

2. 会使用UG加工模块（UG CAM）中型腔加工操作、固定轴轮廓加工、对型腔零件进行清根加工。

3. 会生成刀具路径并进行后处理，产生数控机床的NC程序。

二、任务分析

根据水表壳分模后的型腔零件，分析型腔零件的自由曲面，会发现一些比较尖锐的边，用铣加工工艺是达不到的。这些地方要留给其他加工工艺，例如电火花机床加工。

毛坯为一块方料，一般模具材料硬度为HRC45，不需要进行退火处理，加工性能比较好。毛坯几何面都要进行粗加工，并保持各个面间的直角。

型腔主要是一个六面体，内部是复杂的自由曲面，精度要求比较高。可以对该型腔先进行粗加工，二次开粗，半精加工，再精加工曲面。选择比较大的刀具D20的立铣刀进行粗加工，再用直径比较小的球头立铣刀D4进行精加工。加工坐标系在顶平面的中心。毛坯应该在数控机床上加工前已经做好，四个侧面和上下两个面都已经在之前加工好。

加工方案如下：

（1）粗加工：使用ϕ20的立铣刀，型腔铣操作方法分层切削，每层铣削厚度2 mm，余量0.5 mm。

（2）二次开粗：使用ϕ10的立铣刀，型腔铣操作方法分层切削，每层铣削厚度2 mm，余量0.25 mm。

（3）半精加工：使用ϕ4R2的球头立铣刀，型腔铣操作方法进行轮廓加工，余量0.1 mm。

（4）曲面精加工：使用ϕ4R2的球头立铣刀，区域驱动固定轴轮廓精加工操作方法，这种方法比较适合复杂曲面的精加工。

具体加工方案见表9－1。

表9－1　加工工艺方案

序号	操作方法	刀具直径	刀具材料	加工余量
1	型腔铣粗加工	D20	高速钢	0.5
2	型腔铣二次开粗	D10	硬质合金	0.25
3	型腔铣半精加工	D4R2	高速钢	0.1
4	区域驱动固定轴轮廓铣精加工	D4R2	高速钢	0

三、操作过程

1. 分模生成型腔零件后开始对其加工操作。首先打开型腔零件，点击菜单“开始”→“加工”应用。建立加工坐标系，设置安全平面，创建毛坯和部件几何体。操作过程如图 9－33所示。

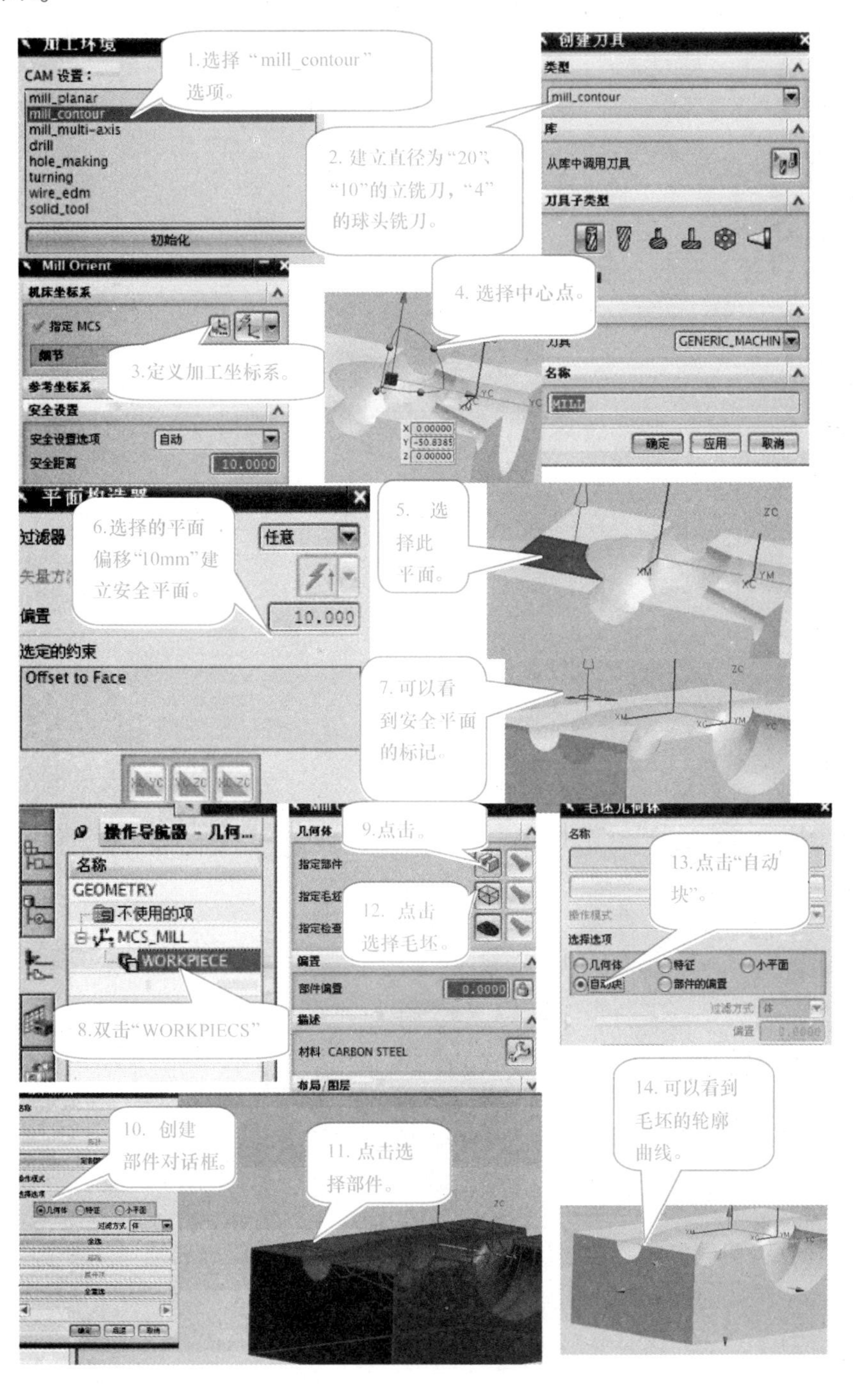

图 9－33

2. 开始创建操作，根据工艺方案的顺序，创建加工，并生成 NC 代码。点击“创建操作”图标按钮。先进行粗加工工序，具体步骤如图 9－34 所示。

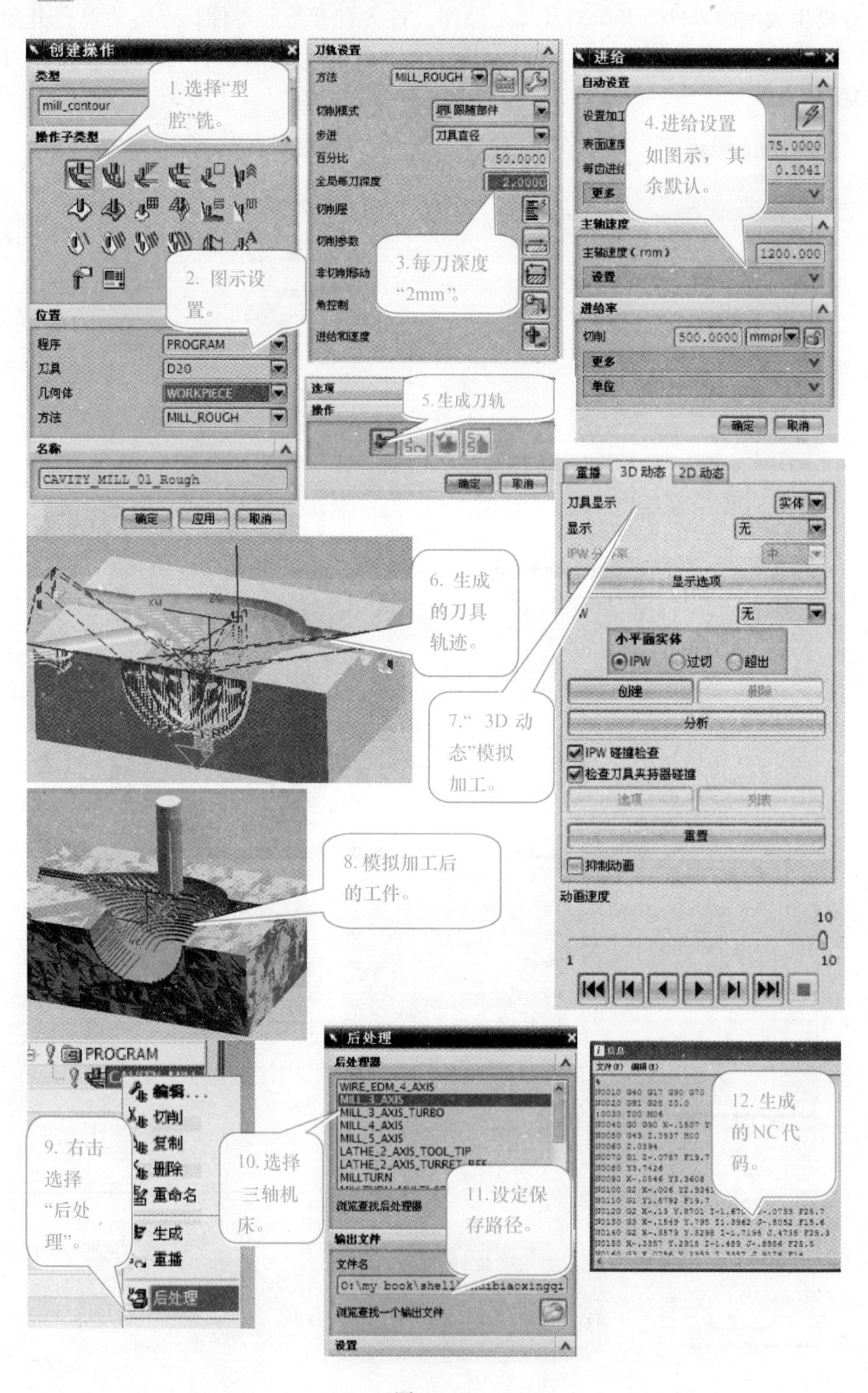

图 9－34

3. 第二个工序，二次开粗加工工序。操作步骤如图 9 – 35 所示。

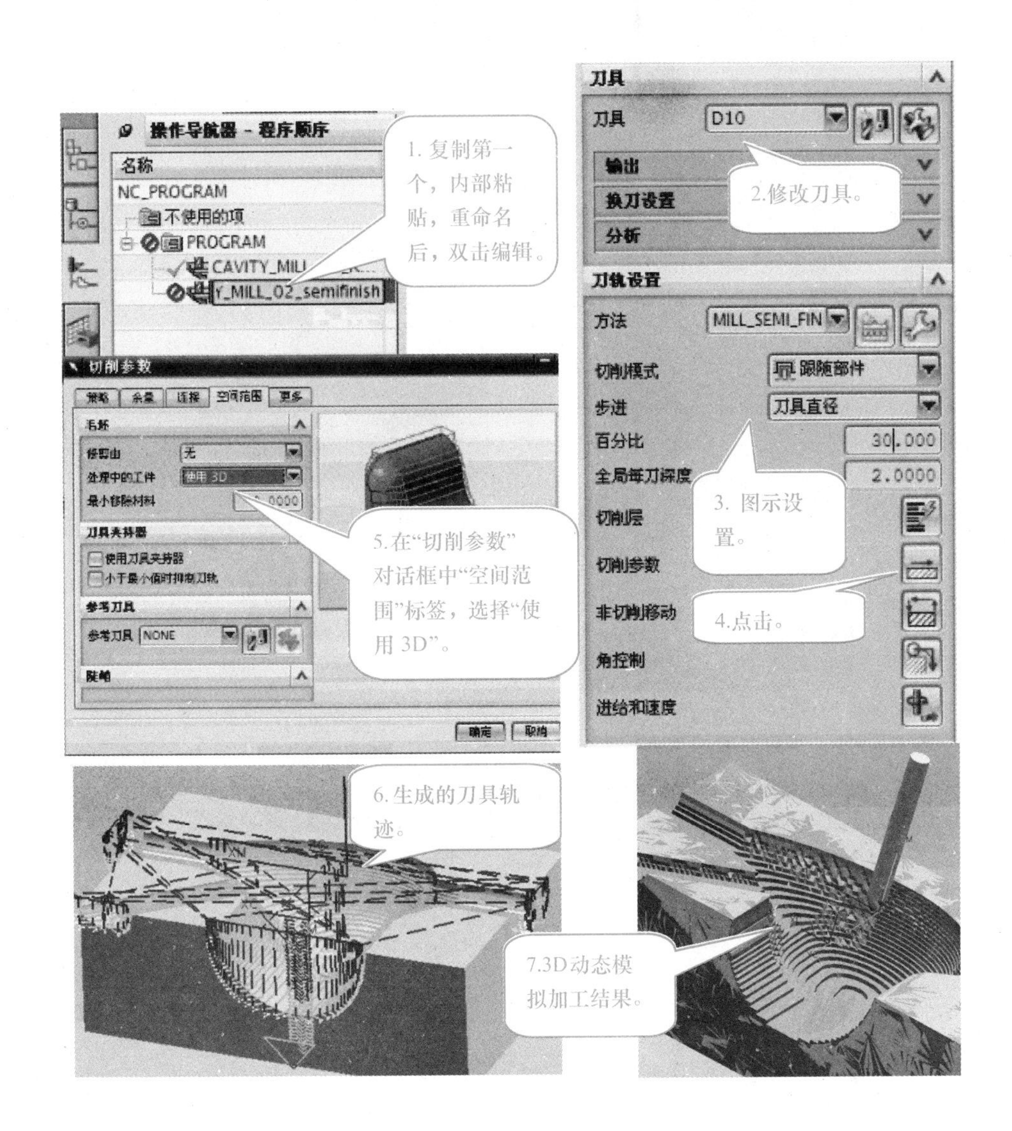

图 9 – 35

4. 第三个工序，进行半精加工。同上，复制第二个工序，内部粘贴后重命名，然后双击进行编辑。操作步骤如图 9 – 36 所示。

5. 清根处理程序采用固定轴操作加工。具体步骤如图 9 – 37 所示。

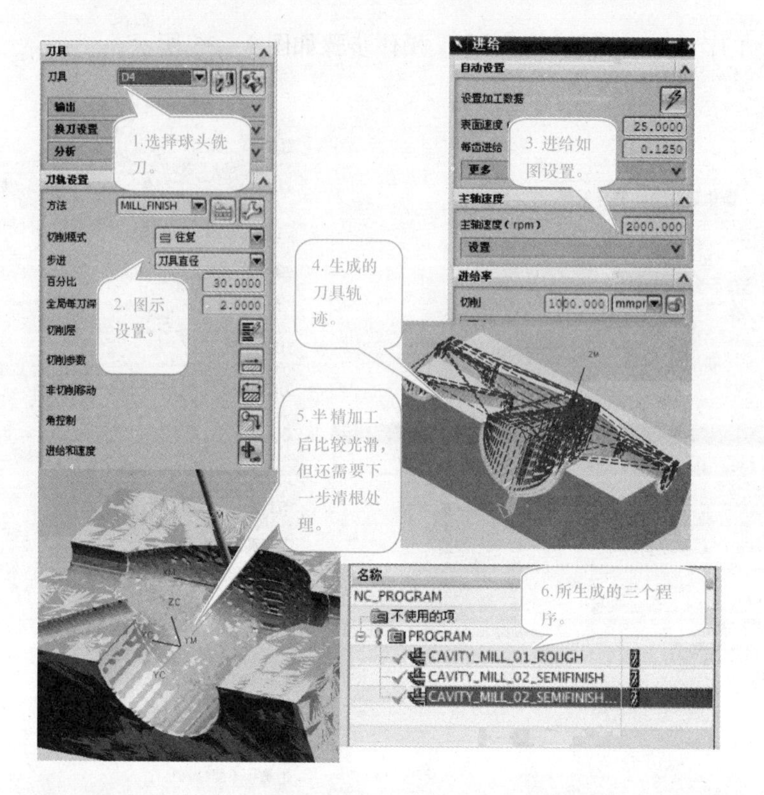
1.选择球头铣刀。
2. 图示设置。
3. 进给如图设置。
4. 生成的刀具轨迹。
5.半精加工后比较光滑，但还需要下一步清根处理。
6.所生成的三个程序。
NC_PROGRAM
不使用的项
PROGRAM
CAVITY_MILL_01_ROUGH
CAVITY_MILL_02_SEMIFINISH
CAVITY_MILL_02_SEMIFINISH...

图 9－36

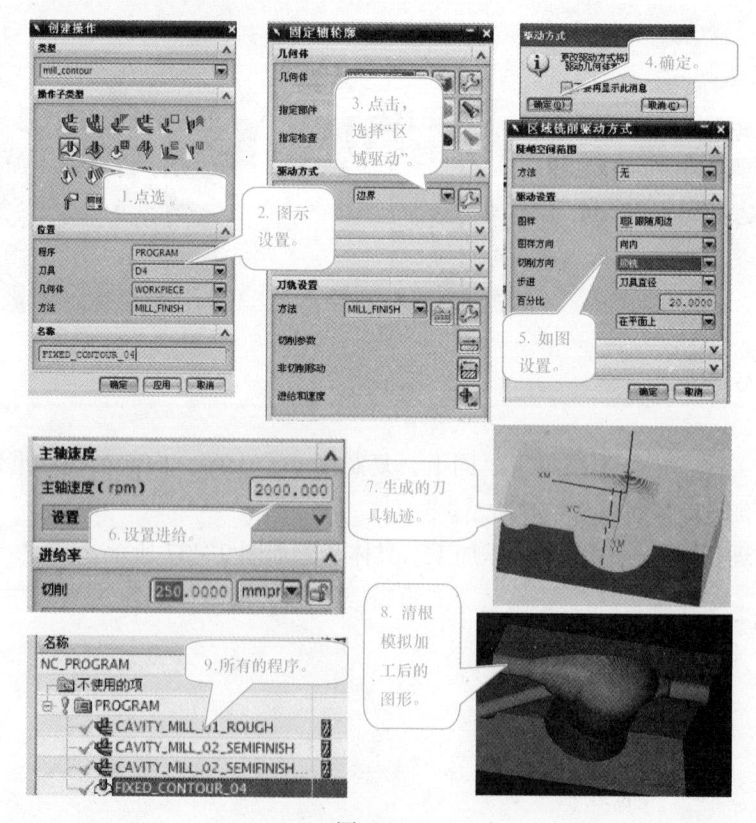
1.点选。
2. 图示设置。
3. 点击，选择“区域驱动”。
4. 确定。
5. 如图设置。
6. 设置进给。
7. 生成的刀具轨迹。
8. 清根模拟加工后的图形。
9.所有的程序。
NC_PROGRAM
不使用的项
PROGRAM
CAVITY_MILL_01_ROUGH
CAVITY_MILL_02_SEMIFINISH
CAVITY_MILL_02_SEMIFINISH...
FIXED_CONTOUR_04

图 9－37

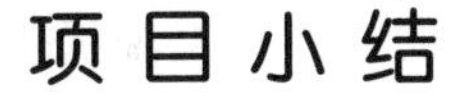

项目小结

本项目介绍了水表壳零件的造型、分模、模拟加工和G代码生成后加工的全过程。通过这个项目的学习，要会曲面造型、曲面修剪、体的修剪，型腔铣操作、固定轴区域驱动方式铣加工操作创建的方法和技巧。重点和容易错误的地方总结如下：

1. 在UG系统中，通过模型创建所产生的曲面可以理解为厚度为零的壳，通常是由一些曲面缝合而成的非封闭的曲面。一般在造型零件时，并不能够察觉曲面概念的重要性。曲面的构建方法一般会因为需要得到的面和已有的条件而各不相同，全面地掌握和正确合理地使用UG曲面模块是用好UG的一个重要体现。在曲面创建和编辑的过程中要注意以下几点：创建曲面的时候尽可能保证曲面简单，太复杂则难以控制；在创建曲面的时候要注意选择曲面的次序，如果次序颠倒则曲面容易扭曲；确定曲面的参数设置正确，尤其是连续参数。用户可以进行适当编辑，以达到满足实际的需要。

2. UG构建曲面的方法。

在UG NX 5.0系统中构建曲面的方法有：

（1）以点为基础的构建方法。可以由点、极点或点云来构建曲面，通过点云构建的曲面比较光滑一些，但是与原始的数据点之间会有一定的误差。这种由点生成的曲面是非参数化的，即生成的曲面与原始构造点不关联，当构造点编辑后，曲面不会产生关联性的更新变化。

（2）以曲线为基础的构建方法。这类曲面是全参数化，在UG中称为全参数片体。这类曲面是和曲线紧紧关联的，如构建曲面的曲线被编辑或修改后，曲面会自动更新，便于曲面的调整和修改。主要用于大面积的主要曲面构造。

（3）以曲面为基础的构建方法。这些方法大多用来连接曲面与曲面之间的过渡，称为“过渡曲面”。这类曲面多数是参数化的，如通过截面、桥接和偏置等方法创建的曲面。

（4）以曲线和曲面为基础的构建方法。根据已有的曲面和曲线创建一个与已有曲面相连接的曲面。

3. UG曲面创建一些基本原则。

（1）用于构造曲面的曲线尽可能简单，曲线阶次数小于3。

（2）用于构造曲面的曲线要保证光顺连接，避免产生尖角、重叠和交叉等。

（3）曲面的曲率半径尽可能大，否则将造成加工的困难。

（4）避免构造非参数化特征。

（5）若有测量的数据点，应先生成曲线，再利用曲线构造曲面。

（6）根据不同的曲面特点合理使用各种曲面构造方法。

（7）面与面之间的倒角过渡尽可能在实体上进行。

4. 固定轴轮廓铣是用于加工由自由曲面构成的零件的加工方式，通过投影矢量方向以使刀具沿着非常复杂的曲面运动，这种方式主要应用于曲面的半精加工和精加工，刀具轴始终为一固定矢量方向。刀具轨迹的生成需要两个阶段，第一阶段从驱动几何体上产生驱动点组，第二个阶段将驱动点沿投影方向投射到零件几何体上。刀具跟随这些点进行加工。驱动点可以从零件几何体或整个几何体产生，或是与加工不相关的其他几何体上产生。

有几个概念要熟悉。零件几何体：准备要加工的实体。驱动几何体：准备用来产生驱动点的几何体。驱动方式：驱动点产生的方式。系统提供了多种驱动方式，如曲线/点驱动方式，边界驱动方式，区域铣削驱动方式和曲面区域驱动方式等如图 9－38 所示。投影矢量：用于指引驱动点怎样投影到零件表面，一般情况下，是沿着投影矢量方向投影到部件几何体上产生投影点。

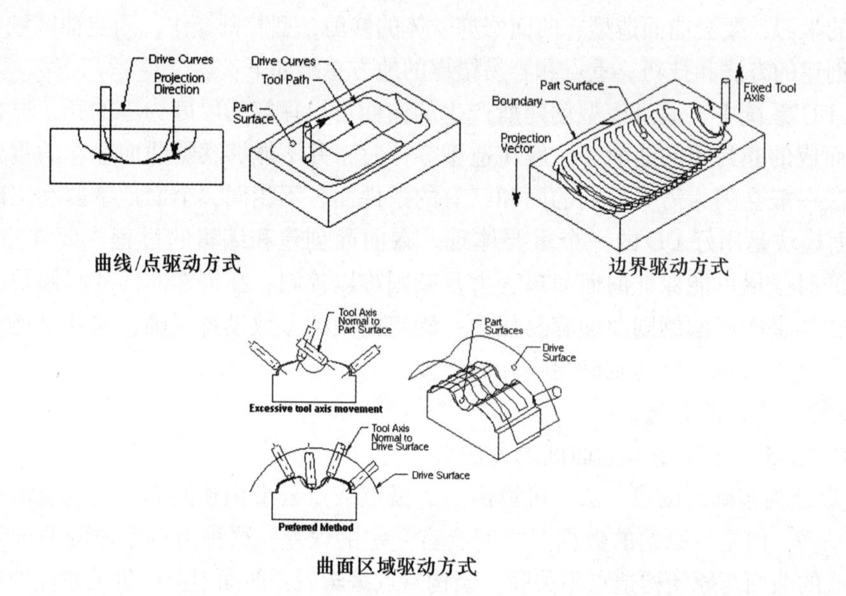

图 9－38

5. 电脑和机床之间的连接。

当零件程序的容量大于数控机床 CNC 的容量时，可将零件程序存储在 PC 机中，利用传输电缆，一边传输程序一边进行加工，当零件程序执行完毕后传送到 CNC 中程序自动消失，如用于模具加工。

（1）FANUC 系统的数控机床和 PC 之间的硬件连接。

FANUC 系统中，与数控机床一端连接的插头是 25 针对接头，与电脑 PC 连接采用的是 9 孔接头。25 针接头中每个接口的编号以及连接方式如图 9－39 所示。

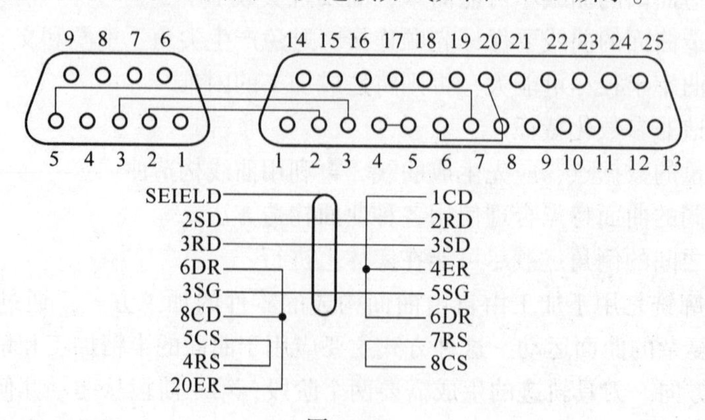

图 9－39

华中系统和西门子系统的接头焊接方法如图 9－40 所示。

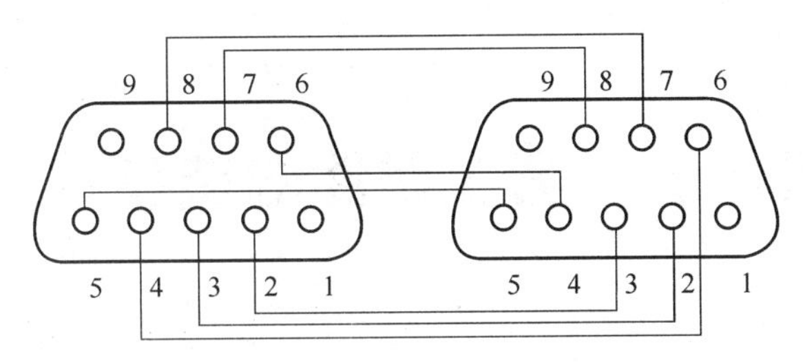

图 9－40

（2）传输软件的使用以及操作。

传输软件比较多，但是使用方法都相似。打开传输软件，然后打开所要传输的数控程序。在软件上点击“DNC 传输”就可以进入程序传输界面，然后进行数控机床的设置，设置完以后再点击“确定”，如图 9－41 所示。

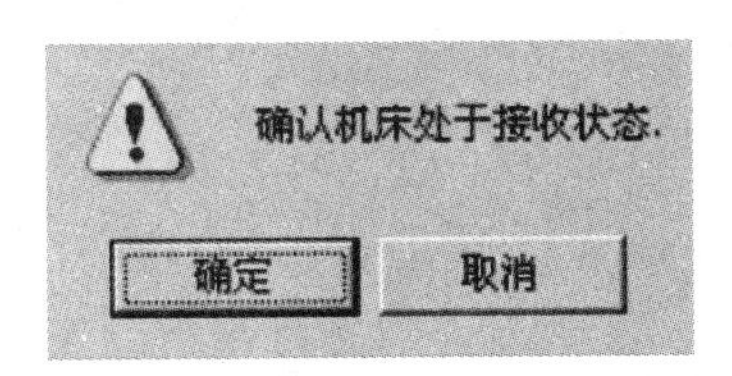

图 9－41

数控机床的准备工作，把数控机床控制器调整为自动方式，按操作面板上的□键，进给倍率开关调为最小位置。选择软键“program”，然后循环启动开始加工。

各种机床的报警指令都略有区别，可以参考机床的使用说明书。在传输程序的过程中出现传输问题，一般检查以下几点：

（1）检查传输速率是否太快，一般加工有 9600 就可以。如果进行曲面的精加工，传输速率就要快点。

（2）检查在程序中是否有机床无法识别的符号。

（3）检查机床跟电脑的数据接口硬件连接是否好。

思考和练习

1. 零件的工艺规划还有哪些方法？
2. 试试修改一下固定轴轮廓加工驱动方式，看看有哪些区别？
3. 修改工艺过程，重新用其他方式加工，看看效果。

项目十　考工零件的造型与加工

任务一　零件的造型

操作视频

一、任务目标

1. 巩固 UG 三维造型方法，会使用软件对零件进行造型。
2. 重点是复习草图曲线创建、拉伸命令。

二、任务分析

首先在 UG 建模环境下，根据零件图 10－1 所示的尺寸要求，完成工件的建模造型。图 10－2 中对零件的三维造型进行了分析，使用 UG 的草图功能在平面内完成截面外形的创建，拉伸曲线建立特征造型，然后使用成型特征中旋转操作完成中间的凹槽。

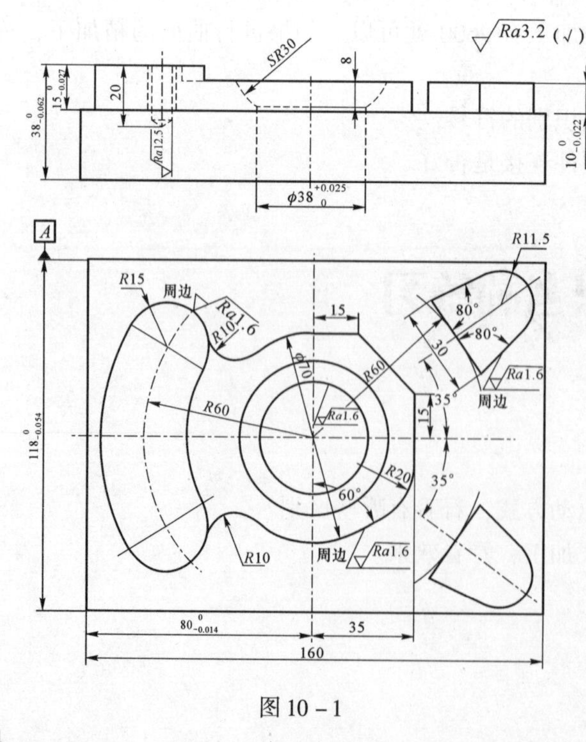

图 10－1

主要是做草图曲线，拉伸后，求和。建立孔。

图 10－2

三、操作过程

1. 新建文件，在“新建部件文件”对话框中输入要建立的文件名称。新建草图。在 XY 平面内建立以下草图，操作步骤如图 10－3 所示。

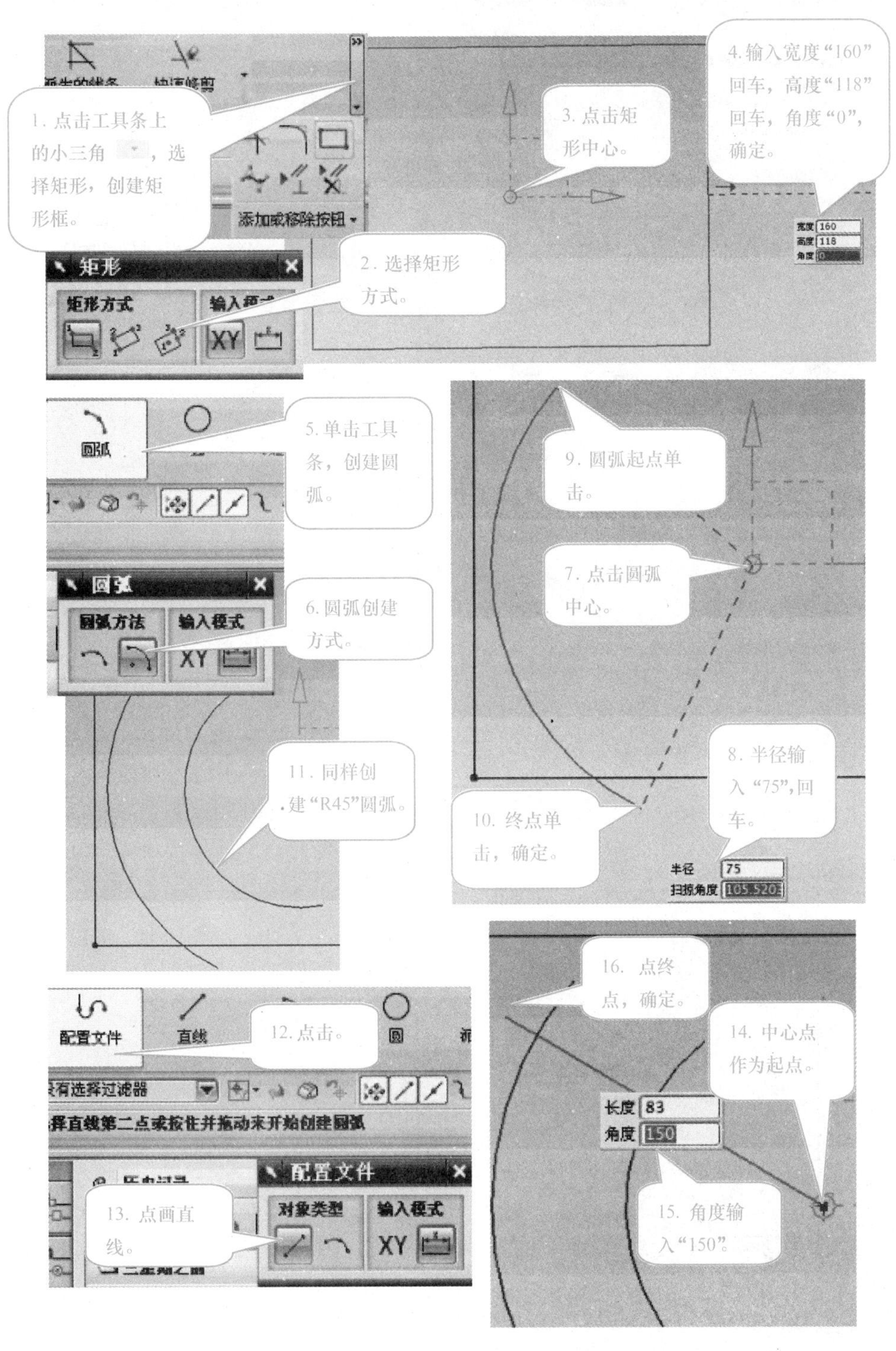

图 10－3

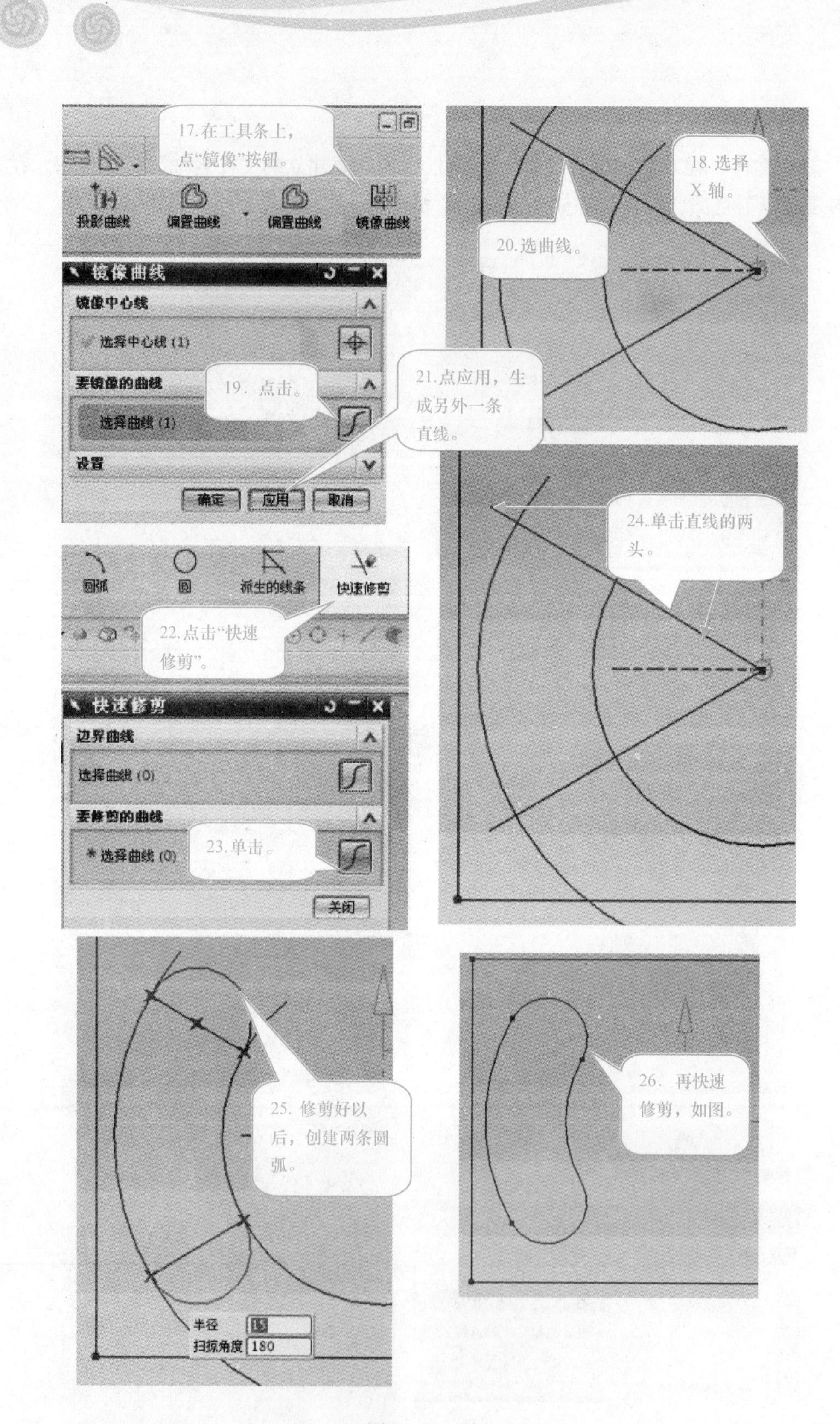
17.在工具条上，点“镜像”按钮。
投影曲线
偏置曲线
偏置曲线
镜像曲线
18.选择X轴。
20.选曲线。
镜像曲线
镜像中心线
选择中心线 (1)
要镜像的曲线
19．点击。
选择曲线 (1)
设置
确定
应用
取消
21.点应用，生成另外一条直线。
24.单击直线的两头。
圆弧
圆
派生的线条
快速修剪
22.点击“快速修剪”。
快速修剪
边界曲线
选择曲线 (0)
要修剪的曲线
选择曲线 (0)
23.单击。
关闭
25．修剪好以后，创建两条圆弧。
半径 15
扫掠角度 180
26．再快速修剪，如图。

图 10－3（续）

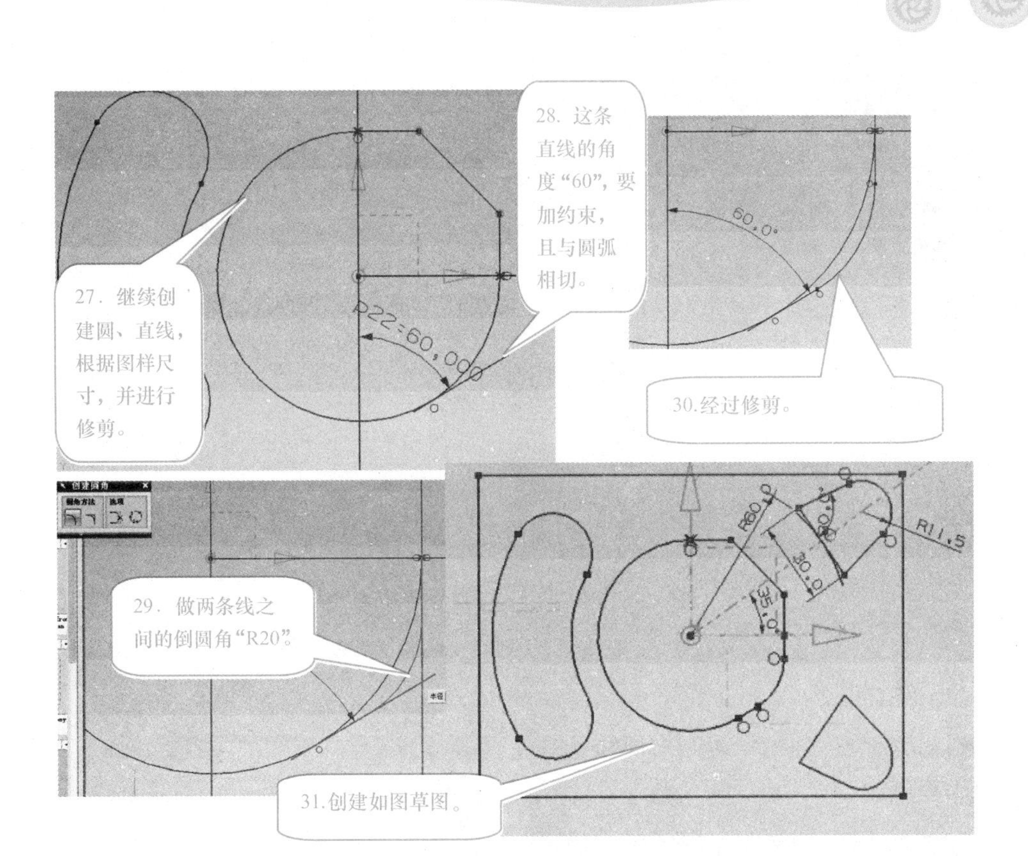

图 10－3（续）

2. 拉伸实体，建立模型。单击工具条上的创建拉伸按钮，其他操作步骤如图 10－4 所示。

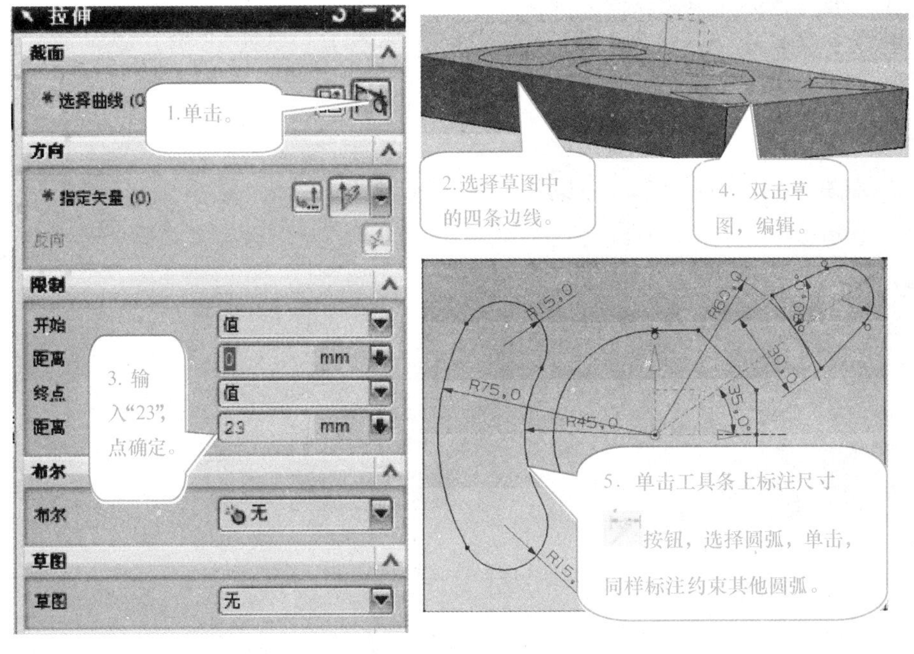

图 10－4

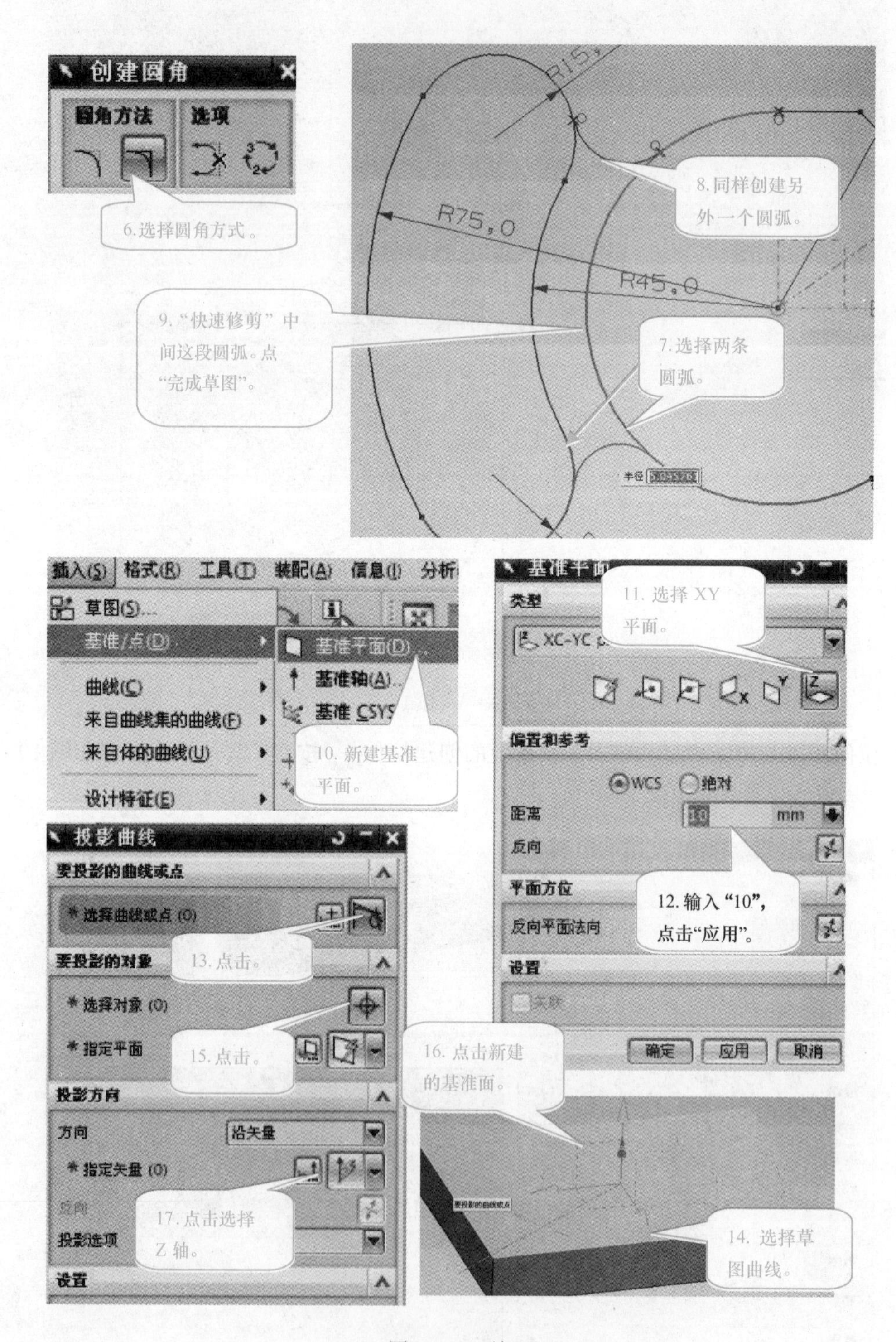
创建圆角
圆角方法
选项
6.选择圆角方式。
R15,
R75,0
R45,0
8.同样创建另外一个圆弧。
9."快速修剪"中间这段圆弧。点"完成草图"。
7.选择两条圆弧。
半径
插入(S)
格式(R)
工具(T)
装配(A)
信息(I)
分析
草图(S)...
基准/点(D)
基准平面(D)...
基准轴(A)...
基准 CSYS
曲线(C)
来自曲线集的曲线(F)
来自体的曲线(U)
设计特征(E)
10.新建基准平面。
基准平面
类型
11.选择XY平面。
XC-YC
偏置和参考
WCS
绝对
距离
mm
反向
平面方位
反向平面法向
12.输入"10"，点击"应用"。
设置
关联
确定
应用
取消
投影曲线
要投影的曲线或点
选择曲线或点 (0)
13.点击。
要投影的对象
选择对象 (0)
指定平面
15.点击。
16.点击新建的基准面。
投影方向
方向
沿矢量
指定矢量 (0)
反向
投影选项
17.点击选择Z轴。
设置
要投影的曲线或点
14.选择草图曲线。

图 10-4（续）

3. 继续使用拉伸命令，生成其他的造型。操作步骤如图 10 – 5 所示。

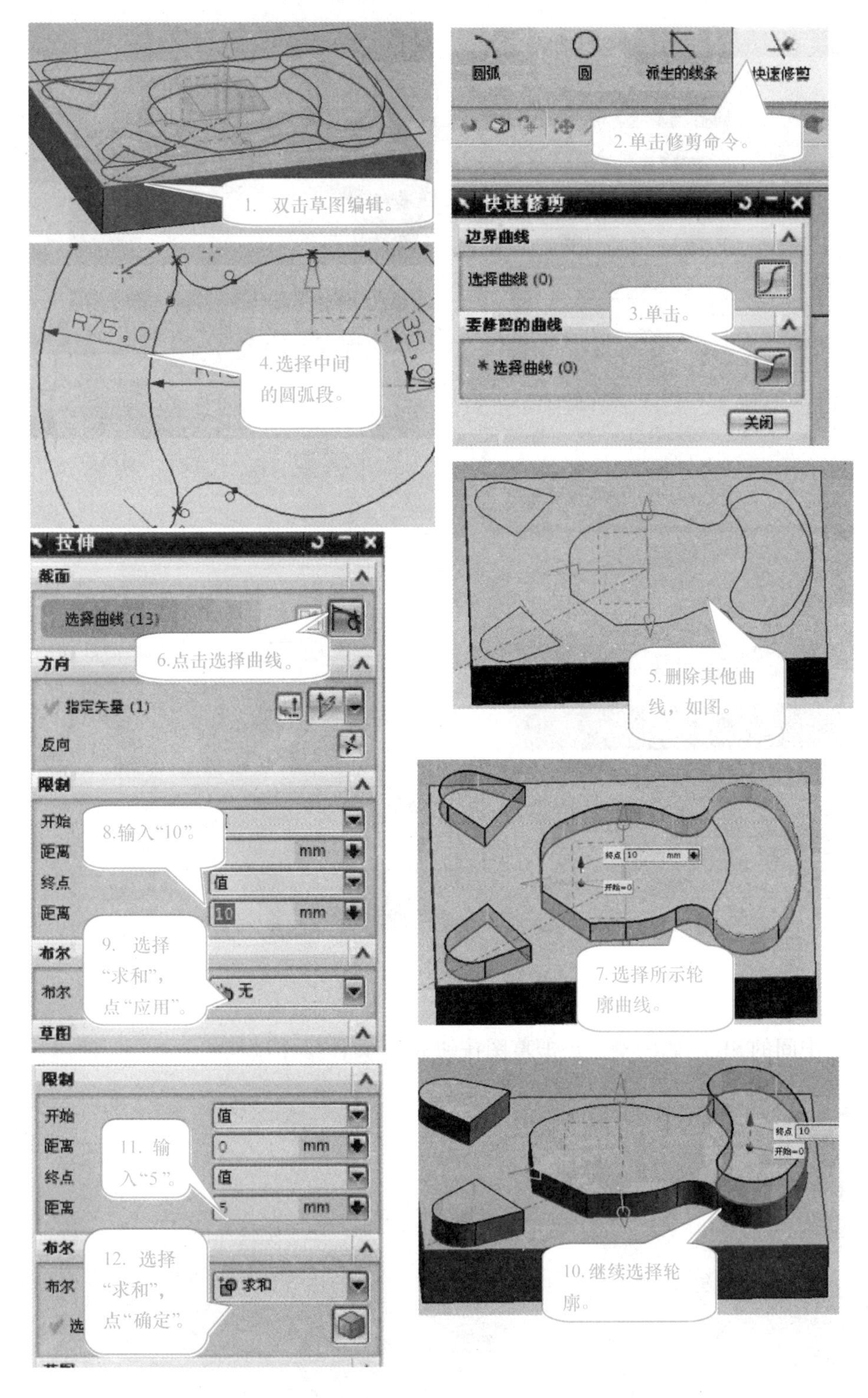

图 10 – 5

4. 造型中间的孔和凹槽，在工具条上点击孔按钮。操作如图 10－6 所示。

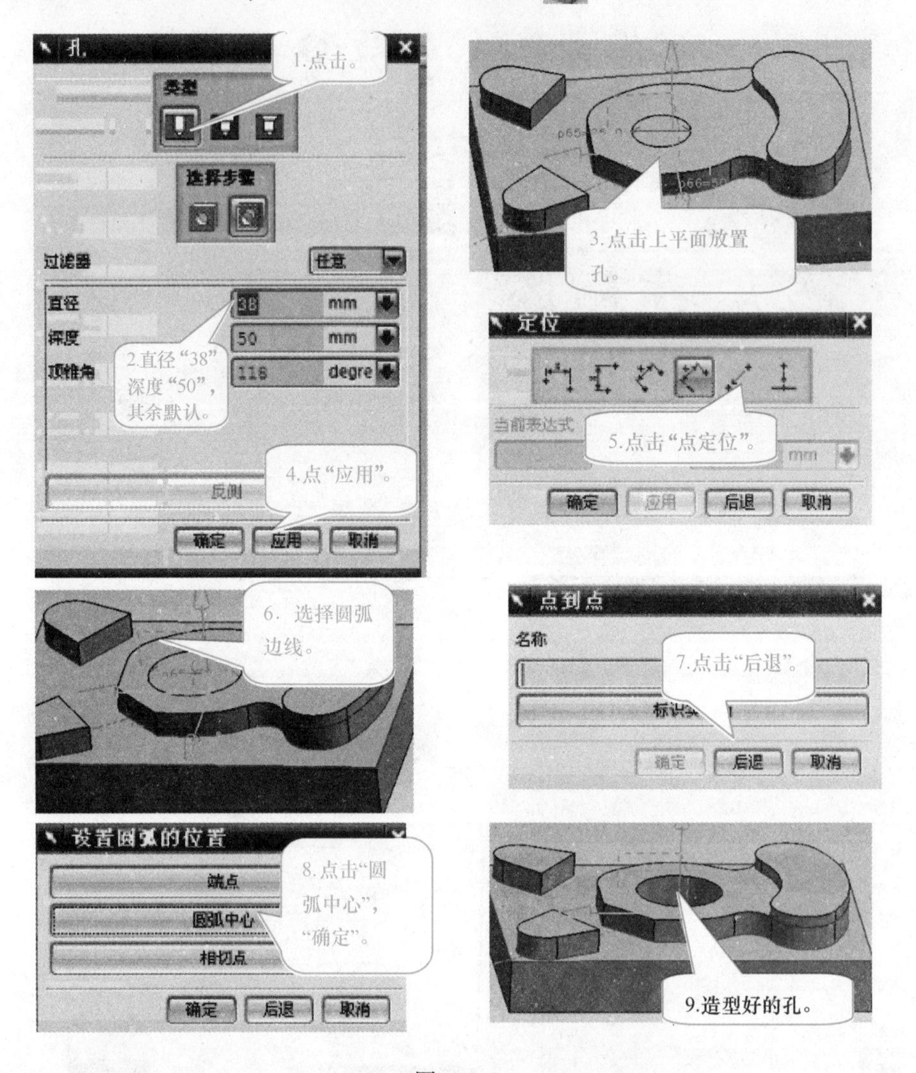

图 10－6

5. 造型中间的 SR30 的凹槽。点击草图按钮。具体操作过程如图 10－7 所示。

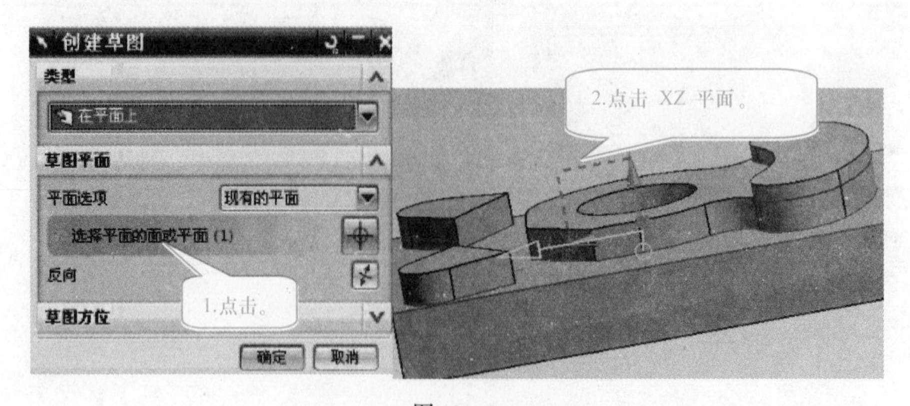

图 10－7

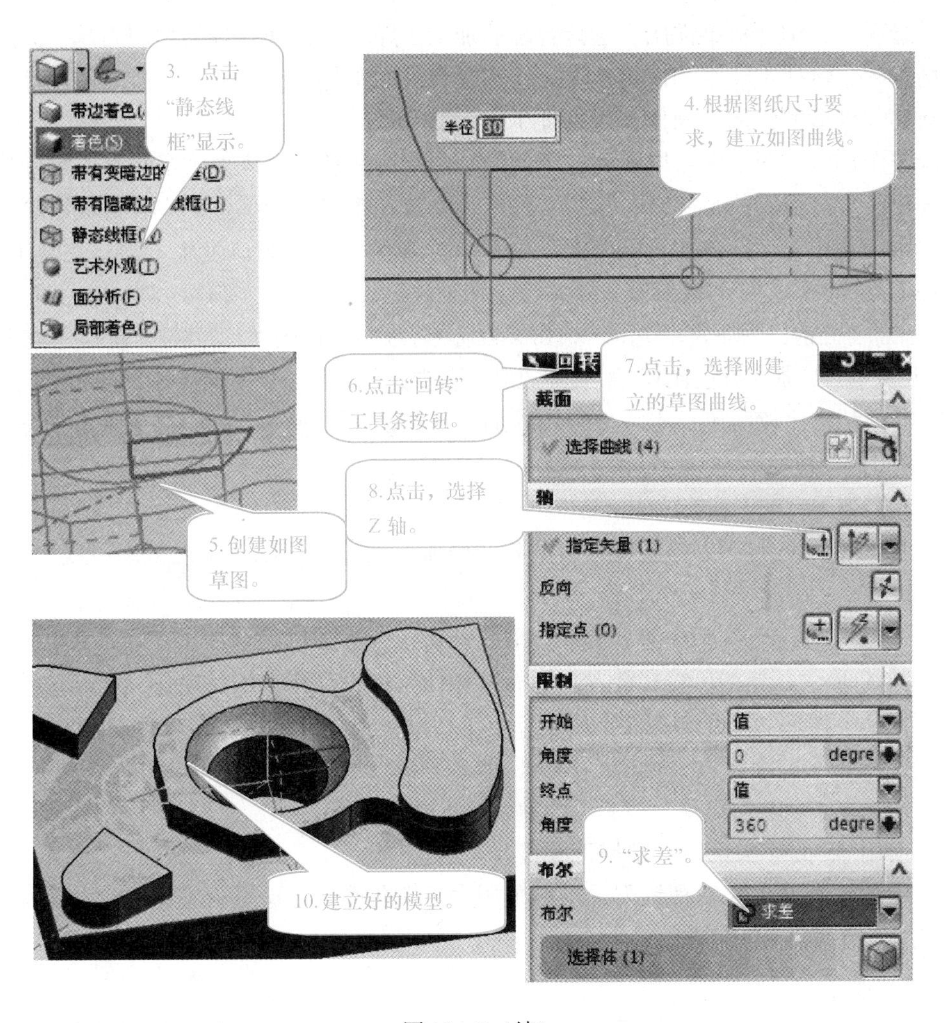

图 10－7（续）

任务二　零件的加工

一、任务目标

1. 对零件进行加工工艺分析。

2. 会使用 UG 加工模块 UG CAM 中型腔加工操作粗精加工、钻孔操作、镗孔操作、固定轴轮廓铣加工操作。

3. 会生成刀具路径并进行后处理，产生数控机床的 NC 程序。

二、任务分析

加工要求按照图纸所示各项尺寸，毛坯为 160×118×40，材料是 45 钢材。零件的加工

工艺分析过程为：①分析零件图，选择合理的加工工序。②选择合理的切削刀具。③选择合理的切削参数，包括主转速和进给速度。④选择合理的工件装夹方法，必要时需设计工装夹具。⑤建立零件造型，加工操作，后处理生成 NC 代码。

要求按图加工，图纸中可以看到轮廓的周边曲线圆弧和粗糙度要求都较高，零件的装夹采用台虎钳装夹。在安装工件时，注意工件安装要放在钳口中间部位。安装台虎钳时，要对它的固定钳口找正，工件被加工部分要高出钳口，避免刀具与钳口发生干涉，安装工件时，注意工件上浮 5 mm 左右。将工件坐标系建立在工件上最高表面、零件的对称中心处。

零件在加工之前，毛坯为一块 160×118×40 方料，六个面已经加工到位。材料是45 钢，不需要进行退火处理，加工性能比较好。毛坯几何面都要进行粗加工，并保持各个面间的直角。

这个零件结构比较简单，本零件采用的加工步骤是粗加工→半精加工→钻孔→铣孔→加工 SR30 的凹槽→镗孔。

加工方案如下：

（1）粗加工：使用 $\phi32$ 的立铣刀，型腔铣操作方法分层切削，每层铣削厚度 2 mm，余量 0.25 mm。

（2）半精加工：使用 $\phi16$ 的立铣刀，型腔铣操作方法进行轮廓加工，余量 0.1 mm。

（3）精加工：使用 $\phi16$ 的立铣刀，型腔铣操作精加工操作方法，余量 0 mm。

（4）钻孔：使用 $\phi32.5$ 的麻花钻头。

（5）使用 $\phi16$ 的立铣刀，铣中心孔，粗加工 SR30 的凹槽，余量 0.25 mm。

（6）使用 $\phi5$ 的球头铣刀，粗加工凹槽，余量 0.1 mm。

（7）使用 $\phi5$ 的球头铣刀，精加工凹槽。

（8）镗孔，使用 $\phi38$ 的精镗刀，一般采用手工镗孔操作，这里就不建立自动编程工艺。

具体加工方案见表 10－1。

表 10－1　加工工艺方案

序号	操作方法	刀具直径	刀具材料	加工余量
1	型腔铣粗加工	$\phi32$	高速钢	0.25
2	型腔铣半精加工	$\phi16$	高速钢	0.1
3	型腔铣精加工	$\phi16$	高速钢	0
4	钻孔	$\phi32.5$	高速钢	0
5	铣孔	$\phi16$	高速钢	0.25
6	粗加工加工凹槽	$\phi5$	硬质合金	0.1
7	精加工加工凹槽	$\phi5$	硬质合金	0

三、操作过程

1. 造型结束后，开始根据加工工艺进行加工处理，创建加工操作。点击菜单“开始”→“加工”进入加工环境，初始化为型腔加工环境。先建立加工坐标系和安全平面，操作如图10－8所示。

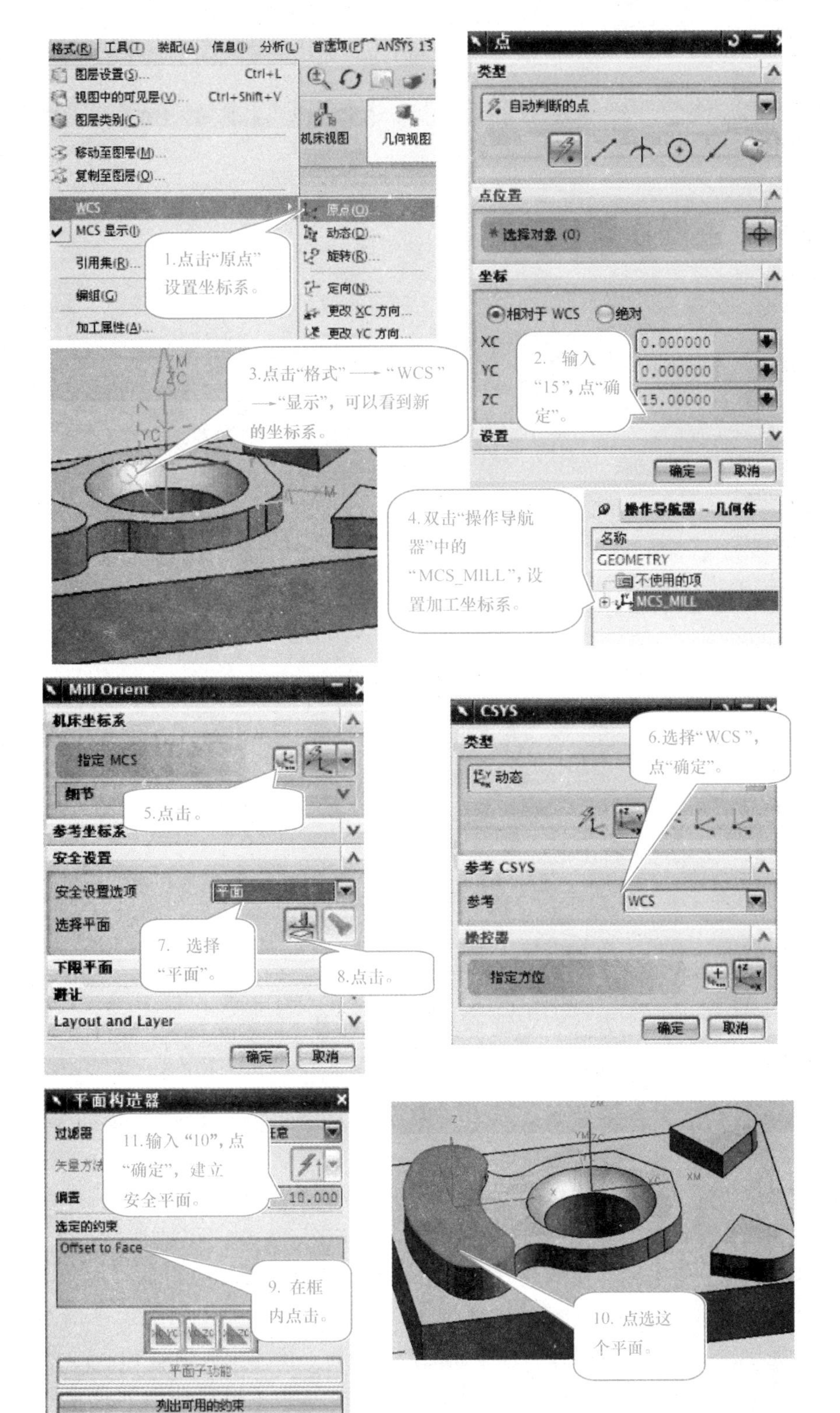

1.点击“原点”设置坐标系。
2. 输入“15”，点“确定”。
3.点击“格式”——“WCS”——“显示”，可以看到新的坐标系。
4.双击“操作导航器”中的“MCS_MILL”，设置加工坐标系。
5.点击。
6.选择“WCS”，点“确定”。
7. 选择“平面”。
8.点击。
9. 在框内点击。
10. 点选这个平面。
11.输入“10”，点“确定”，建立安全平面。

图 10－8（续）

2. 创建几何体，包括部件几何体和毛坯几何体。操作步骤如图 10－9 所示。

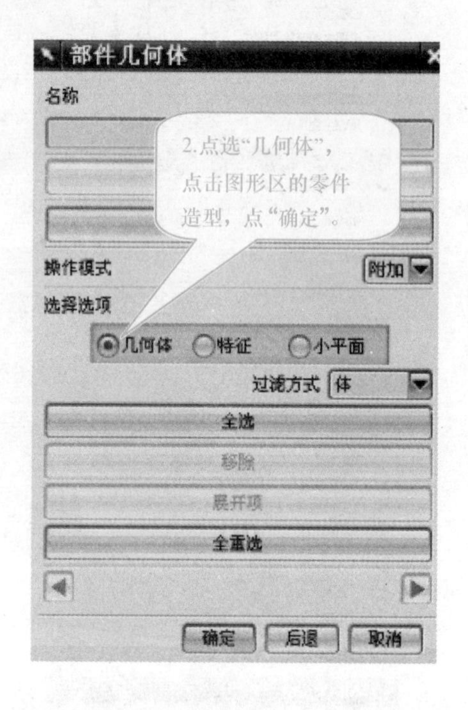

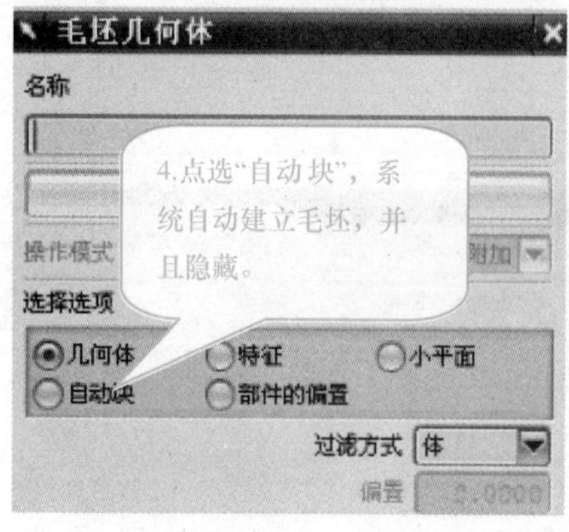

图 10－9

3. 创建刀具，根据工艺方案有立铣刀、圆头立铣刀、钻头要建立。点击工具条上的按钮，具体操作步骤如图 10－10 所示。

4. 开始根据工艺方案创建加工操作。点击工具条上的创建操作按钮，操作如图 10－11 所示。

5. 创建第二个加工操作，半精加工零件。操作过程如图 10－12。

6. 第三个操作，精加工零件。操作如图 10－13 所示。

7. 第四个操作，进行钻操作的建立。这里也可以使用手动钻，可能更方便一些。点击工具条上"创建操作"按钮，见图 10－14。

8. 钻孔完毕，进行铣孔的操作，建立新的加工操作。操作步骤如图 10－15 所示。

9. SR30 的凹槽由于是曲面，要使用球头铣刀加工。为了提高曲面的技术要求，先半精加工，再进行精加工。使用固定轴轮廓铣的加工操作。点击创建操作，具体步骤如图 10－16 所示。

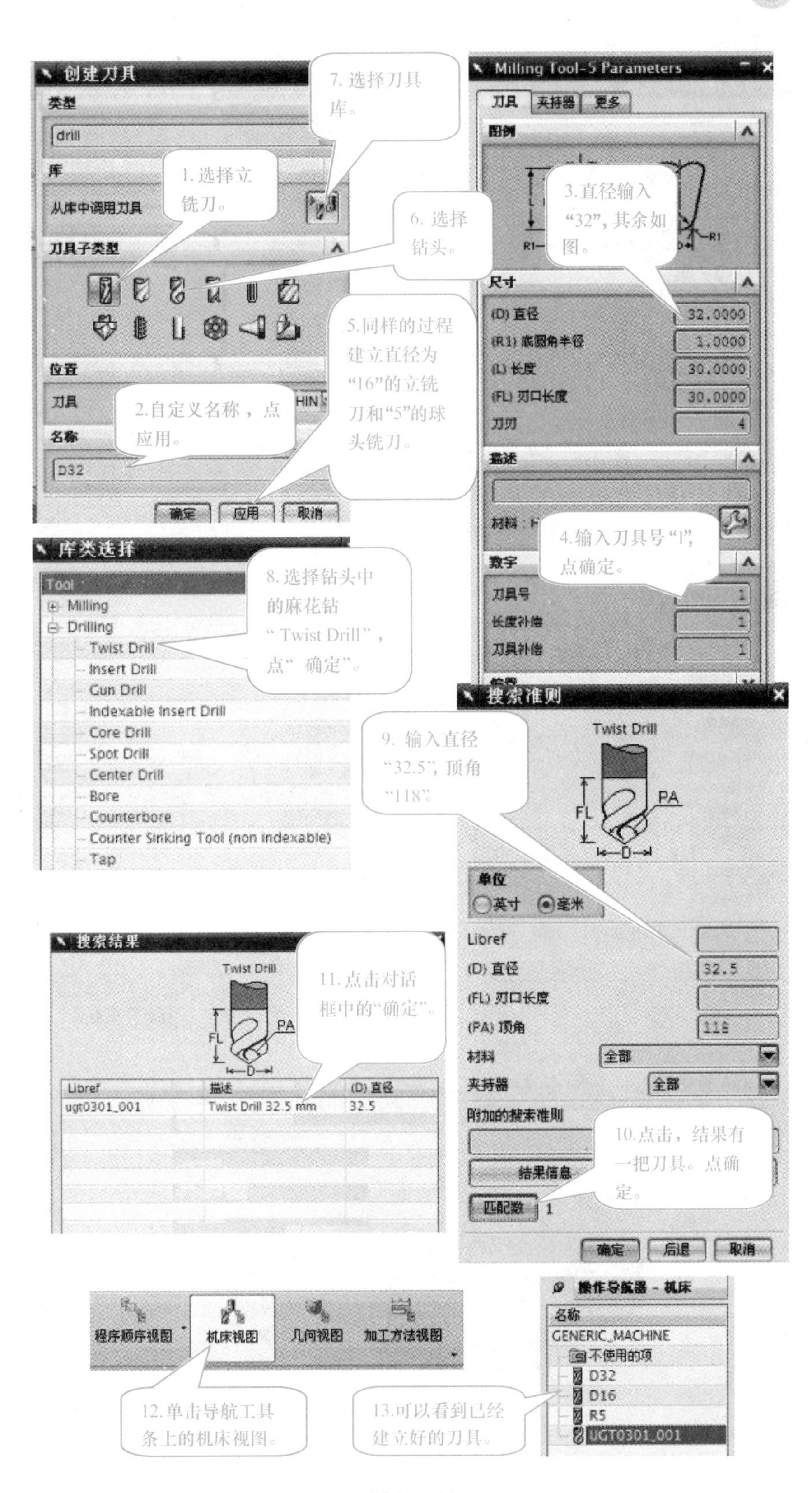
创建刀具
类型
drill
库
从库中调用刀具
刀具子类型
位置
刀具
名称
D32
确定
应用
取消
1.选择立铣刀。
2.自定义名称，点应用。
5.同样的过程建立直径为“16”的立铣刀和“5”的球头铣刀。
6.选择钻头。
7.选择刀具库。
Milling Tool-5 Parameters
刀具
夹持器
更多
图例
尺寸
(D) 直径
32.0000
(R1) 底圆角半径
1.0000
(L) 长度
30.0000
(FL) 刃口长度
30.0000
刀刃
4
描述
数字
刀具号
1
长度补偿
1
刀具补偿
1
3.直径输入“32”，其余如图。
4.输入刀具号“1”，点确定。
库类选择
Tool
Milling
Drilling
Twist Drill
Insert Drill
Gun Drill
Indexable Insert Drill
Core Drill
Spot Drill
Center Drill
Bore
Counterbore
Counter Sinking Tool (non indexable)
Tap
8.选择钻头中的麻花钻“Twist Drill”，点“确定”。
搜索准则
Twist Drill
单位
英寸
毫米
Libref
(D) 直径
32.5
(FL) 刃口长度
(PA) 顶角
118
材料
全部
夹持器
全部
附加的搜索准则
结果信息
匹配数
1
确定
后退
取消
9. 输入直径“32.5”，顶角“118”。
10.点击，结果有一把刀具。点确定。
搜索结果
Twist Drill
Libref
描述
(D) 直径
ugt0301_001
Twist Drill 32.5 mm
32.5
11.点击对话框中的“确定”。
程序顺序视图
机床视图
几何视图
加工方法视图
12.单击导航工具条上的机床视图。
操作导航器 - 机床
名称
GENERIC_MACHINE
不使用的项
D32
D16
R5
UGT0301_001
13.可以看到已经建立好的刀具。

图 10 – 10

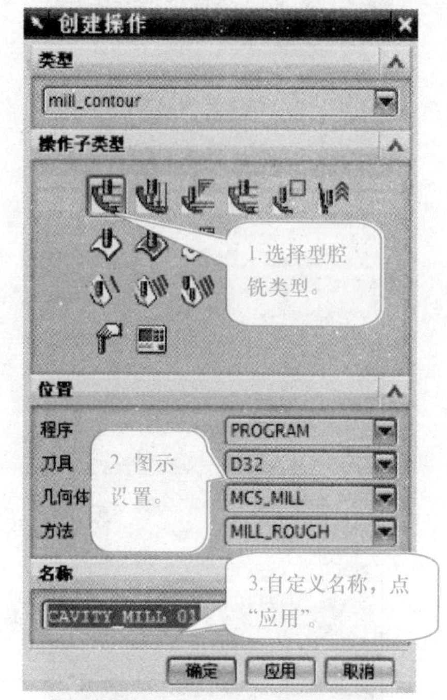
创建操作
类型
mill_contour
操作子类型
1.选择型腔铣类型。
位置
程序
PROGRAM
刀具
D32
几何体
MCS_MILL
方法
MILL_ROUGH
2.图示设置。
名称
CAVITY_MILL_01
3.自定义名称，点“应用”。
确定
应用
取消

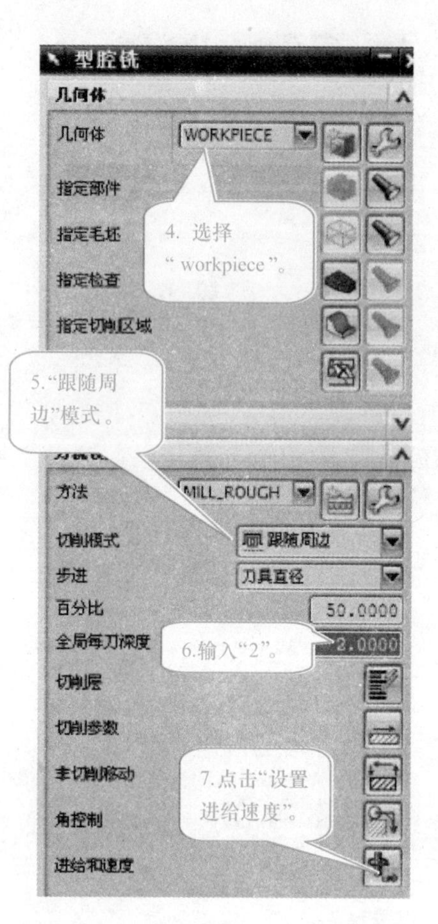
型腔铣
几何体
几何体
WORKPIECE
指定部件
指定毛坯
指定检查
指定切削区域
4. 选择“workpiece”。
5.“跟随周边”模式。
方法
MILL_ROUGH
切削模式
跟随周边
步进
刀具直径
百分比
50.0000
全局每刀深度
6.输入“2”。
2.0000
切削层
切削参数
非切削移动
角控制
进给和速度
7.点击“设置进给速度”。

进给
自动设置
设置加工数据
表面速度 (sfm)
0.0000
每齿进给
0.0000
更多
8. 转速输入“1200”，点“确定”。
主轴速度
1200.0
设置
进给率
切削
250.0000
mmpr
更多
单位
确定
取消

操作
9.点击生成刀轨。
确定
取消

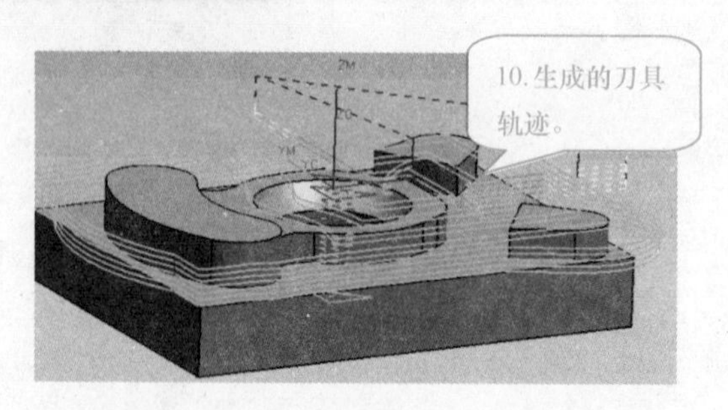
10.生成的刀具轨迹。

图 10 – 11

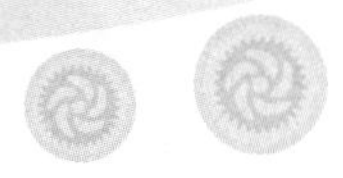

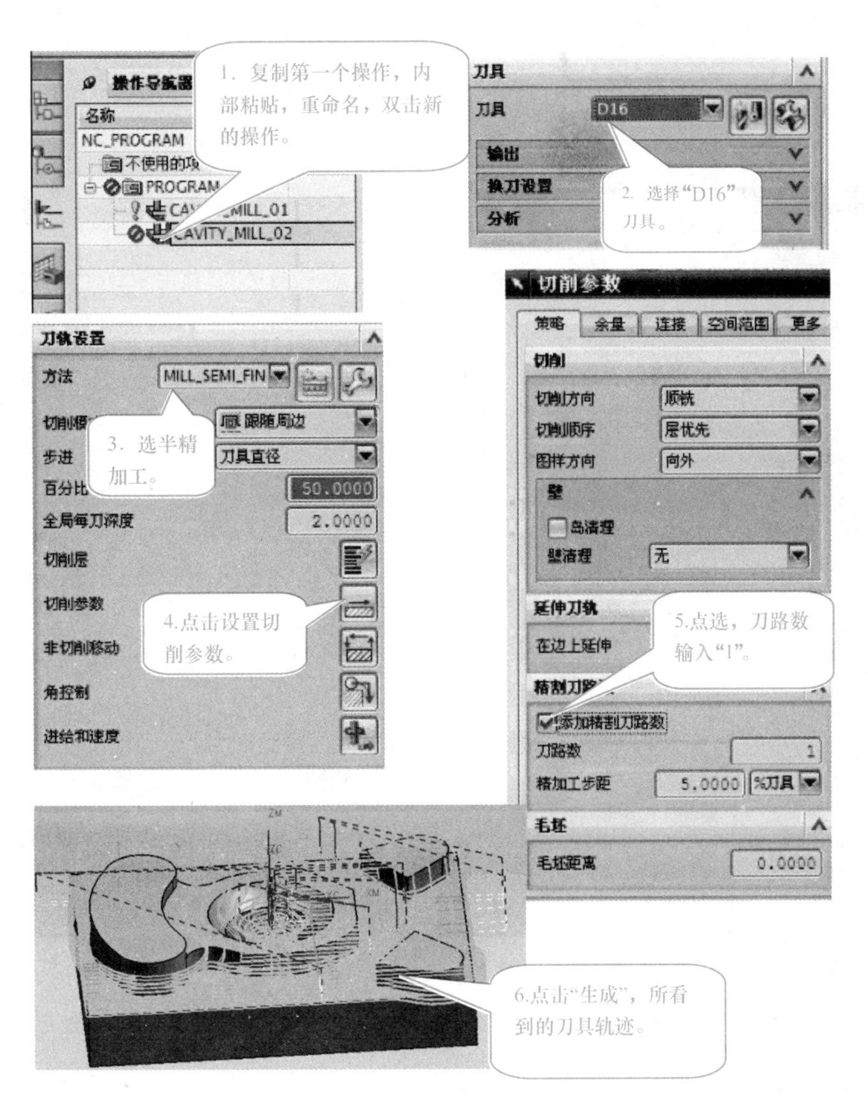
操作导航器
名称
NC_PROGRAM
不使用的项
PROGRAM
CAVITY_MILL_01
CAVITY_MILL_02
1. 复制第一个操作，内部粘贴，重命名，双击新的操作。
刀具
刀具
D16
输出
换刀设置
分析
2. 选择“D16”刀具。
刀轨设置
方法
MILL_SEMI_FIN
跟随周边
步进
刀具直径
3. 选半精加工。
百分比
50.0000
全局每刀深度
2.0000
切削层
切削参数
4.点击设置切削参数。
非切削移动
角控制
进给和速度
切削参数
策略
余量
连接
空间范围
更多
切削
切削方向
顺铣
切削顺序
层优先
图样方向
向外
壁
岛清理
壁清理
无
延伸刀轨
在边上延伸
5.点选，刀路数输入“1”。
添加精加工刀路数
刀路数
1
精加工步距
5.0000
%刀具
毛坯
毛坯距离
0.0000
6.点击“生成”，所看到的刀具轨迹。

图 10－12

操作导航器 - 程序顺序
名称
NC_PROGRAM
不使用的项
PROGRAM
CAVITY_MILL_01
CAVITY_MILL_02
CAVITY_MILL_03
1.复制、粘贴、重命名，双击。

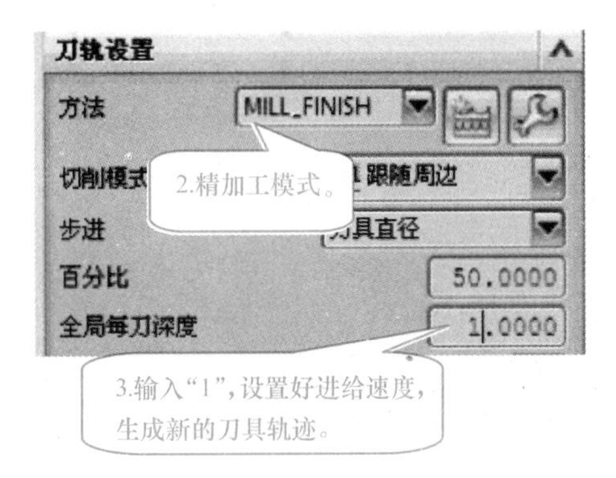
刀轨设置
方法
MILL_FINISH
切削模式
2.精加工模式。
跟随周边
步进
刀具直径
百分比
50.0000
全局每刀深度
1.0000
3.输入“1”，设置好进给速度，生成新的刀具轨迹。

图 10－13

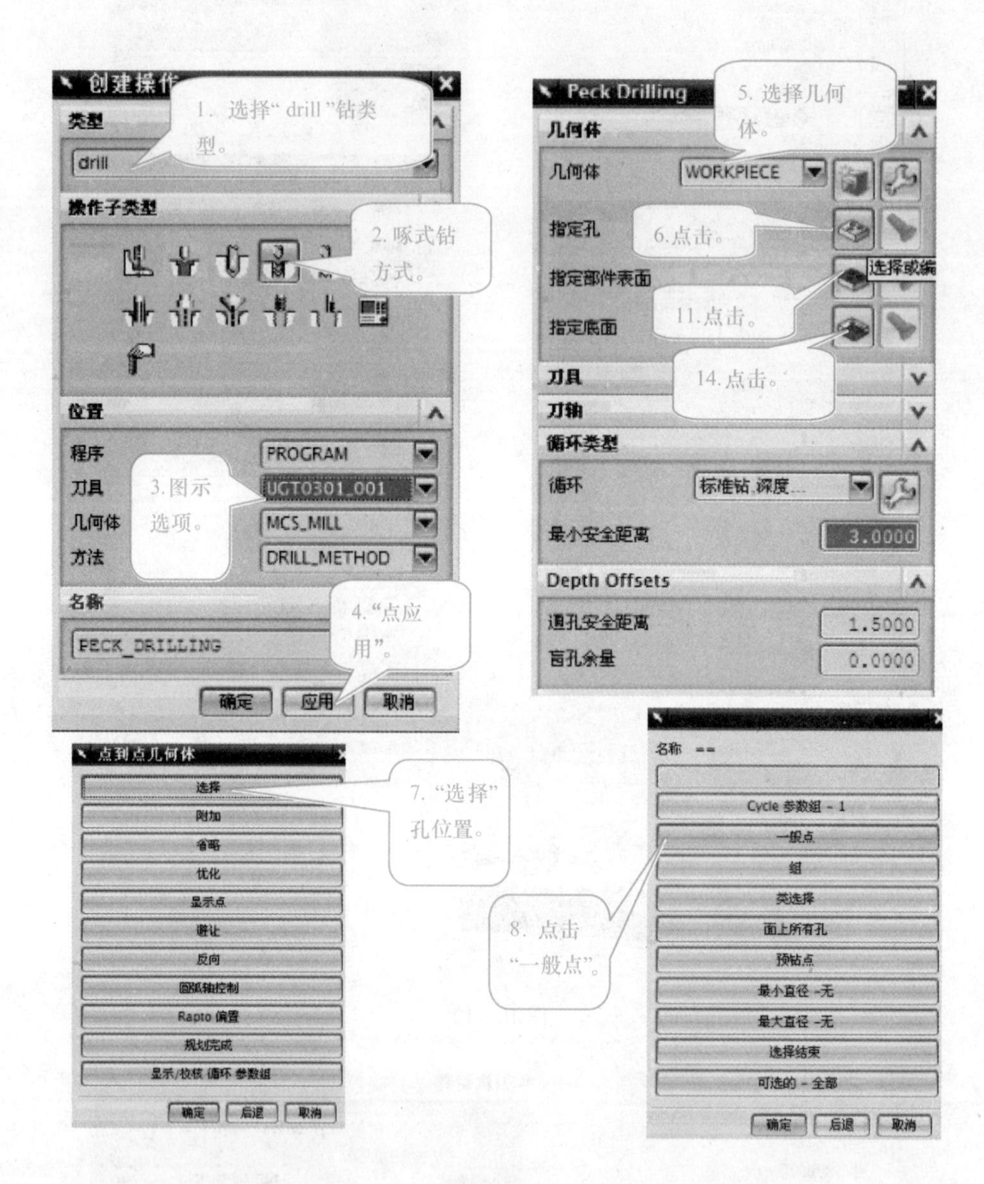

1. 选择“drill”钻类型。
2. 啄式钻方式。
3. 图示选项。
4. “点应用”。
5. 选择几何体。
6. 点击。
7. “选择”孔位置。
8. 点击“一般点”。
11. 点击。
14. 点击。
创建操作
类型
drill
操作子类型
位置
程序
PROGRAM
刀具
UGT0301_001
几何体
MCS_MILL
方法
DRILL_METHOD
名称
PECK_DRILLING
确定
应用
取消
Peck Drilling
几何体
WORKPIECE
指定孔
指定部件表面
选择或编
指定底面
刀具
刀轴
循环类型
循环
标准钻,深度...
最小安全距离
3.0000
Depth Offsets
通孔安全距离
1.5000
盲孔余量
0.0000
点到点几何体
选择
附加
省略
优化
显示点
避让
反向
圆弧轴控制
Rapto 偏置
规划完成
显示/校核 循环 参数组
确定
后退
取消
名称 ==
Cycle 参数组 - 1
一般点
组
类选择
面上所有孔
预钻点
最小直径 -无
最大直径 -无
选择结束
可选的 - 全部

图 10－14

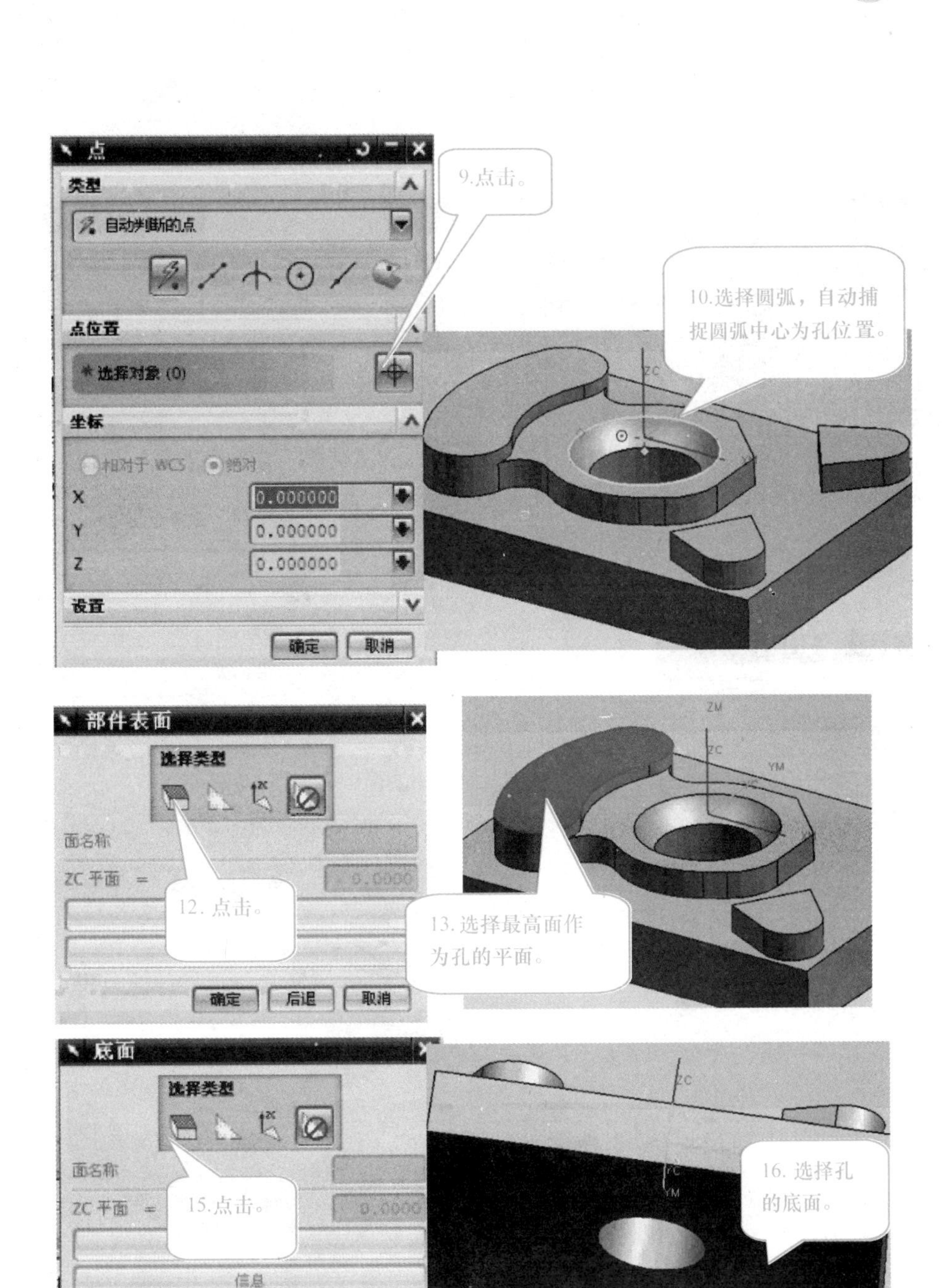
点
类型
自动判断的点
9.点击。
10.选择圆弧，自动捕捉圆弧中心为孔位置。
点位置
* 选择对象 (0)
坐标
相对于 WCS
绝对
X
0.000000
Y
0.000000
Z
0.000000
设置
确定
取消
部件表面
选择类型
面名称
ZC 平面 =
12. 点击。
13. 选择最高面作为孔的平面。
确定
后退
取消
底面
选择类型
面名称
ZC 平面 =
15.点击。
16. 选择孔的底面。
信息
确定
后退
取消

图 10－14（续）

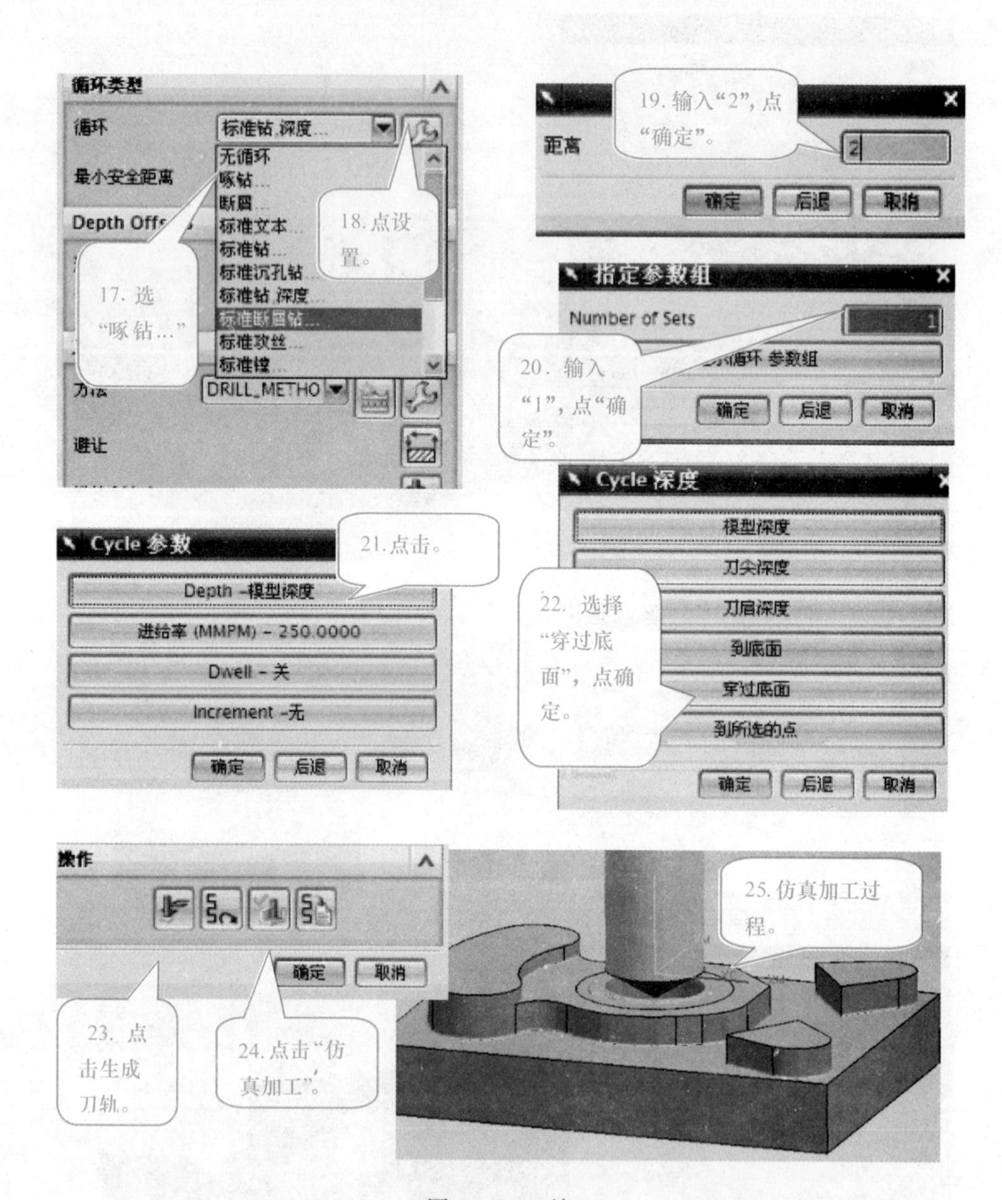

循环类型
循环
标准钻,深度...
最小安全距离
无循环
啄钻...
断屑...
标准文本...
标准钻...
标准沉孔钻...
标准钻,深度...
标准断屑钻...
标准攻丝...
标准镗...
Depth Offs
方法
DRILL_METHO
避让
17. 选“啄钻...”
18. 点设置。
19. 输入“2”，点“确定”。
距离
2
确定
后退
取消
指定参数组
Number of Sets
1
20. 输入“1”，点“确定”。
Cycle 深度
模型深度
刀尖深度
刀肩深度
到底面
穿过底面
到所选的点
Cycle 参数
21. 点击。
Depth -模型深度
进给率 (MMPM) - 250.0000
Dwell - 关
Increment -无
22. 选择“穿过底面”，点确定。
操作
23. 点击生成刀轨。
24. 点击“仿真加工”。
25. 仿真加工过程。

图 10－14（续）

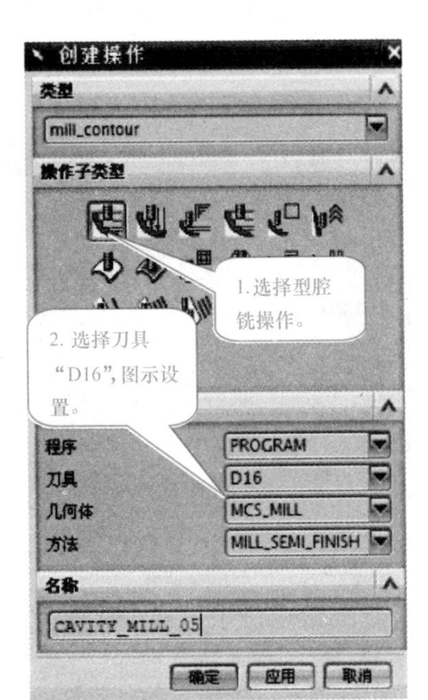
创建操作
类型
mill_contour
操作子类型
1.选择型腔铣操作。
2. 选择刀具"D16",图示设置。
程序
PROGRAM
刀具
D16
几何体
MCS_MILL
方法
MILL_SEMI_FINISH
名称
CAVITY_MILL_05
确定
应用
取消

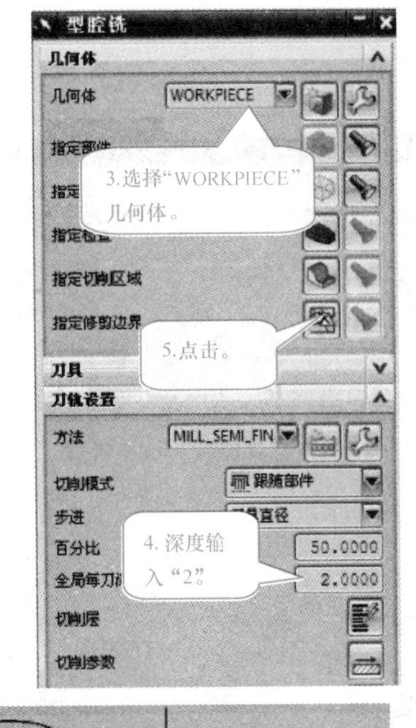
型腔铣
几何体
几何体
WORKPIECE
3.选择"WORKPIECE"几何体。
指定切削区域
指定修剪边界
5.点击。
刀具
刀轨设置
方法
MILL_SEMI_FIN
切削模式
跟随部件
步进
百分比
50.0000
4. 深度输入"2"
2.0000
切削层
切削参数

修剪边界
主界面
定制数据
过滤器类型
6. 选曲线方式，选择要修剪的刀具轨迹边界。
点方法
成链
类选择
忽略孔
忽略岛
忽略倒斜角
平面
手工
自动
修剪侧
内部
外部
7.选择"自动"，"外部"。
移除上一个
创建下一个边界
9.点击。
确定
后退
取消

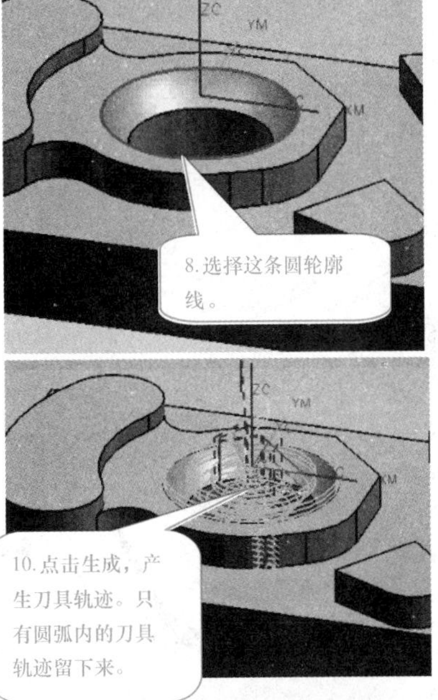
ZC
YM
XM
8.选择这条圆轮廓线。
10.点击生成，产生刀具轨迹。只有圆弧内的刀具轨迹留下来。

机床控制
程序
选项
操作
11.点击确定，选择"2D动态"进行仿真加工。
12.完成内孔铣加工，并且粗加工了凹槽。
13.点击，完成创建操作。
确定

图 10－15

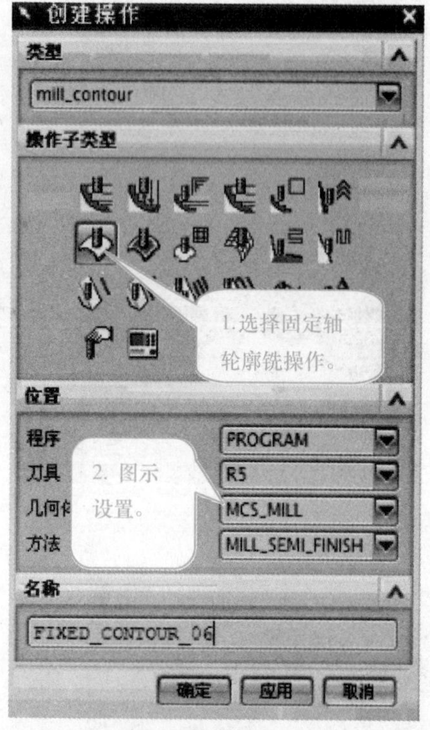
创建操作
类型
mill_contour
操作子类型
1.选择固定轴轮廓铣操作。
位置
程序
PROGRAM
刀具
R5
几何体
MCS_MILL
方法
MILL_SEMI_FINISH
2. 图示设置。
名称
FIXED_CONTOUR_06
确定
应用
取消

固定轴轮廓
几何体
几何体
WORKPIECE
3. 选择“WORKPIECE”。
指定切削区域
5.点击。
指定修剪边界
驱动方式
方法
区域铣削
4.选“区域切削”。
刀具
刀轴
8.点击，设置。
刀轨设置
方法
MILL_SEMI_FIN
切削参数
10.点击。
非切削移动

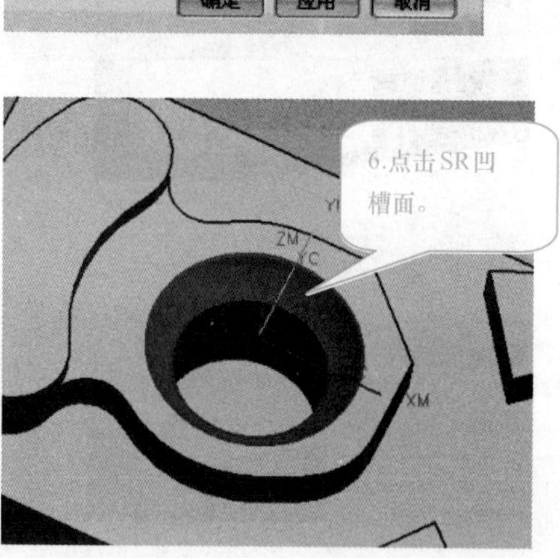
6.点击SR凹槽面。
ZM
XM

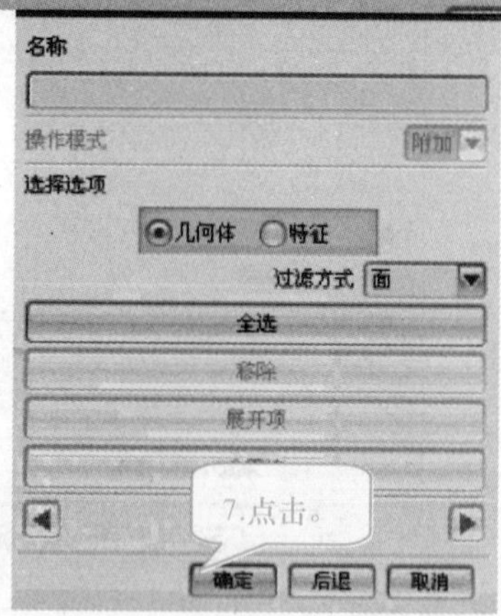
名称
操作模式
附加
选择选项
几何体
特征
过滤方式
面
全选
移除
展开项
7.点击。
确定
后退
取消

图 10－16

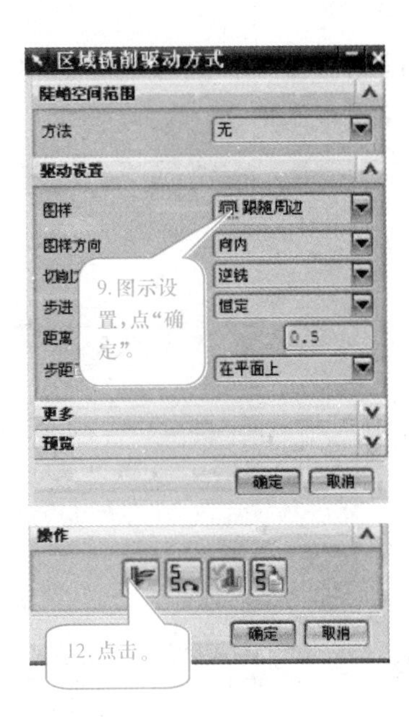

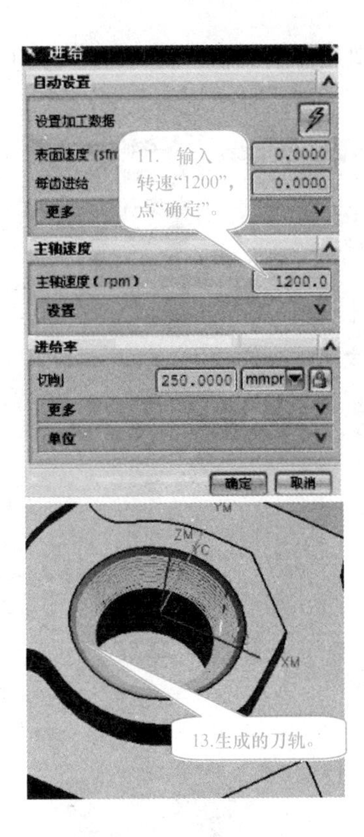

图 10－16（续）

10. 最后一个操作就是精加工 SR30 的凹槽。具体步骤如图 10－17 所示。

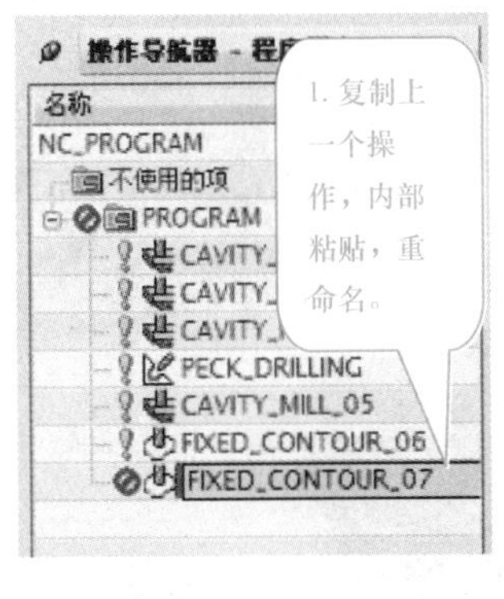

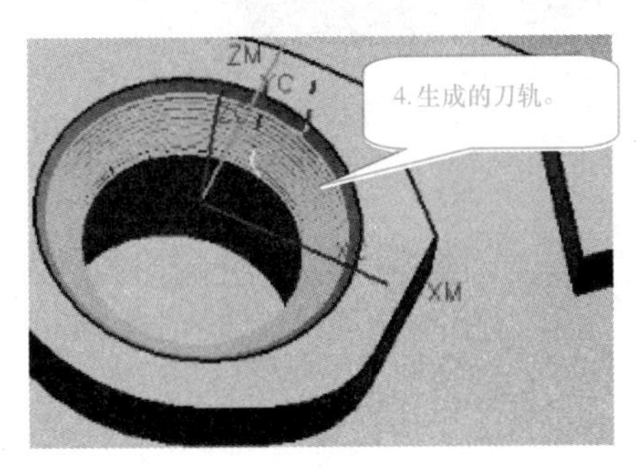

图 10－17

11. 刀具轨迹仿真加工，后处理生成 NC 代码。操作步骤如图 10－18 所示。

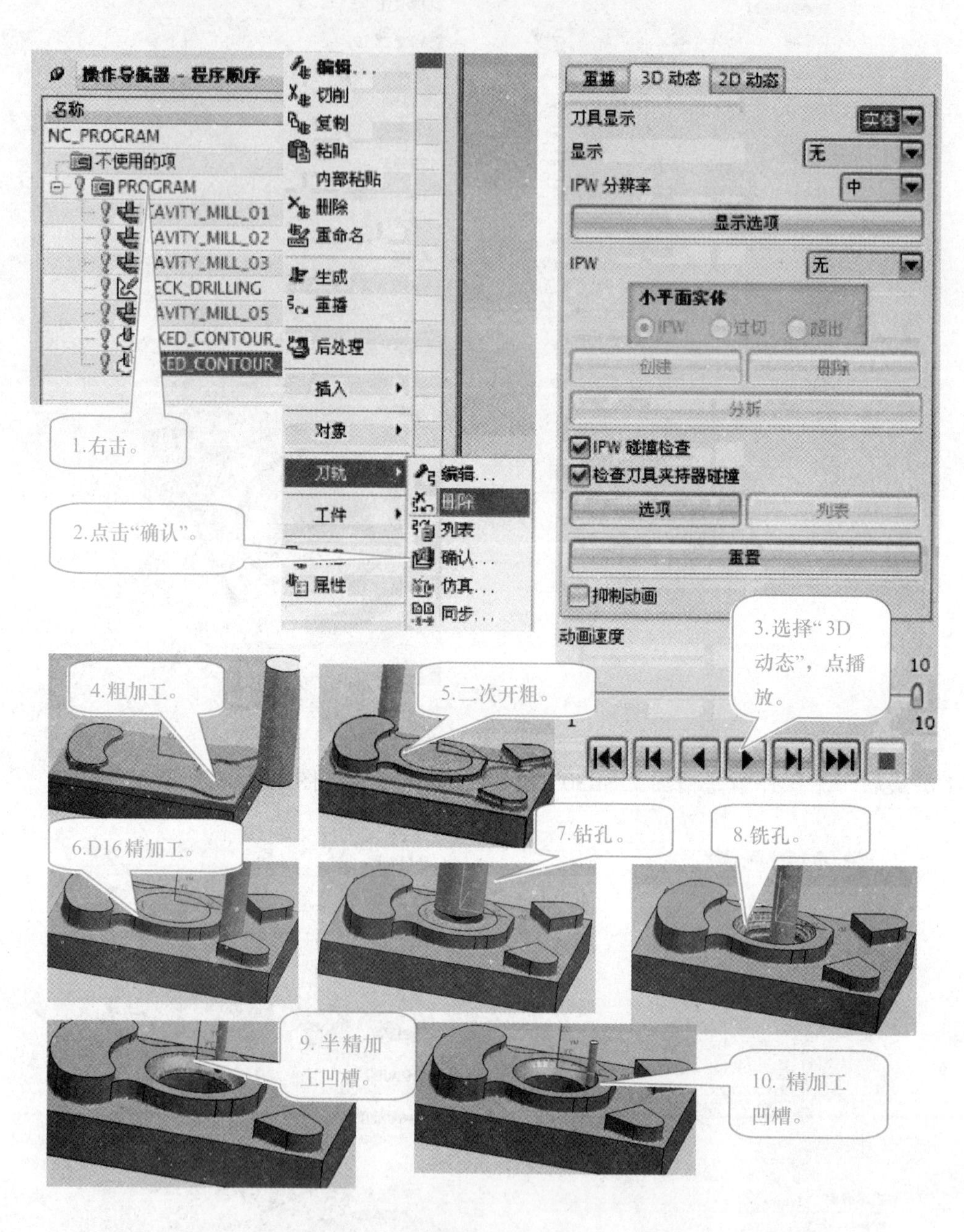

图 10－18

图 10－18（续）

项 目 小 结

本项目完成了加工中心数控铣考工零件的造型和加工完整过程，对软件的几种加工操作方式的创建做了详细的步骤说明。通过本项目的训练，可以基本掌握型腔铣、固定轴轮廓铣等操作的应用，同时对其中的参数有更好的理解。有些软件操作过程中的一些说明如下：

三种不同的程序状态，具体如图 10－19 所示。

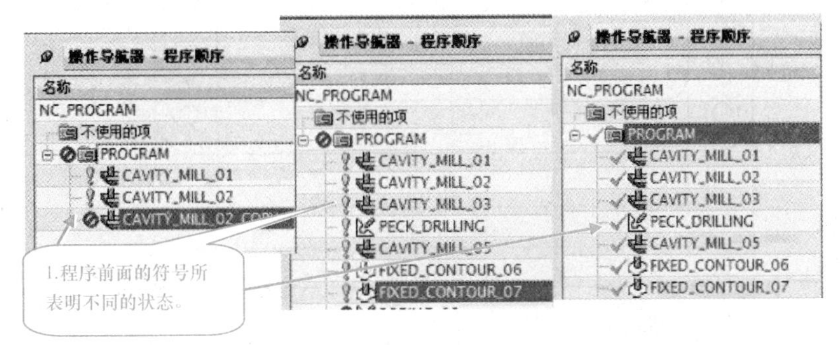

图 10－19

✓ 表示此操作已产生了刀具路径并且已经后处理（UG/Post PostProcess）或输出了CLS文档格式（Output CLSF），此后再没有被编辑。

⊘ 表示此操作从未产生刀具路径或此操作虽有刀具路径但被编辑后没有作相应更新。右键单击选择“信息”，看一看改变了什么而导致此状态。信息窗口提示“Need to Generate”，表示需重新产生刀具路径以更新此状态。

! 表示此操作的刀具路径从未被后处理或输出CLS文档。右键单击选择“信息”，显示信息窗口，看一看改变了什么而导致此状态。信息窗口提示“Need to Post”，表示需重新后处理以更新此状态。

思考和练习

1. 钻孔程序可以使用手工编制，试一试。
2. 试试修改一下固定轴轮廓铣操作中的一些参数看看有哪些区别，以及各个参数的意义。
3. 完成图10－20所示零件的造型和加工。

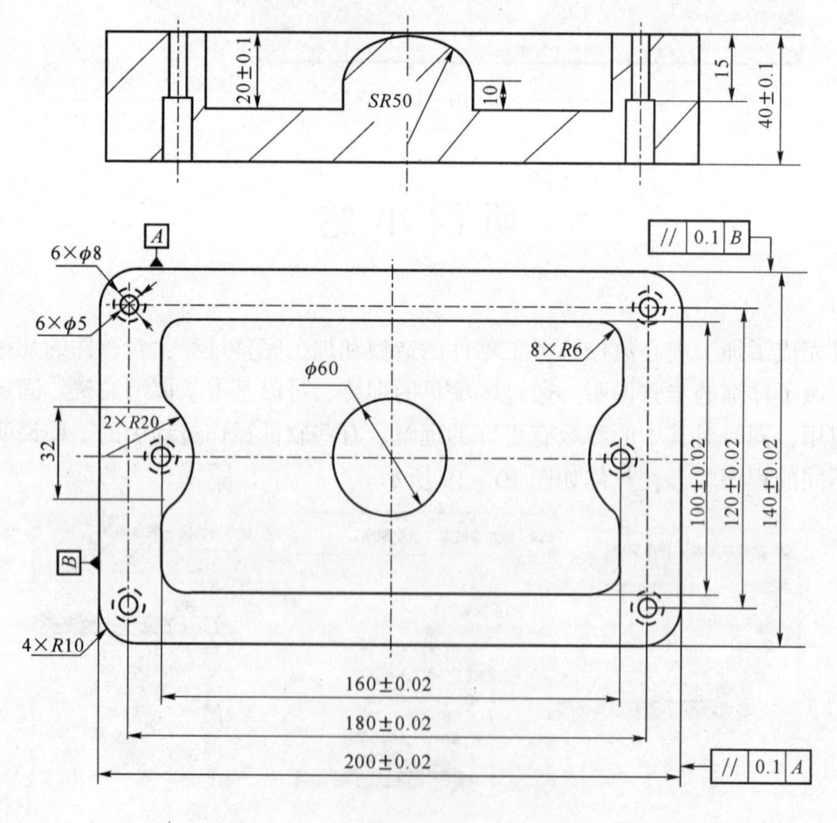

图10－20